复杂地形风资源与风能利用

胡伟成 著

西南交通大学出版社
·成都·

图书在版编目（CIP）数据

复杂地形风资源与风能利用 / 胡伟成著. —成都：西南交通大学出版社，2023.6
ISBN 978-7-5643-9371-7

Ⅰ.①复… Ⅱ.①胡… Ⅲ.①风力能源 – 能源利用
Ⅳ.①TK81

中国国家版本馆 CIP 数据核字（2023）第 122151 号

Fuza Dixing Fengziyuan yu Fengneng Liyong
复杂地形风资源与风能利用

胡伟成　著

责 任 编 辑	孟秀芝
封 面 设 计	GT 工作室
出 版 发 行	西南交通大学出版社 （四川省成都市金牛区二环路北一段 111 号 西南交通大学创新大厦 21 楼）
发行部电话	028-87600564　028-87600533
邮 政 编 码	610031
网　　　址	http://www.xnjdcbs.com
印　　　刷	成都蜀通印务有限责任公司
成 品 尺 寸	170 mm × 230 mm
印　　　张	16
字　　　数	250 千
版　　　次	2023 年 6 月第 1 版
印　　　次	2023 年 6 月第 1 次
书　　　号	ISBN 978-7-5643-9371-7
定　　　价	80.00 元

课件咨询电话：028-81435775
图书如有印装质量问题　本社负责退换
版权所有　盗版必究　举报电话：028-87600562

前言 Preface

"碳达峰、碳中和"已成为世界各国共同努力的方向,习近平总书记提出要构建清洁低碳安全高效的能源体系,构建以新能源为主体的新型电力系统。风电作为最常见的可再生能源发电形式,以其低碳清洁、环境友好、储量丰富等特点,已在全球范围内被广泛开发和利用。我国的陆上风电场主要建设于山地和高原地区,其中山地地区由于局部地形环境复杂,使得风电场建设和风能高效开发利用面临一系列挑战。

本书主要围绕复杂地形风资源评估和风能开发利用的相关内容进行详细介绍,探讨复杂地形风能利用的关键问题,从复杂地形风能资源评估、复杂地形风资源数值模拟、复杂地形风电场微观选址以及复杂地形风电场短期风电功率预测展开叙述,其研究成果为风电场工程应用和风能利用的相关人员提供了参考。

本书由华东交通大学胡伟成独著。在此,感谢在本书撰写和出版过程中给予过我帮助的人,感谢重庆大学杨庆山教授和南昌交通学院袁紫婷!

限于水平,书中不足之处在所难免,恳请读者指正,不胜感激。编者邮件地址:huweicheng92@163.com。

胡伟成

2022 年 12 月

目录 Contents

第1章 绪　论 ··· 001
 1.1 研究背景 ··· 001
 1.2 国内外研究现状 ··· 007
 1.3 本书的研究内容 ··· 031

第2章 风资源与风场模拟理论基础 ··· 033
 2.1 风资源 ··· 033
 2.2 风场模拟流体控制方程 ··· 044
 2.3 风场模拟湍流模型 ··· 053
 2.4 本章小结 ··· 068

第3章 复杂地形风场湍流特性 ··· 069
 3.1 大涡模拟湍流入口生成 ··· 069
 3.2 三维山丘风场湍流特性 ··· 091
 3.3 实际复杂地形风场湍流特性 ··· 112
 3.4 本章小结 ··· 126

第4章 复杂地形潜在风资源评估 ··· 127
 4.1 复杂地形潜在风资源评估方法 ··· 127
 4.2 复杂地形潜在风资源评估案例分析 ··· 137
 4.3 本章小结 ··· 147

第5章 复杂地形风电场微观选址 ················ 148
5.1 复杂地形风电场微观选址方法 ················ 148
5.2 复杂地形风电场微观选址案例分析 ················ 161
5.3 本章小结 ················ 176

第6章 复杂地形风电场短期风速预测 ················ 177
6.1 风电场短期风速预测模型 ················ 177
6.2 复杂地形时均风速序列短期预测案例分析 ················ 196
6.3 复杂地形高分辨率风速序列超短期预测案例分析 ················ 210
6.4 本章小结 ················ 220

第7章 结论与展望 ················ 221
7.1 结 论 ················ 221
7.2 展 望 ················ 222

参考文献 ················ 224

第 1 章
PART ONE

绪　论

"碳达峰、碳中和"已成为世界各国共同努力的方向，习近平总书记提出了清洁低碳安全高效的能源体系，构建以新能源为主体的新型电力系统。风电作为最常见的可再生能源发电形式，以其低碳清洁、环境友好、储量丰富等特点，已在全球范围内被广泛开发和利用，风力发电机组的装机容量呈逐年递增趋势。然而，风电场的高效开发利用仍然存在一些待解决的关键理论与技术问题，对于复杂地形条件下的风电场而言，面临的问题更加严峻。

本章介绍世界和中国的可再生能源与风电的发展，详细阐述复杂地形风能利用的关键问题，并针对国内外风能利用的相关研究进行文献综述，最后针对本书的研究内容进行详细说明。

1.1　研究背景

随着全球经济的飞速发展，全球能源的需求总量增长迅猛。据数据统计[1]，2021 年世界总能源的消耗量为 595.15 亿吨油当量，同比增长 5.8%。其中我国的总能源消耗量为 163.51 亿吨油当量，占世界总能源消耗量的比重为 27.47%。这些消耗的来源主要包括石油、煤炭、天然气、水力发电、核电、风能、太阳能、地热能和生物质能等。其中，石油、煤炭、天然气、核电、水力发电和可再生能源（包括风能、太阳能、地热能和生物质能等）的消耗量分别为 184.21 亿吨油当量、145.35 亿吨油当量、160.10 亿吨油当量、25.31 亿吨油当量、40.26 亿吨油当量和 39.91 亿吨油当量，分别占比 30.95%、24.42%、26.90%、4.25%、6.76% 和 6.72%。由此可见，石油、煤炭和天然气等传统化石能源的使用量巨大，占比合计为 82.27%。

然而，一方面这些传统化石能源在使用过程中会产生大量的温室气体，如二氧化碳、一氧化碳、硫化物和氮化物等，这将对全球的生态环境造成巨大的影响，导致全球变暖，继而引发更加严峻的后果；另一方面传统化石能源的全球储量非常有限[2]。以 2018 年为例，世界的石油、煤炭和天然气能源按当前速度分别可开采 50 年、132 年和 50.9 年，中国的石油、煤炭和天然气能源按当前速度分别可开采 18.7 年、38 年和 37.6 年。因此，在保障全球总能源需求用量的前提下，我们必须达成人类命运共同体的共识，以"碳达峰、碳中和"为目标，大力开发利用清洁的、可再生的能源，减少传统化石能源的使用，保证人类群体的可持续发展。

1.1.1　世界和中国的可再生能源发展

2012 年，我国财政部、国家发展改革委和国家能源局联合印发了《可再生能源电价附加补助资金管理暂行办法》(财建〔2012〕102 号)，其中文件第二条明确指出了可再生能源的范围：可再生能源发电是指风力发电、生物质能发电(包括农林废弃物直接燃烧和气化发电、垃圾焚烧和垃圾填埋气发电、沼气发电)、太阳能发电、地热能发电和海洋能发电等。这些可再生能源中，以风力发电和太阳能发电所占份额最大，其余均可以归类为其他可再生能源。

2000 年至 2021 年期间，世界和中国的可再生能源发展情况如图 1-1 所示。对于世界可再生能源开发利用而言，其总体增长趋势呈指数形式。2000 年，世界可再生能源发电量为 218 TW·h，仅占总能源发电量的 1.4%；2021 年，世界可再生能源发电量增长为 3657 TW·h，与 2000 年的数据相比翻了 16.8 倍，可再生能源发电量占比增长至 12.8%。总体而言，世界可再生能源开发利用整体形势较好。

与世界可再生能源的发展类似，我国的可再生能源发展虽然起步较晚，自 2009 年起开始大力发展，但增长速度非常可观。2009 年，我国的可再生能源发电量为 49 TW·h，仅占全国总能源发电量的1.3%；至 2021 年，我国可再生能源发电量翻了 23.8 倍，增长至 1165 TW·h，在全国总能源发电量占比达 13.1%，比世界可再生能源利用平均占比的 12.8% 还要高。其原因在于，我国为了推动可再生能源市场的发展,早在 2005 年 2 月便通过了《中华人民共和国可再生能源法》,并于 2009 年 12 月对其进行了修订,将风能、太阳能、水能、生物质能、地热能和海洋能等非化石能源的开发利用列为能源发展的优先领域,通过制定可再生能源开发利用总量目标和采取相应措施,推动可再生能源市场的建立和发展。因此,我国的可再生能源开发市场虽然起步较晚,但近十几年实现了巨大的突破。

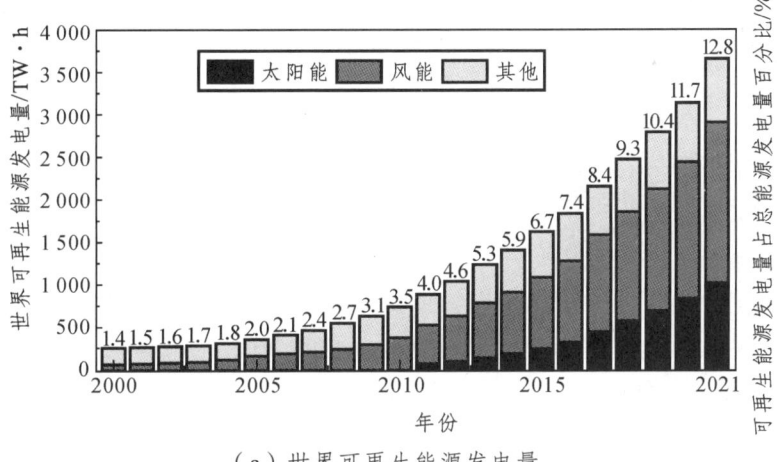

(a)世界可再生能源发电量

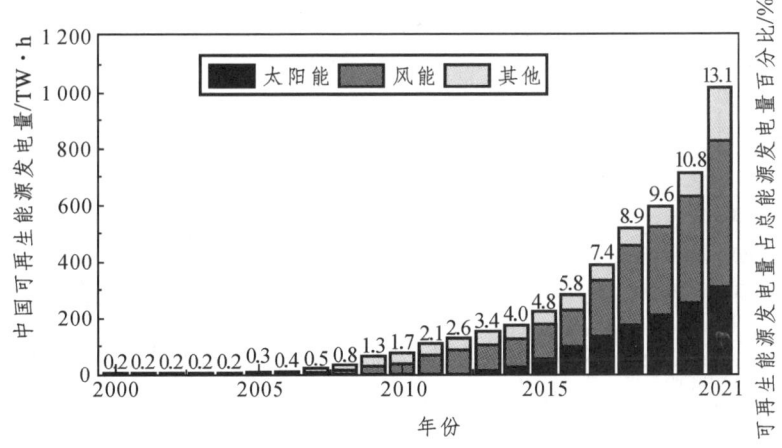

(b)中国可再生能源发电量

注:图中的其他包括生物质能发电、地热能发电和海洋能发电等可再生能源。

图 1-1 世界和中国可再生能源发电量(2000—2021 年)

综上可知,世界各国均对于可再生能源的开发利用十分重视,特别是我国,将可再生能源与可持续发展紧密联系,以实现"碳达峰、碳中和"为目标,促进我国能源产业结构的转型。因此,可再生能源的开发利用将长期具有非常良好的市场需求。

1.1.2 世界和中国的风电发展

在风力发电、太阳能发电、生物质能发电、地热能发电和海洋能发电这些可再生能源的开发利用中,风力发电的技术应用背景最为成熟。风能作为一种清洁的、可再生的、储量极大的能源,具有极大的发展前景。

图 1-2 展示了 2000 年至 2021 年期间世界和中国的风电累计装机容量的发展情况。2000 年,世界风电累计装机容量为 17.3 GW,其中中国累计装机容量为 0.3 GW,占比仅为 2.0%。自 2009 年起,我国的风电实现了重大突破,风电累计装机容量为 17.6 GW,占世界风电累计装机容量的比重突破 11.7%。截至 2021 年,我国风电累计装机容量已经超过 330 GW,占世界风电累计装机容量比重为 40.0%。我国成为风电开发第一大国,风电装机容量达到世界总量的五分之二。

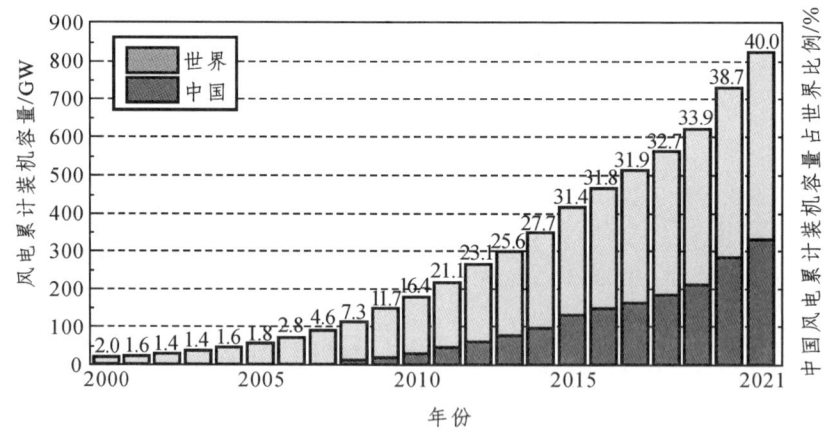

图 1-2　世界和中国风电累计装机容量(2000—2021 年)

图 1-3 展示了我国 2021 年全国发电结构的配比情况。由图可知,我国仍属

于化石能源大国，传统化石能源发电占比高达 66.5%。第二大类型能源为水力发电，发电量占总发电量比例为 14.8%。风能占据第三大类型能源的地位，发电占比为 7.5%。其余为核电、太阳能和其他（包括生物质能发电、地热能发电和海洋能发电等），发电占比分别为 4.9%、3.8% 和 2.6%。因此，风力发电在我国的能源结构中仍占据主要地位，风电市场具有极大的发展前景。

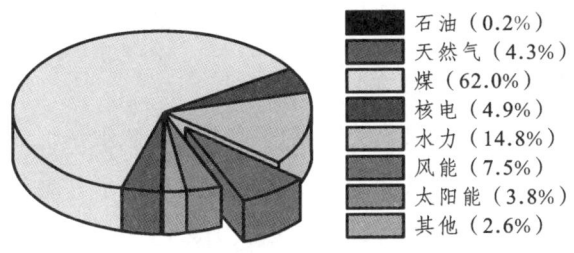

图 1-3　中国发电结构配比（2021 年）

为了尽最大可能利用风能资源，风电场通常建设在近海岸、远海或陆上，可简单分为海上风电和陆上风电。国家能源局的数据显示，2021 年中国海上新增风电装机容量为 16.49 GW，海上风电累计装机容量为 26.39 GW，其余为陆上风电，陆上风电累计装机容量占总装机容量的 92.0%。目前，虽然海上风电的发展前景较大，但我国的陆上风电仍占主要份额。

1.1.3　复杂地形风能利用的关键问题

我国的陆上风电主要建设于山地和高原地区，其中山地地区由于局部地形环境复杂，其风能的高效利用面临挑战。总体而言，复杂地形风能利用的关键问题可以总结为以下三点。

1）复杂地形风能资源评估准确性差

风能利用的前提是建设风电场，而风电场建设前面临的关键问题之一是风能资源评估。风能资源评估指利用现场观测数据或数值模拟方法，评估一个较大区域范围内的长期风资源可利用情况，如年平均风功率密度等，从而判断在目标区域内建设风电场的经济效益。然而，由于受到中尺度气象效应和微尺度局部地形效应的综合影响，复杂地形的风场分布预测难度极大，导致对于区域潜在风能资源评估的准确性较差。当前风能资源评估大多是基于中尺度气象预报模式，通过网格多层嵌套实现对目标区域的风场模拟，从而达到风能评估的目的，或利用地面气象站、测风塔长期观测气象资料，或激光测风雷达、声雷达采样数据，根据地形插值粗略评估目标区域的潜在风资源储量。但这种方法难以考虑局部地形骤变对风场造成的影响，并且评估效率较低。如何准确、高效地评估复杂地形的潜在风资源，是复杂地形风能利用的关键问题之一。

2）复杂地形风电场微观选址难度大

风电场建设前面临的第二个关键问题是风电场微观选址。风电场微观选址是指在对目标区域进行潜在风资源评估之后，考虑地形、地貌和交通等因素，选择适当的风力发电机的型号，合理布置风力发电机组的位置，尽可能减少风场的尾流损失，最大程度利用风能。同时，在保证风力发电机组安全运行的前提下，尽量减小机组所承受的荷载，降低风机故障发生的概率，从而削弱服务成本。风力发电机组通常建设在风场中平均风速最大的位置，影响风场风速分布的最大因素是来流风速和地形条件[3]。大气边界层风场经过复杂地形时，由于地面的隆起或下降，风场会发生巨大变化，在山顶附近有显著的加速效应。我国地形复杂多变，山地地形约占国土面积的 70%[4]，风电场微观选址问题尤为严峻。对于复杂地形风电场而言，局部地形和机群尾流存在非常复杂的耦合干扰作用，使得在给定的风机排布方案条件下，难以准确预测复杂地形风电场的风场分布情况。而且，风机排布方案是一个多变量、多目标的优化问题，即便风机安装数量很少，只有 30 台，其潜在的风机排布方案也多达 10^{44} 种。同时，风机排布方案优化是一个非凸问题，表明风机优化排布方案很容易陷入局部最优的情况，而找寻风机排布方案的全局最优解才是最终目标。因此，复杂地形风电场的微观选址难度极大且耗时很长，如何有效改善风电场微观选址的效果和效率，也是复杂地形风能利用的关键问题。

3）复杂地形风电功率预测精度和稳定性低

经过风能资源评估和风电场微观选址后，即可建设风电场。为了将风力发电量并入国家电网，必须准确预测风电场的短期风电功率，为制定电网分配计划提供理论依据。我国的陆上风电场大多集中在山地区域的山顶或山腰,复杂多变的地形导致风电场短期风电功率预测误差波动较大,局部地区的预测误差甚至高达 36%[5],远超过国家规定的 20%限制要求[6]。如果能提高风电场短期风电功率预测的准确性和稳定性,可以节约备用火电容量,帮助风电企业合理安排大型检修活动,减少弃风行为,促进风电行业大力发展。由于中尺度气象效应、微尺度局部地形效应以及机群之间的尾流效应等因素影响,复杂地形风电场的风电功率具有显著的非平稳和非高斯波动特征[7],严重影响了短期风电功率的预测精度和稳定性。因此,如何揭示复杂地形风电场风电功率序列波动的来源和规律,准确预测复杂地形风电场的短期风电功率,对于减轻国家电网负荷、保障风电并网的安全性与经济性均具有重大的理论意义和工程应用价值。

1.2 国内外研究现状

本节主要从四个方面概述国内外关于复杂地形风资源和风能利用的研究现状,包括复杂地形风能资源评估、复杂地形风资源数值模拟、复杂地形风电场微观选址以及复杂地形风电场短期风电功率预测。最后,针对这四部分内容的研究现状进行小结。

1.2.1 复杂地形风能资源评估

复杂地形风场特性及风能资源评估的研究方法主要包括四类:现场观测资料、风洞试验技术、理论模型以及数值模拟方法[8]。基于现场观测资料的风能资源评估方法主要指根据地面气象站、测风塔长期观测气象资料,或利用激光测风雷达、声雷达技术,获取目标区域内若干散点位置处的风资源参数,然后结合地形反比例插值等理论方法计算整个目标区域的风资源分布情况。基于风洞试验的风能资源评估方法主要指利用地面气象站、测风塔长期观测气象资料,或激光测风雷达、声雷达采样数据,结合风洞试验获取的目标区域风场分布情况,分析整个目标区域的风资源分布,实现对目标区域潜在风能资源的评估。理论模型是数值模拟方法的基础,它是指针对一些简单的典型地形利用流场简化推导和近似得到的风场分布理论解,结合风场理论模型和单点实测风资料,实现对坡度较缓地形潜在风能资源的近似评估。基于数值模拟方法的风能资源评估主要指通过求解大气运动方程组，重现大气边界层风场下目标区域的风场分布情况，从而计算潜在风能储量相关参数。当长期观测气象资料存在缺失、错误或不足等情况时，数值模拟方法可以有效填补这一空白，同时考虑复杂地形中局部地形对风场分布特性的影响，可为复杂地形的风能资源评估和风电场微观选址提供可靠的数据支撑[9]。

1.2.1.1 现场观测资料

1）气象站历史观测资料

较为常用的风能资源评估方法是根据已有的部分气象站历史观测风速风向数据，采用地形反向插值理论计算目标区域的年平均风功率密度。美国斯坦福大学利用全球 1998 年至 2004 年期间共计 7 753 个地面气象站和 446 个探空气象站的长期历史观测风速数据，采用最小二乘法拟合得到每个观测站所处地理位置的风速垂直廓线，从而通过风速外插的方法计算出全球 80 m 高度处的年平均风功率密度分布情况[10]。国家可再生能源实验室结合大量的气象站历史观测资料和插值理论，绘制了美国 90 m 高度处的风速分布图[11]。中国气象科学研究院根据全国超过 900 个气象站的长期观测风速信息，绘制了我国距离地面 10 m 高度处的陆上年平均风功率密度分布云图[12]。中国科学院地理科学与资源研究所采用全国 395 个气象站长达 10 年的气象观测风速数据，利用插值理论计算并绘制了我国有效风能密度和有效时数分布云图[13]，结果发现，我国的潜在风能资源分布非常不均匀，北部和西部的风能开发空间最大，如内蒙古和新疆，东部沿海地区的风能开发空间次之，中部的地形起伏最大，导致风能资源分布变化极大，风能开发难度也较大。

综合上述研究可以发现，基于气象站历史观测资料的风能资源评估方法可能存在以下重要问题：

（1）气象站的数量少且分布不均。

我国气象站的平均间距为 50~200 km，气象站数量总数很少，并且气象站的位置分布非常不均匀。东部地区台风登陆较为频繁，因此气象站数量较多、分布较广。相较而言，西部地区的气象站数量则很少，导致利用插值理论计算得到的区域年平均风功率密度误差较大，特别是对于地面海拔较高的区域而言，插值得到的风资源评估结果误差更为显著。

（2）气象站的观测高度单一。

气象站的观测高度单一，通常只有 10 m 高度，而风机的轮毂高度有 70 m、80 m、100 m、150 m 和 200 m 等多种型号，因此需要通过其他方式估算气象站处平均风速随高度变化的垂直廓线，从而插值得到风机轮毂高度处的风速和年平均风功率密度，显然这将极大程度增加目标区域风功率密度计算的误差。

（3）部分气象站的观测数据过于久远。

受各种因素影响，部分气象站不再正常投入使用，无法获取最新的气象要素观测信息，只能利用较为久远的测风资料。这些久远的观测数据是在当时的地形地貌条件下观测得到的。然而，随着城市化步伐的加快，气象站周边的地形地貌可能早已发生了巨大的变化，此时继续使用以前的观测数据显然无法准确评估该气象站周边的风资源。倘若再利用插值理论评估其他区域的风资源，必然导致区域潜在风资源的评估误差大大增加。

2）测风塔观测资料

对于气象站分布较少、地形较复杂的区域，仅用气象站长期观测资料进行潜在风资源评估，其准确性和可靠性缺乏保障。此时，可在目标区域地形起伏较大的位置安装一定数量的测风塔，进行短期气象观测，然后结合气象站长期观测资料评估区域的平均风功率密度。这些测风塔的气象要素观测年数大多数为两年左右，部分为五年或十年。由于测风塔的安装时间不同，这些测风资料的观测时段并非完全统一，对于区域潜在风资源评估结果的准确度有一定程度的影响。我国气象局风能太阳能资源评估中心根据国内风能资源规划和风电场选址的需要，采用了统一且规范的标准，在我国陆上风资源可利用区域建立了 400 个测风塔，测风塔高度范围为 70~120 m，与常见的风机轮毂高度一致，由此初步形成了全国陆上风能资源专业观测网[14]。

建立测风塔需要花费极大的人力、物力和财力，而且也需要一定的耗时。

总体而言,能够建立的观测网的密集程度十分有限。即便是如此庞大的观测网,也只有400余个测风塔,并且测风塔大多集中在我国北部、西北部以及沿海岸,我国西部和中部的测风塔分布非常稀疏。而且,测风塔通常难以像固定的气象站一样进行长期观测,使用一定年限后可能面临故障或报废,而且不同测风塔的观测时段不一,观测高度也有所差异,导致单纯利用测风塔的观测数据难以准确评估整个区域的潜在风资源分布。

3)激光测风雷达和声雷达装置

一般而言,测风塔测量的高度数量通常非常有限,而且风向的测量通常只在一个高度上进行观测,因此难以获取整个风机叶轮面的多层风速和风向。同时,测风塔的安装对于场地条件具有较高的要求。如果在狭窄的山脊或陡峭的山顶上,能够建设的测风塔高度仅在50~80 m的范围内[15]。

与传统的测风塔相比,激光测风雷达(light detection and ranging,LiDAR)是一种集激光、全球定位系统(global positioning system,GPS)和惯性导航系统(inertial navigation system,INS)于一体的新兴技术,可以获得高精度、高密度的地形数字高程模型和风速风向,通常可以分为机载雷达和地面雷达两种。激光测风雷达设备小巧轻便,能够安装在任意复杂地形条件的场地,甚至是狭小的风机平台上。它能够获取40~200 m范围内的多层风速和风向,在风电行业中逐渐受到广泛应用。Hsuan等[16]利用浮式激光雷达获取了台湾南部海港的6个不同高度的风速和风向信息,包括50 m、70 m、90 m、110 m、150m和200 m,并在此基础上评估了该海港的近海区域的潜在风资源。Kim等[17]采用地面激光雷达获取了韩国济州岛3个不同地形复杂程度区域的4个不同高度位置的风速和风向,并将测量结果与气象塔观测数据进行了对比,发现二者之间的差别仅为2%~6%,表明该激光雷达装置具有相当的精度。

尽管激光测风雷达在测量风场上具有上述优势,但是它的观测性能受空气能见度的影响很大,且激光测风雷达装置的成本非常高,同时寿命又较短。与激光测风雷达相比,声雷达(sound detection and ranging,SODAR)的环境适应能力更强,具有寿命长、成本低、维护方便等多方面的优点。它能够有效测量

10~200 m 范围内的风速、风向以及垂直气流,是一种高效的风电场测风手段[18]。Kim 等[19]将声雷达设备安装在一座 145 m 高的建筑物屋顶上,测得不同地面高度的风速和风向数据,并与激光测风雷达测量结果进行了对比分析。Khan 等[20]回顾了激光测风雷达和声雷达技术在风能评估上的应用发展,并结合声雷达和气象塔长期观测资料对巴基斯坦某地区的潜在风资源进行了评估。

1.2.1.2　风洞试验

风洞试验是研究复杂地形风场特性和评估复杂地形区域潜在风资源的一种十分有效的手段。目前,大量学者利用风洞试验研究了地形风速加速效应理论模型以及验证分析计算流体动力学的模拟结果,大多是针对一些二维、三维的简单体型的山峰或山坡的风场绕流问题。DeBray 等[21]基于单坡山体模型的风洞试验研究,提出了山坡地形上下游沿竖向分布的顺风向平均风速模型。Carpenter 等[22]利用风洞试验方法研究了不同坡度的单体山峰、多个连续山峰和不规则山峰等多种不同工况下的山地地形风场特性,发现单体山峰的地形加速效应最大,与之相比,连续山峰会一定程度削弱山顶的平均风速大小。Ishihara 等[23,24]利用风洞试验方法分析了不同坡度的二维和三维单体余弦山峰的风场加速效应以及山体背风区的分离再附现象,结果表明山顶处存在非常显著的地形加速效应,在背风区则由于流场分离再附形成了旋涡,导致流体发生了回流,风速急剧减小。Cao 等[25,26]利用风洞试验方法分析了地面粗糙度对不同坡度的二维单体余弦山峰的风场分布的影响,结果发现山地地形的风场分布取决于上游条件和地形条件,湍流风场下的光滑山体在迎风坡和山顶处的地形加速效应最显著,均匀流下的粗糙山体的地形加速效应最弱。Lotufo 等[27]利用风洞试验方法分析了大气边界层下来流条件对一个延伸的陡坡风场特性的影响。

上述风洞试验研究主要应用于较简单的山坡或山峰地形的风场特性分析,也有大批学者利用风洞试验手段开展了复杂地形风场特性的分析研究。Boris 等[28]分析了不同坡度的简单山体的风场特性,并利用风洞试验方法研究了 Bolund 岛和 Alaiz 山这两个复杂地形区域的风资源分布。Desmond 等[29]采用风洞试验手段研究了植被对复杂地形风场特性的影响,并与数值模拟的结果进行对比分析。张玥等[30]利用禹门口黄河大桥桥址区地形模型的风洞试验，分析了大桥周围峡谷地形的风场特性，发现桥址区的风场特性与抗风规范的建议值存在较大的差异。许福友等[31]回顾了山地地形风场特性的研究发展，总结了山区桥址处设计风速的几种取值方法，为山区桥址的抗风设计提供了科学依据。

针对目标区域制作缩尺地形模型并开展风洞试验分析，可以较全面地定量分析目标区域的风场分布，从而为风电场微观选址等提供参考。然而，这种基于风洞试验技术的复杂地形风场分析方法存在一些固有缺陷：①研究的目标区域通常范围较广，而风洞实验室的尺寸有限，使得复杂地形模型的缩尺比通常较小，有的甚至达到 1∶5 000，从而地形模型的制作精度难以掌握，不可避免地忽略了地形的大部分细节，影响了风场模拟的准确性；②地形模型的风洞试验通常需要针对目标区域进行全风向角的模拟，而且在模拟前需要调试风场，在限定的缩尺比下，获得与目标区域地形地貌条件接近的来流风剖面，因此整体的试验周期较长；③风洞试验测量风速通常采用热线风速仪和三维脉动风速探头，测点位置非常有限，需要多次测量空间多个测点才能获取区域的空间分布风速情况，而且很难同步测得区域整场的风速和风向信息。

1.2.1.3　理论模型

复杂地形风场分布数值预测模式的发展起源于山地风场理论模型，下面针对山地地形风场理论模型的发展史进行简单回顾。

从 19 世纪 70 年代开始，陆续出现了大量关于山地地形风场加速效应的理论研究。Jackson 和 Hunt[32,33]最早提出了一种预测二维山体风速加速效应的理论解，该模型可以较好地预测坡度小于 20°的山体的风速加速效应。Finnigan 等[34]通过对比分析发现，二维山峰发生稳定流动分离的临界坡度是 16°，即当坡度高于 16°时，在山体的背风区将发生稳定的流动分离再附现象，通过增加地面的粗糙度可以有效减小临界分离坡度值，并削弱山体背风区旋涡的强度。Jackon 和 Hunt 提出的理论解在计算不发生流动分离的单体山峰的最大加速比时，误差小于 15%~18%。Taylor 和 Lee[35]将 Jackson 的理论解进行了扩展，给出了一些比较典型的山体山顶处最大平均风速加速比的建议取值：① 二维山坡，$\Delta S_{\max} = 0.8 H / L_s$；

② 二维山峰，$\Delta S_{max} = 2H/L_s$；③ 三维轴对称山峰，$\Delta S_{max} = 1.6H/L_s$。其中，$\Delta S_{max}$ 表示山体山顶处平均风速加速比最大值；H 表示山体高度；L_s 表示山顶至山体一半高度处的水平距离。

Walmsley 和 Taylor[36]针对 Taylor 和 Lee 提出的理论公式进行了改进，提出可以通过最大加速比 ΔS_{max} 来计算不同高度位置加速比 ΔS 的"原始算法"（Original Guidelines）：

$$\Delta S_{max} = AH/L_s \tag{1-1}$$

$$\Delta S = \Delta S_{max} \exp(-Bz/L_s) \tag{1-2}$$

式中，z 表示距离山体表面的高度；A 和 B 表示山体体型的相关常数，取值见表 1-1。

表 1-1 原始算法中山体体型相关常数 A 和 B 的取值

山体类型	A	B
平地	0.0	0.0
二维山坡	0.8	2.5
二维山峰	2.0	3.0
二维连续山峰	1.55	3.5
三维山峰	1.6	4.0
三维连续山峰	1.1	4.4

针对"原始算法"，Weng 和 Taylor[37]提出了考虑地面粗糙度计算山体风速加速效应的混合谱有限差分法（mixed spectral finite difference，MSFD）和非线性混合谱有限差分法（non-linear mixed spectral finite difference，NLMSFD）。其中，混合谱有限差分法的相关计算公式如下：

$$\Delta S_{max} / (H/L_s) = B_1 + B_2 \ln(L_s/z_0) \tag{1-3}$$

$$\ln(\Delta S(0,z)/\Delta S_{max}) = A_1 + A_2(z/L_s) - A_1 \exp(-A_3 z/L_s) \tag{1-4}$$

$$A_3 = A_{31} + A_{32}\ln(L_s/z_0) \tag{1-5}$$

式中，z_0 为地面粗糙长度；B_1，B_2，A_1，A_2，A_{31} 和 A_{32} 为相关常数，取值见表1-2。

表1-2 混合谱有限差分法中参数的取值

山体类别	B_1	B_2	A_1	A_2	A_{31}	A_{32}
二维山峰	2.41	-0.051	-0.63	-1.36	-0.55	0.69
二维连续山峰	2.07	-0.046	-0.60	-1.64	-2.03	0.90
三维山峰	2.09	-0.049	-0.64	-1.49	-0.34	0.64
三维连续山峰	1.53	-0.035	-0.63	-1.92	-1.67	0.64

混合谱有限差分法适用于坡度较小的山体。坡度较大时，非线性项影响增强，此时可采用非线性混合谱有限差分法进行近似计算，相关计算公式如下：

$$\Delta S_{\max}/(H/L_s) = (B_1' + B_2'\ln(L_s/z_0))\cdot[1 + B_3(H/L_s) + B_4(H/L_s)^2] \tag{1-6}$$

式中，加速比 ΔS 的计算同混合谱有限差分法；B_1'，B_2'，B_3 和 B_4 为相关常数，取值见1-3。

表1-3 非线性混合谱有限差分法中参数的取值

山体类别	B_1'	B_2'	B_3	B_4
二维山谷	2.57	-0.054	-0.65	-0.8
二维山峰	2.40	-0.051	0.029	-0.51
二维连续山峰	2.20	-0.049	-0.64	-0.19
三维山峰	2.05	-0.048	0.24	-0.40
三维连续山峰	1.58	-0.036	0.069	-0.85

总体而言，理论模型通常能较好地预测坡度较缓的单个简单山体的迎风区和山顶处的风速加速效应，对于简单山体的背风区以及复杂山体，风场存在较强的气流分离再附现象，导致风场分布的预测误差急剧增大。

1.2.1.4 数值模拟技术

随着计算机水平的快速发展,数值模拟方法在复杂地形风场特性分析和风能资源评估等领域的应用越来越广泛。与基于现场观测资料的风能资源评估方法相比,数值模拟方法有效解决了气象站、测风塔的空间分布密度不足的关键问题;与基于风洞试验的风场分析方法相比,数值模拟方法可以同步获取整场的风速信息,而且模拟耗时相对较短,对于地形细部特征的捕捉效果更好。

Bjerknes 等[38]首次提出了数值天气预报(numerical weather prediction,NWP)的概念,可以根据当前大气的物理状态,通过数值积分求解大气运动的非线性方程组来模拟大气运动的整个物理过程,从而预测未来天气的物理状态。如图 1-4 所示,Orlanski 等[39]指出根据时空尺度的大小,可将大气现象划分为不同的尺度,通过建立数值模式可以有效地考虑相应尺度的大气运动现象并预测大气未来一段时间的运动状态。数值模式通常可分为大尺度数值天气预报系统、中尺度模式以及微尺度模式,其中中尺度模式通常是由大尺度数值天气预报系统通过网格嵌套并提供边界条件和初始条件驱动实现的[40]。

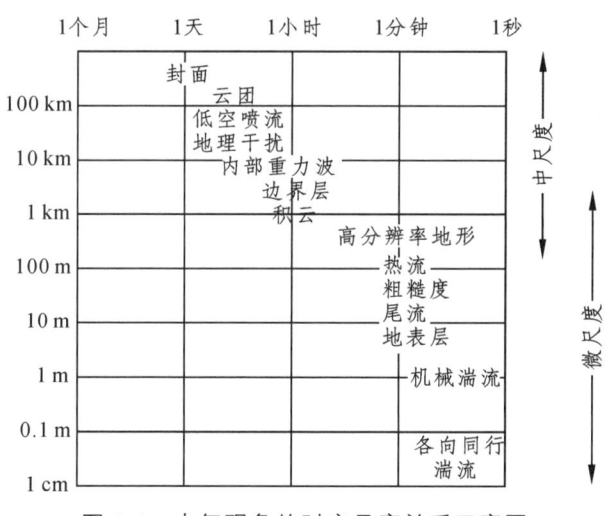

图 1-4 大气现象的时空尺度关系示意图

数值天气预报系统的网格尺度很大,通常是 10~1000 km,无法直接模拟亚格子尺度的大气运动过程。当亚格子尺度的物理过程影响到大尺度运动发展时,如湍流和云的形成等现象，只能通过参数化处理，即只能考虑宏观过程而无法考虑微观细节。然而，由于气象运动过程是典型的混沌系统，即便是很小的初始扰动，也可能对未来造成巨大的影响。如"蝴蝶效应"所述，蝴蝶扇动翅膀也可能在地球的另一侧引发一场飓风。因此，这样的参数化处理最终可能导致大气运动过程模拟的失真。同时，数值天气预报系统需要处理的数据量庞大，且求解的方程组计算量巨大，需要利用超级计算机才能完成模拟，因此通常由国家气象局操作运行。目前已有的数值天气预报系统包括欧洲的 ECMWF，美国的 GFS，德国的 GME，日本的 JMA-GSM 以及我国的 T639 等。

中尺度模式由大尺度数值天气预报系统通过网格嵌套并提供边界条件和初始条件驱动实现。由于嵌套网格区域需大于其上层区域的 1/3，且前者的网格分辨率同样需超过后者的 1/3，受到计算量和计算效率的限制，中尺度模式通常只嵌套 3~6 层网格，其网格分辨率是 1~10 km。与数值天气预报系统相比，中尺度模式具有流体静力和非静力两种动力学框架，物理过程参数化处理更为精细，可以有效考虑浮力和热效应的影响，对于高太阳辐射区和近海区的大气运动状态预测更准确。目前常用的中尺度模式主要包括 WRF 和 MM5 等。与大尺度数值天气预报系统类似，中尺度模式的网格分辨率仍然过低，同样无法考虑局部地形对风场的影响。

微尺度模式通常忽略科里奥利力、浮力、热辐射以及温度等因素的影响，仅考虑流体质量守恒和动量守恒，其网格分辨率是 0.01~100 m。采用高分辨率的微尺度模式可以有效考虑局部地形对风场风速分布的影响，从而能够更准确地获取风电场附近的风速风向信息。Wood[41]和 Ayotte[42]回顾了微尺度模式的发展，并根据动量方程中对流项的处理方式，将微尺度模式分为线性模式和非线性模式两种。常用的基于线性微尺度模式的商用软件包括 WAsP、MS Micro[43,44]和 RAMSIM[45]等。由于将对流项近似表示为线性项，线性模式极大程度缩减了模拟所需的计算量，可以较好地预测平缓地形的风场风速分布，但对于大坡度复杂地形的预测效果较差，会高估山顶的风速加速效应，同时低估山体背风区的风速减速效应。

非线性微尺度模式通常指计算流体动力学（computational fluid dynamics，

CFD）模型，它通过求解纳维-斯托克斯（Navier-Stokes，N-S）方程得到整个流场的风速、风向、压强等信息，相比线性微尺度模式能更准确地预测任意复杂地形的流场风速分布[46]。常用的计算流体动力学模型是两方程 k-ε 湍流模型和 k-ω 湍流模型的雷诺时均模拟（Reynolds Averaged Navier-Stokes，RANS），该类模型能较高效、准确地预测复杂地形的平均流场信息，在实际山地地形风场数值模拟中已具有广泛的应用[47]。随着计算机能力的提升，大涡模拟（large eddy simulation，LES）逐渐被应用于复杂地形风场的数值模拟。大涡模拟不仅能准确计算复杂地形风场的平均风速和湍流分布，而且能捕捉瞬态流场，对于复杂地形风场特性的机理研究非常重要。但由于计算需求大、湍流入口生成难和计算耗时长等问题，其应用仍受限[48]。

在对实际复杂地形进行潜在风资源评估时，需要综合考虑中尺度气象效应和微尺度局部地形效应对风场的影响。许多学者提出中尺度模式和微尺度线性模式的组合物理模型，如 KAMM & WAsP[49]、TAPM & WAsP[50,51]、WRF & WAsP[52]、AROME & WAsP[53]以及 MC2 & WAsP[54]等。也有学者将中尺度模式与微尺度计算流体动力学模式相结合，如 MASS & WindMap[55]、RAMS & WT[56]以及 WRF & CFD[57]等。由于中尺度模式的网格分辨率较低，而气象运动过程属于典型的混沌系统，长时间积分后会产生一定的系统误差，这些耦合模式不可避免地将系统误差引入微尺度模式，极大地影响了风场的预测精度。

部分商用软件中，如 WindSim 和 WT 等，将长期气象观测资料和微尺度计算流动动力学模型耦合，不仅能同时考虑中尺度气象效应和微尺度局部地形效应，而且能有效避免引入中尺度模式导致的系统误差。然而，这些商用软件为了尽可能提升模拟效率，对控制方程进行了一定程度的简化处理，如 WT 软件中采用单方程 RANS 模型，假定流场对湍流积分尺度不敏感，使得模拟结果产生了一定的系统误差。同时，商用软件又是"黑匣子"，不便于将新的数值模型或风机尾流模型等引入。Yan 等[58]提出了针对复杂地形的现场观测数据和微尺度计算流体动力学模型的耦合评估方法，但方法过于烦琐，且仅将其应用于复杂地形的风能资源评估，尚未考虑风机尾流对风场的影响。

1.2.2 复杂地形风资源数值模拟

数值模拟是通过求解大气运动方程或流体动力学方程来预测风场的分布特性。在方程的求解过程中,需要将空间进行离散,同时结合湍流模型,才能高效地获取空间点的风速、风向、压强等物理量。下面针对数值模拟的空间离散方法和湍流模型进行相关阐述。

1.2.2.1 空间离散方法

数值模拟的空间离散方法主要包括有限体积法(finite volume method,FVM)、有限差分法(finite difference method,FDM)、有限元法(finite element method,FEM)、谱方法(spectral method,SM)等。现有成熟的计算流体动力学商用软件和开源平台大多采用较低阶数精度格式的有限体积法或有限差分法,如1阶或2阶。这类方法代码实现较方便且操作简单,能够有效解决实际工程应用中遇到的大部分流体力学问题。当前主流的计算流体动力学商用软件为Fluent[59],开源平台为OpenFOAM,均采用低阶有限体积法求解控制方程,如质量方程和动量方程。对于部分物理量的离散,则采用迎风格式、中心差分等低阶有限差分方法,如压力项和湍流项。张未平等[60]回顾了非结构网格高阶精度格式的发展,指出低阶精度格式数值方法的色散和耗散较大,对于复杂地形周围伴随的撞击、分离、环绕、再附着以及漩涡脱落等多尺度流动现象的模拟很难给出正确的结果。为此,Ekaterinaris等[61]大批学者开展了计算流体动力学的高阶精度数值方法的研究。Wang等[62]深入对比分析高阶精度和低阶精度数值方法后发现,以15个具有基准解的流动问题为例,高阶精度数值方法能更快速地达到目标模拟精度。

然而,高阶精度数值方法在实际应用中仍存在很多缺陷。例如,高阶中心差分模式由于无法模拟全尺度的流动容易得到非物理解,导致数值计算结果的不稳定。Rai等[63]通过对比分析发现,迎风格式比中心差分格式更适用于求解湍流问题,并提出了5阶迎风差分模式,但由于采用了人造光滑处理,使得它不适用于长时间积分、直接模拟以及大涡模拟等问题。Lele等[64]提出了紧致格式的高阶中心有限差分法，具有边界处理方便、截断误差小等优点，可以模拟各种尺度的流动，但需要计算逆矩阵，导致计算量与显式格式相比大大增加。

Cheng 等[65]指出，与高阶有限差分法相比，高阶有限体积法更难用程序代码实现，且达到相同精度需要的耗时更长。以三维模拟为例，高阶有限体积法的计算量是高阶有限差分法的 9 倍。高阶有限元法则非常容易用程序实现，通常具有很强的网格自适应性，不仅能通过增加划分的单元数来提高计算精度，而且可以通过增加每个单元内的阶数达到高阶模拟的目的。前者称为 h 型方法，后者称为 p 型方法，因此高阶有限元法也被称为 h-p 型有限元法。高阶有限元法可以模拟任意复杂几何外形的问题，但其内存需求极大，且计算效率低。

与有限体积法、有限差分法相比，谱方法的计算效率极高，但其核心缺陷在于只能处理简单几何外形的模拟问题。为此，Patera[66]提出了一种新型的 h-p 型有限元法，称为谱元法（spectral element method，SEM）。它同时继承了有限元法和谱方法两方面的特点，便于处理任意复杂外形和边界条件，通过提高单元阶数可以很方便地满足任意精度需求；同时，各单元之间通信仅通过相邻面，单元内部仅受局部单元边界影响，可以达到 90%以上的并行效率。目前，谱元法已应用于地震波传播、结构响应、浅水方程等多个领域[67,68]。尽管谱元法与高阶有限元法相比，内存需求大大减小且计算效率得到了很大提升，但其与有限体积法相比，所占内存仍然很大。当模拟的问题需要网格数在 200 万以下时，谱元法比有限体积法和有限差分法的计算效率和计算精度均更好；当模拟的问题极其复杂，需要的网格数超过 200 万时，一般的工作站可能难以承受谱元法的内存需求量[69]。

1.2.2.2 湍流模型

采用上述空间离散方法，然后结合时间离散方案，即可直接求解纳维-斯托克斯方程，此方法为直接数值模拟法（direct simulation method, DNS）。直接数值模拟法可以直接求解所有尺度的流场瞬态运动，从而获得流体的全部信息，对于研究流场的湍流结构和统计特性非常关键。然而，由于湍流是多尺度的不规则流动，要获得所有尺度下的流动信息，对于空间和时间分辨率的要求都非常高，所以计算量巨大且耗时极长，同时对于计算机的内存量需求很高。以当前的计算机水平，直接数值模拟法只能计算雷诺数较低的简单湍流运动，如槽道湍流或圆管湍流。对于复杂湍流运动的数值模拟，可以借助一定的湍流模型对流场的小尺度运动过程进行简化建模，从而达到预测流场状态的目的。目前常用的湍流模型包括雷诺时均模拟、大涡模拟和离散涡模拟（detached eddy simulation，DES）等。

雷诺时均模拟可以准确预测复杂地形的平均流场信息[70-77]。然而，它无法合理评估复杂地形尾流的湍流统计信息和瞬态湍流结构。与雷诺时均模拟相比，大涡模拟能够计算时间相关的非定常湍流流动问题，因而可以更准确地预测湍流风场经过复杂地形的过程。由于大涡模拟湍流模型的这一优势，近几十年来学者针对大涡模拟展开了大量的研究[3,78-89]。雷诺时均模拟能高效且较准确地得到复杂地形的平均风场，但无法获得瞬态风场，不适用于动力特性及疲劳特性的研究；大涡模拟可以较准确得到风场的时均量和湍流特性，但计算量远高于雷诺时均模拟，且对于入口条件有较高的要求。

1.2.2.3　湍流入口生成方法

生成与真实大气边界层流动特征相符的湍流入口边界条件，一直是复杂地形湍流风场数值模拟应用所面临的一个核心问题。总体而言，湍流入口生成方法可以归为四类[90]，包括数值风洞法（wind tunnel replication method）、前驱数据库法（precursor database method）、循环站法（recycling method）和人工合成湍流法（synthetic turbulence method）。下面针对大涡模拟湍流入口生成的四类方法分别进行简单的介绍。

1）数值风洞法

数值风洞法指参考风洞试验中被动生成大气边界层湍流风场的方法，利用数值方法针对风洞中的尖劈和粗糙元等进行数值建模，以此增加来流湍流强度，然后利用均匀入流获取满足目标湍流参数的来流风剖面。数值风洞法被认为是在数值模拟中直接复制物理风洞方法的最直接方法，它能够在事先了解风洞中的实验配置和足够细的网格分辨率的情况下,准确地再现湍流的流动特征。Nozawa 等[91]在 Lund 等[92]提出方法的基础上,建立数值粗糙元,模拟粗糙壁面的湍流边界层,从而得到更高湍流强度的流场。Liu 等[80]采用全尺度风洞建模,模拟了二维和三维单体山峰的大气边界层风场,与风洞试验吻合较好。总体而言,这类方法通常需要在尖劈和粗糙元附近划分大量的数值网格,因此不可避免地增加了耗费时间和计算成本[93,94]。

2) 前驱数据库法

前驱数据库法指在模拟研究对象之前,将真实或数值模拟的大气边界湍流风场下出口平面若干数据的风速时程和压强等数据记录下来,通过插值获得大涡模拟所需的湍流入口条件,将其施加在主计算域的入口,从而分析目标对象在湍流大气边界层下的风场分布和湍流特性等,如图 1-5 所示。前驱数据库法在本质上与上述数值风洞法相似,但前驱模拟从下游平面提取得到的时间序列,来源于真实大气边界层风场的模拟,满足流场的时空相关性、流体连续方程以及一定程度的能量频谱特征,可以很方便地在后续的大涡模拟研究中被插值或直接引入[95]。但要在主计算域中得到准确的统计资料及流场演化过程,通常耗时很长,需要前驱模拟足够长的时间并实时保存参考平面处的时程序列。因此,前驱数据库法的主要缺陷在于存储量大、计算耗时长。

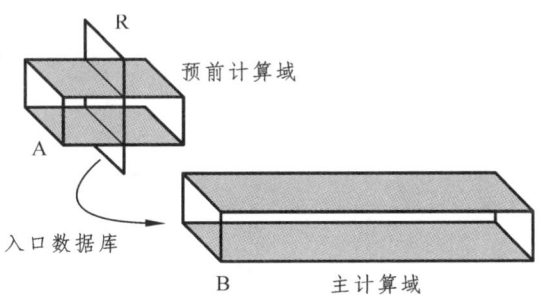

图 1-5 前驱数据库法示意图

3) 循环站法

在平板边界层流动试验中,层流边界层经过一定距离发展会变成湍流边界层。如果直接对整个发展过程进行完整的数值建模，需要的计算域非常大，而且计算耗时非常长。为了缩短计算耗时，可以截取边界层流动中的某一段进行模拟，然后将下游的风速重新赋值给入口截面，从而实现大气边界流动的拟周期循环。直接将上游和下游边界赋值为周期边界是最简单的做法，但这样可能存在问题。因为边界层沿顺风向会不断发展，导致下游和上游的风速剖面存在一定差异，所以直接赋值会引起大气边界层结构的不稳定，理想的方法是将下游的风剖面经过缩尺后，使其与上游的风剖面在大气结构尺度上保持一致，然后再对上游的风剖面进行赋值。Spalart 等[96]提出循环站法，以顺流向平均流线为参考的坐标转换系统，实现拟周期条件，但该方法概念上较深奥且程序实现难度较大。因此，回收方法包括一个生成上游湍流的辅助域、一个模拟建筑物和结构等障碍物在湍流大气边界层流动的主域。Lund 等[92]对此进行了改进，提出了更简便的坐标转换系统，对于平板湍流边界层模拟而言，可以得到较稳定、精确的数值解。但该方法也存在一些缺陷：拟周期条件会在信号中引入伪低频成分；需要合理的初始扰动才能快速生成目标湍流；生成的大气边界层风场的湍流强度较弱。Spille-Kohof 等[53]建议在生成上游湍流的辅助域的入口和循环处之间添加源项，一定程度避免了伪低频成分的引入。Liu 等提出动态变换循环处的位置，达到大幅缩减生成目标湍流所需的时间。循环站法的特点在于利用辅助域下游的大气边界层湍流成分进行回收，重新在入口引入，因此它与前驱数据库方法相比，能够在较短的计算域内再现完全发展的湍流大气边界层[91,97,98]。

4）人工合成湍流法

人工合成湍流法指通过人工生成符合目标大气边界层湍流风特性的脉动风速时程，如平均风速、湍流强度、湍流积分尺度、脉动风速功率谱、风速时空相关性和零散度等，然后将其作为入口边界条件施加于大气边界层风场大涡模拟主计算域的入口网格节点上。

最直接的做法是将具有白噪声特性的随机量叠加到入口的平均风速上，由湍流强度确定白噪声的幅值。但这样的流场结构完全不满足真实的大气边界层湍流风场的特性，如脉动风速谱、时空相关性和零散度等，导致随着风场的发展，入口的湍流特性在下游很快就发生了耗散[99]。Aider 等[100]以后台阶流动模拟问题为例，对比研究了白噪声合成法和前驱数据库法，发现与白噪声合成法相比，前驱数据库法得到的入口脉动风场更符合真实的湍流。Mathey 等[101]分析了白噪声合成法和合成涡法这两种人工合成湍流方法，发现前者对回流区长度的预测高估了 50%，而且低估了剪切层的厚度。造成这种现象的主要原因在于，白噪声合成法生成的湍流特性不满足真实的大气边界层湍流，使得入口脉动风速的高频部分在计算域内迅速衰减，导致湍流强度等湍流参数与目标湍流特性严重不符。为此，许多学者对白噪声合成法进行了改进，开发了众多人工合成湍流的方法，主要包括谱合成法[102-106]、本征正交分解重构法[107-111]、数字滤波法[40,112,113]以及涡量扰动法[114-116]。下面针对这几种方法的发展进行详细阐述。

（1）谱合成法。

谱合成法主要指基于傅里叶变换等思想，将脉动风速展开为傅里叶级数，从而同时考虑脉动风速信号的时域相关性和频域特性等，达到生成符合真实湍流特性的随机风速序列的目的。谱合成法的特点是生成速度快，可以不需要额外存储，直接在入口边界条件中施加，而且模拟的参数易于选取。但当入口边界处的网格节点较多时，谱合成法占用的计算机内存量较大。Kondo 等[117]利用大涡模拟技术分析了各向同性湍流的衰减情况，并与试验结果进行了对比，得到了较好的一致性。Smirnov 等[102]提出了随机流动生成法（random flow generation，RFG），通过均匀各项同性流场校验，将其应用到行船尾流的数值模拟。RFG 方法目前已内嵌入商用软件 Fluent 中，作为大涡模拟脉动入口生成方法之一。李朝[118]在 RFG 方法的基础上提出了 DFSRFG（dcretizing and synthesizing random flow generation）方法生成脉动风速时程，并模拟了深圳市市民中心某大跨度屋盖结构上的风压分布情况，验证了大涡模拟结果的准确性。虽然谱合成法生成的脉动风速经过修正能满足零散度要求，对程序的收敛性有一定改善，但不一定满足动量方程，脉动风速的特性在计算域内将发生变化，需要经过一定距离的发展，才能演化成真正的数值湍流。

（2）本征正交分解重构法。

本征正交分解（principal orthogonal decomposition，POD）重构法是将随机

脉动流场分解成时间相关的主坐标和空间相关的本征模态的级数组合。本征正交分解重构法能够利用少数几阶本征模态重构获得随机流场中的大部分信息[119]，利用这一特点可以重构流场中大尺度、具有相关性的旋涡结构，这与大涡模拟的基本思想一致。Drualt 和 Perret[107,108]利用本征正交分解重构法生成了大涡模拟所需的入口脉动风速时程数据。Perret[109]通过研究发现，虽然本征正交分解重构法合成的脉动风速入口可以正确重构大尺度旋涡结构及其能量组分，但它一定程度高估了空间点的相关性，这是因为本征正交分解重构法得到的湍流场与真实的大气边界层湍流场仍存在一定差异，需要经过一段计算域的发展才能发展成真实的大气湍流，这与谱合成法类似。Johnsson[120]指出，可以通过 N-S 方程的 Galerkin 映射，将低能量、小尺度的本征正交分解模态添加到原始模态中，由此快速建立正常的耗散速度，从而得到更真实的三维速度分量能谱分布。

（3）数字滤波法。

数字滤波法（digital filter method）指先生成一组随机数，然后通过指定的滤波器，得到满足目标大气边界层湍流风特性的脉动风速时程数据。这类研究大多基于时间序列的自回归滑动平均模型（autoregressive moving averaging，ARMA），即利用经验目标功率谱及空间相关函数，人工生成具有空间相关性的脉动风场。Klein 等[121]首次提出了数字滤波法的基本思想，并利用这种方法生成了管道流动大涡模拟的入口脉动风速时程，得到了与目标湍流特性较吻合的结果，包括平均风速和雷诺应力；他指出采用数字滤波法可以满足目标湍流风场的二阶统计量和自相关性，但是计算效率很大程度上受到网格形式的限制。Kempf 等[122]基于针对复杂非结构化网格形式脉动风速生成问题提出了并行数字滤波法，大大缩短了模拟所需的时间。Xie 等[112]针对数字滤波算法进行了简化，将三维滤波变成了二维滤波，大幅改善了模拟效率。然而，数字滤波法生成的大气边界层湍流风场不满足流场的零散度条件，可能导致在计算域内引起较大的脉动压力，导致无法准确获取极值风速。同时，采用数字滤波法生成的大气边界层湍流风场通常无法与 N-S 方程相容，导致湍流在下游快速发生耗散。为解决不满足零散度条件的问题，Kim 等[113]针对不可压缩流动求解器中的速度-耦合程序进行了改良，Daniels 等[123]将其应用于评估高层建筑物表面的极值风荷载。为解决目标区域湍流风参数不一致的问题，Lamberti 等[124]在 Kim 等的基础上，采用梯度优化算法来确定入口湍流生成中的参数，以此保证目标区域湍流风特性与目标一致。

（4）涡量扰动法。

涡量扰动法（vortex method）指基于涡量的拉格朗日描述，在入口平面处生成二维脉动旋涡场，作为顺风向速度的扰动量，与平均风速叠加得到大气边界层脉动风速入口条件。涡量扰动法的特点是考虑了入口平面各点的空间相关性，生成速度较快，占用计算资源较少。Mathey 等[101]基于湍流混合长假设，将局部涡的特征尺度与入口平面的湍流动能和湍流耗散率紧密联系起来，然后采用简化的线性运动学模型来描述顺风向的湍流脉动。Jarrin 等[114]在二维涡方法的基础上提出了合成涡法（synthetic eddy method），采用形函数来定义具有时空相关性的三维涡旋相干结构，然后生成大气边界层湍流风场。上述涡量扰动法在生成平面各点的脉动风速过程中相互独立，因此非常适用于并行模拟，但其生成的涡特征尺度单一，与真实湍流风场的脉动风速谱不符。为此，Luo 等[116]提出了多尺度合成涡法（multi-scale synthetic eddy method），其基本思想是合成具有不同频谱能量的多尺度涡，以构造满足任意脉动风速功率谱特性的湍流场；他利用多尺度合成涡法针对高层建筑进行风场大涡模拟，发现可以较准确评估建筑表面的风荷载特性。目前，涡量扰动法已经内嵌入商用软件 Fluent 中，作为大涡模拟大气边界层湍流入口生成的方法之一。Jarrin 等[125]将涡量扰动法与人工合成法、数字滤波法进行了对比，发现涡量扰动法发展得到真实大气边界层湍流风场所需的发展长度更短。

1.2.3　复杂地形风电场微观选址

通过优化风力发电机组的布局、风电场的微观选址，努力实现风电场的功率输出和成本之间的良好平衡。风力发电机组的输出功率主要由风速分布决定，而风速分布在很大程度上取决于地形坡度和周围环境[3,126]。显然，处于复杂地形条件的风电场的风场特性更为复杂，这极大程度上加大了风电场微观选址的难度，因此越来越多的研究围绕风机排布方案优化而展开。然而，风机排布方案优化是一个典型非凸的问题，方案优化过程非常容易陷入局部最优，这显然与找寻风机排布方案全局最优解的目标相悖。目前,风电场微观选址方法根据分类的不同,可以分为基于网格搜索型和非网格搜索型,以及基于梯度搜索型和非梯度搜索型,主要包括遗传算法(genetic algorithm,GA)[127-129]、贪婪算法(greedy algorithm)[130,131]、粒子群算法(particle swarm optimization)[132,133]、进化算法(evolutionary algorithm)[134,135]、随机搜索法(random search)[136,137]、数学模型法(mathematical models)[138,139]以及数值模型法(numerical models)[140]等。Porté-Agel 等[48]回顾了关于风电场微观选址的相关研究。

Mosetti 等[127]创造性地引入遗传算法并用于优化风电场的风力发电机组排布方案。在 Mosetti 等的研究中采用了三种风况,风速和风向的组合各不相同,并使用了 Jensen 等[141]提出的尾流模型来评估机群的尾流效应。Grady 等[142]改进了 Mosetti 等研究中的设置,包括种群大小和最大迭代步长,取得了更好的优化结果。为了克服 Mosetti 等研究中成本模型理想化的缺陷,Emami 等[143]建立了一个具有可调系数的新型目标函数,该函数对风电场的成本、发电量和效率有更好的控制作用。通过与以前的研究相比较,Mittal 等[128]通过将电网间距减少到风机叶片直径的 1/40 来优化遗传算法的结果。Chen 等[144]考虑各种轮毂高度和成本模型,利用遗传算法实现了风机排布方案的优化。Song 等[145]提出了风电场微观选址的两级优化方法,将风电场视为由具有相同规模的多个区块组成的复合体。然而,上述所提出策略的可行性很少在复杂地形的风电场布局优化中进行验证。

为了克服上述模型在复杂地形情况下的缺陷,Feng 等[146]提出了自适应 Jensen 尾流模型,该模型假设风机尾流的中心线遵循离地面相同的轮毂高度水平,并针对具有 25 台风机的复杂地形风电场机群优化实际案例进行了分析与验证[147]。Chen 等[131]将他们之前的研究扩展到复杂地形,考虑了风电机组的轮毂高度。Brogna 等[148]提出了复杂地形下风机的高斯型尾流模型,并对 8 种风机优化策略进行了比较。Reddy 等[149]开发了一种新方法用于不规则边界约束条件的复杂地形风电场布局优化,但忽略了机群尾流和地形驱动流的相互耦合作用效应。

随着计算能力和计算资源的快速发展,计算流体动力学方法在风电场微观选址中得到了越来越多的应用。Kuo 等[140]将计算流体动力学方法与混合整数编程相结合,用于优化复杂地形下的风力发电机组布局。King 等[150]、Antonini 等[151,152]和 Allen 等[153]将计算流体动力学与邻接法结合起来,在平坦和复杂的地形中实现了风力发电机组年发电量(annual energy production,AEP)的最大化。然而,这些方法均假定安装的风力发电机组数量为定值,限制了算法的使用;而且,采用的目标函数较为简单,可能无法合理估计风电场的建设成本。

1.2.4 复杂地形风电场短期风电功率预测

受中尺度气象效应、微尺度局部地形效应以及机群之间的尾流效应等因素影响,复杂地形风电场风电功率具有显著的非平稳和非高斯波动特征,严重影响了短期风电功率的预测精度和稳定性。研究复杂地形风电场短期风电功率预测理论与方法,对于完善我国风电功率预报系统、健全风电运营与并网安全保障体系具有重大意义。

目前,全球已成功研发了一些比较成熟的风力发电预报系统,如丹麦的 Prediktor、Zephyr 和 WPPT,德国的 Previento 和 AWPT,美国的 eWind,西班牙的 LocalPred 和 Sipreolico,以及爱尔兰的 Honeymoon 等。我国的风力发电预报系统研究起步较晚,但发展迅速,现包括中国电科院的 WPFS、中国气象局的预报系统、国能日新公司的 SPWF-3000、中科伏瑞公司的 FR3000F 和风脉能源公司的预报系统等。由于我国地形复杂多变,山地地形占国土面积的 70%,使得风速时程序列中的非平稳和非高斯波动特征更加显著[7],导致全国各省的风力发电预测精度相差很大,全天预测均方根误差甚至高达 36%[5],远超国家规定的 20%误差限值要求[6]。为此,大量学者围绕风电场的风电功率预测展开相关研究。风电功率预测可分为物理模型、时间序列模型、机器学习模型及组合模型[154]。下面围绕这几种预测模型对国内外研究现状进行详细阐述。

1.2.4.1 物理模型

物理模型指根据地面实时观测气象资料和卫星数据等信息获取全球气象要素初始场,利用数值天气预报系统求解大气运动方程,预测风电场每台风机轮毂高度位置风速和风向,再由风机功率曲线计算整个风电场的风力发电量。从大气运动角度出发，该模型具有实际物理意义，预测时长超过 6 h 时效果较好[155]，且不受历史数据的限值。该模型的缺点也较显著：① 对全球求解大气运动方程，需要网格嵌套降尺度到指定区域，计算量巨大，受计算能力限制，网格尺度较大，通常是 10~1000 km，导致无法考虑微尺度地形和机群尾流效应对风场的影响，加大了山地地形风场预测的误差；② 该模型对初始场十分敏感，卫星和气象资料的微小误差经过长时间数值积分后，会被不断放大，导致风力发电量预测误差增加。为解决 NWP 模型的固有缺陷，许多学者展开了相关研究。

Cassola 等[156]结合中尺度 BOLAM 模式和卡尔曼滤波展开了风电功率预测研究，显著改善了中尺度模式的预测效果。Chen 等[157]采用中尺度天气研究与预报（weather research and forecasting，WRF）的集群模式进行了风速预测研究，并结合误差修正算法，有效减小了初始场不确定性的影响。Di 等[158]结合中尺度天气研究与预报模式、自适应代理模型优化算法，展开了风机轮毂高度风速预测研究，针对天气研究与预报模型参数进行了优化。Feroz 等[159]利用中尺度天气研究与预报模式、风电场参数化算法，展开了风速和风电功率预测研究，一定程度上考虑了风电场的尾流干扰效应。为解决传统物理模型网格分辨率低、复杂地形识别能力弱的问题，Bilal 等[160]、吴琼等[161]、Prieto-Herráez 等[162]分别提出了中尺度天气研究与预报模式与三种不同微尺度模式的耦合预测模型。李莉等[163]通过计算流体动力学流场预计算建立了流场特性数据库，并结合中尺度天气研究与预报模式预报数据，提出了风电机组轮毂高度短期风速插值预测方法，可在缩减计算耗时的同时考虑局部地形的影响。Hu 等[164]发现在利用微尺度模式对复杂地形进行风场数值模拟研究时，还需考虑地形边界的过渡形式，避免边界"人工崖"引发不真实流动，同时保证地形模型大小合理。

1.2.4.2 时间序列模型

时间序列模型指直接利用历史观测数据预测未来的风速或风力发电量，包括持续法、自回归滑动平均模型、差分自回归滑动平均模型、自回归条件异方差模型、卡尔曼滤波法、聚类分析法和灰色理论等。其优点在于计算简便，预测时长低于 6 h 时精度较高，其缺点则在于假定序列存在线性关系[165]，忽略了风电序列的非平稳和非高斯波动特征，导致长时间预测误差急剧增大。阎洁等[166]根据风速相似日对序列进行动态特征选取与训练，提高了风电功率预测精度。Qian等[167]提出结合灰色模型和滤波技术的风速预测方法，可有效捕捉季节性波动特征。叶林等[168]利用聚类分析方法去除风电序列的冗余信息，基于马尔科夫链方法生成可反映风电功率特征的聚合序列。Zhang等[169]提出了自回归动态自适应风电功率预测模型，可根据风电序列特征实时确定模型参数。

综合以上研究可以发现，对于风电序列中的非平稳和非高斯波动特征的准确识别，是提高短期风电功率预测精度的关键。

1.2.4.3 机器学习模型

随着计算机的快速发展，各类机器智能学习算法逐渐崛起，包括人工神经网络、支持向量机、模糊逻辑、多层感知器和极限学习机等。机器学习模型通常是基于某种学习算法，对输入层—隐含层—输出层构建非线性映射，从而直接根据输入变量预测目标变量。这类模型的优点在于能处理序列中任意复杂非线性关系，但对于参数选取非常敏感，收敛速度慢，容易出现梯度消失或梯度爆炸问题，导致过度学习或陷入局部最优[170]。与普通机器学习模型相比，深度学习模型通过构建多个隐藏层将数据多层次信息进行反馈[171]，具有更快的收敛速度和更高的预测精度[172]。王永翔等[173]、Lu等[174]、Ding等[175]利用支持向量机模型进行了风电功率预测研究，并分别基于鱼群优化算法、灰狼优化算法和非支配排序遗传算法Ⅱ确定了模型核函数的最佳参数。韩朋等[176]、Zhou等[177]、Liu等[7]分别提出了结合长短期记忆网络（long-short term memory，LSTM）深度学习模型与注意力模型、非支配排序遗传算法Ⅱ和非支配排序遗传算法Ⅲ的风电功率预测方法，保证预测结果的全局最优性[178]。为避免输入数据中冗长信息的影响[179]，Liu等[180]、姚万业等[181]、游坤奇等[182]分别采用交互信息、模糊粗糙集和皮尔逊相关系数方法对输入数据进行特征选取。

以上研究表明，利用参数优化算法对深度学习模型的超参数进行优化选择，可在加快收敛速度的同时达到全局最优的预测效果。

1.2.4.4 组合模型

受风电场特定地理环境等因素影响,每种模型均存在一定适用性[183],采用组合模型通常能比单模型得到更好的预测效果[184]。组合模型分为预处理型和横向组合型,前者是采用预处理技术将原始序列分解成更具频域特征的子序列后分别预测,后者是对多个预测结果加权组合。Memarzadeh 等[185]、刘达等[186]、李春祥等[187]分别提出了小波分解与 LSTM 模型组合、小波包分解技术与 LSTM 模型组合以及经验模态分解与极限学习机组合的风电功率预测方法。Moreno 等[188]结合变分模态分解和奇异谱分析技术对序列进行二次分解,对比分析了 LSTM 等 5 种机器学习预测模型。Sun 等[189]利用小波分解与变分模态分解技术去除序列中噪声,并提出了结合聚类算法分类和 LSTM 模型的组合预测方法。这类预处理型组合模型能极大程度减少风电序列的波动性,是当前风电功率预测研究的热门。但现有研究大多针对训练和测试数据仅进行单次分解,相当于假定未来数据已知,显然不科学[190],即便采用实时分解技术,也会由于引入新的测试数据使得分解后的子序列差异较大,导致其预测误差较大甚至可能高于单模型[191]。胡伟成等[7]提出了考虑风速序列非高斯特性和日均非平稳特性的时均风速预处理理论,利用光滑样条插值理论将其扩展到任意高分辨率时程数据[192],可根据已知风速数据进行非平稳和非高斯波动特性预处理,并提出了基于最优化理论的短期风速预测组合模型,得到了较好的预测效果。目前,如何在考虑已知数据的波动特性的同时结合深度学习理论,是风电功率预测应用中仍面临的挑战。

横向组合模型的关键在于如何确定各模型的权重系数。Çevik 等[193]、陈祖成等[194]、Zhang 等[195]、Liu 等[196]利用多种机器学习模型分别进行风电功率预测研究,并提出了等权重系数组合预测方法。为利用各模型预测精度的差异性,许多学者展开了模型优化组合的研究。杨磊等[197]、Zhou 等[198]、Cheng 等[199]、Wang 等[200]、Jiang 等[201]分别基于遗传算法、遗传-粒子优化算法、樽海鞘群优化算法、蚱蜢优化算法和蜻蜓算法确定了风电功率预测组合模型的最优权重系数。然而,每种模型在不同预测时长情况下的预测精度可能存在较大差异,如物理模型在预测时长小于 6 h 和大于 6 h 时误差有所区别。为实现各模型优势最大化,需针对模型特点建立智能组合理论与方法,提高预测结果的精度与稳定性。

1.2.5 研究现状小结

本节围绕复杂地形风资源和风能利用的关键问题,展开了国内外研究现状的综述,得出了以下主要结论:

(1)复杂地形风能资源评估需要兼顾计算效率和评估精度,结合风场实测数据和CFD模拟技术是兼顾这一平衡的有效途径。

(2)复杂地形风资源数值模拟的难度较大,特别是湍流风场特性的预测。

(3)复杂地形风电场微观选址的核心问题在于在不显著增加计算量的前提下,尽可能找到接近全局最优解的风机排布方案。

(4)复杂地形风电场短期风电功率预测的关键在于考虑非平稳和非高斯风速信号对风电功率的影响,同时还需要改善短期风电功率预测结果的稳定性。

1.3 本书的研究内容

本书的研究目的是针对复杂地形风资源与风能利用相关的关键问题,提供理论分析思路和实际案例,为风电开发利用提供参考。本书的主要研究工作包括以下方面的内容:

(1)第2章介绍风资源的基础知识以及风场模拟的理论基础,包括风资源、风场模拟流体控制方程以及风场模拟湍流模型。

(2)第3章详细阐述人工合成法生成不同地貌类别下大气边界层湍流风场,并将其应用于生成大涡模拟的湍流入口条件,以此分析三维山丘风场的湍流特性以及复杂地形风场的湍流特性。

(3)第4章详细阐述复杂地形潜在风资源的评估方法流程,并进行实际复杂地形潜在风资源评估案例分析。

(4)第5章围绕复杂地形风电场微观选址展开,阐述复杂地形风机排布方案优化相关知识要点,并在第4章的基础上,以实际复杂地形风电场为例,进行风机排布方案优化分析研究。

（5）第 6 章介绍复杂地形风电场短期风速预测的相关模型，详细介绍各个单体预测模型和组合预测模型，并分别以时均风速序列和高分辨率风速序列为例，进行短期风速预测的案例研究，为风电并网提供参考。

（6）第 7 章对本书的工作进行总结，并对后续工作进行展望。

第 2 章
PART TWO

风资源与风场模拟理论基础

为了充分开发利用风资源，使风能成为经济的能源，必须了解风的形成过程以及风资源利用中的不确定性，掌握风资源利用过程涉及的风场模拟基础理论知识。本章将重点介绍风资源相关知识背景、风场模拟流体控制方程与求解、风场模拟相关的湍流模型。

2.1 风资源

本节主要介绍三种不同尺度下的风气候情况，分析风资源不确定性的来源。

2.1.1 全球风气候

全球风资源的分布极其不均匀，这是因为风主要是由大气环流造成的，受以下 4 个方面的因素影响：①由于地球的自转和公转，地球表面接受太阳辐射能量不均匀，由此形成了大气的热力环流；②由于地球表面的海陆分布不均匀，地形和地面湿度对全球风气候的分布影响显著；③由于地球的自转，地球表面的大气受到科里奥利力（科氏力）作用而发生偏转；④大气内部不同区域之间的热量和动量的相互交换。

从全球大气环流过程来看，地表受到的太阳辐射能量分布不均，造成了大气的流动，热量和水分随着环流从某个地方输送到另一个地方，使得不同地方的热力差异趋于均匀。不同大气层高度范围内，气流的运动规律存在差异。大气层在水平方向分布相对较为均匀，而垂直方向则呈现显著的层状分布。根据大气的热力性质，通常将大气层分为对流层、平流层、中间层和热层。

大气温度的垂直分布由热量平衡关系决定，对于不同高度的大气，影响温度的主要因素不同。低层大气中，以太阳辐射加热地表后引起的对流、湍流交换作用以及地表内红外热辐射为主，地面是主要的热源。中、高层大气中，以辐射平衡作用为主，主要成分即氮气吸收辐射很少，氧气和臭氧对太阳辐射吸收加热，臭氧、二氧化碳和水汽对红外辐射冷却，构成了平流层以上大气的热源和冷源，对不同大气层的温度垂直分布起主要作用。下面针对对流层、平流层、中间层和热层进行简单介绍。

2.1.1.1 对流层

对流层位于大气的最底层，其分布高度约为地面 18 km 以下，受地理位置和季节影响。在低纬度地区、中纬度地区、极地地区，对流层顶层的离地高度分别为 17~18 km、10~12 km、8~9 km。显然，纬度越高，对流层的高度越低。而且，冬季的对流层高度低于夏季的对流层高度。

在对流层内，高度越高，空气温度越低，下降规律可近似为线性，下降梯度约为 6.5 ℃/km。这是因为，当空气往上升时，大气压强会减小，空气需要向外扩张。根据热力学第一定律，此时空气温度会降低。因此，对流层内的空气上冷下热，对流运动十分显著，各类气候现象较多在这一层发生。

在对流层内，空气流动过程会受到地表的摩擦力作用，从而形成一个行星边界层，也被称为大气边界层。大气边界层的高度约为 2 km，其形成主要受到微尺度局部地形的影响。对流层内的下层气流受到地表的摩擦作用，但上层气流受其影响很小。根据这种差异性，也可将对流层分为近地层、艾克曼层以及自由大气。近地层通常是海平面 100 m 以下的高度，艾克曼层是海平面 0.1~1 km 的高度范围，自由大气是 1 km 至对流层顶的 11 km 的高度范围。近地层与地面的摩擦作用显著，因此大气运动过程的湍流特征较强。艾克曼层会受到科氏力、气压梯度力和地面摩擦力的综合作用。自由大气几乎不受地面摩擦力的影响。

2.1.1.2 平流层

对流层上方是平流层，在平流层内，气温随地面高度增加而升高，这种现象称为逆温。显然，这一特征与对流层完全相反。这是因为，平流层顶部的气流受到太阳照射而温度升高，顶部温度甚至与地表温度接近。平流层内的气流运动较稳定，没有常规的对流运动。

平流层内的风速沿高度分布特征较为特殊。平流层底部与对流层顶部接壤，前者受到后者的西风带影响，常年为西风。在平流层的中上部，夏季通常为东风，冬季则会发生逆转。由于不同季节下不同纬度受日照时长差异很大，这类随季节变化而改变风向的现象被称为平流层季候风。

2.1.1.3 中间层

中间层又称为中层，指平流层顶部至距地面 85 km 之间的大气层。中间层内的温度垂向变化规律与对流层类似。由于平流层内集中了大多数臭氧，在中间层的底部，即平流层的顶部，臭氧会吸收太阳紫外线，使得空气温度较高。但随着高度的增加，臭氧浓度降低，中间层顶部的气温迅速下降，甚至达-92 ℃。通常，大气层内气温最低者，即为中间层顶部。与对流层相比，中间层的气温下降梯度更低，相对更稳定，较少发生高气压、低气压的现象。同时，中间层内的大气密度很低，该层内的热力运动主要受两个因素主导：① 氧分子吸收太阳紫外线，使得大气温度升高；② 二氧化碳放射红外线，使得大气温度降低。在中间层内，夏季的气温比冬季更低，最低可达-100 ℃。

2.1.1.4 热层

热层又称为暖层，指自中间层顶部至距地面 250 km 或 500 km 范围内的大气层。热层的最高高度取决于太阳的活动状态，太阳活动越强，热层的高度越高。自热层的底部向上，大气温度迅速增加，直至温度不变，对应高度即热层顶部。热层的主要能源为太阳紫外线辐射，它吸收了小波长太阳紫外线的几乎全部能量。热层顶部的温度最高可达 1500 K 以上，且昼夜差异极大。在热层的底部存在少量水分，因此有时会出现银白色和青色的夜光云。

2.1.2 大气边界层

风资源的开发利用，需要通过建设风电场和安装大量的风力发电机来实现。风力发电机通常是建设在大气边界层内，目前其轮毂高度最高可达 200 m，叶片直径超过 100 m。因此，了解大气边界层内的风场特性是分析风力发电机组可利用风资源的前提。

2.1.2.1 大气边界层的基本特征

大气边界层内的湍流交换在大气的动量、热力和水汽及其他微量气体的平衡中起重要作用。大气中的热量或水分主要来源于下垫面，而动量则主要来源于上部的气流运动。动量由上部输送到下部，以此平衡下垫面（即地表）不光滑引起的摩擦损失动量。大气边界层的基本特征主要体现为气象要素存在明显的日变化，这是因为大气边界层是对流层中最靠近下垫面的大气层，通过湍流交换，地面在白昼获得的太阳辐射能将上方的空气加热，而夜间的辐射冷却导致上方空气温度的降低。此外，大型气压场形成的大气运动动量通过湍流切应力的作用源源不断地向下传递，经过大气边界层到达地表，并由于摩擦产生了损失，这也造成大气边界层内气象要素日周期变化。

当大气边界层处于不稳定的条件下时，其涡旋主要尺度在空间上与边界层高度达到一个量级，下垫面只需不到半个小时即可影响到大气边界层的顶部。当大气边界层处于较稳定的条件下时，其涡旋主要尺度通常比大气边界层的高度要小。当大气边界层处于强稳定的条件下时，湍流表现为时间上的间歇性和空间上的不连续性，导致下垫面需要长达数小时才能影响到大气边界层的顶部。因此，从湍流的角度来看，大气边界层是存在各种尺度的湍流且湍流输送起主要作用并导致气象要素日差异显著的底层大气。大气边界层稳定性越差，其高度范围越广。

大气边界层与其上部的自由大气之间存在相互作用。对于稳定的边界层，其上部经常存在较为显著的脉动，在上部较强的风切变作用下，间歇性湍流和波动在边界层上下交替出现。对于不稳定的边界层，其发展过程中上部暖空气向下卷夹以及顶部不断抬升，使得大气边界层和自由大气之间相互作用。大气边界层内的运动状态受到湍流运动、湍流输送作用、大气压力梯度以及科里奥利力的影响，这是行星底层大气或海洋表面流动的共性，因此大气边界层也经常被称为行星边界层。

2.1.2.2 大气边界层的厚度

大气边界层内的气象要素具有明显的日周期变化特征，其厚度同样具有明显的日变化特征，厚度范围从几百米到几千米。地表温度越高，空气对流越强，大气边界层厚度越大。陆地和海洋的昼夜温度差异很大，使得大气边界层厚度同时随时间和空间变化。对于海洋，由于水的比热容很大，其表面昼夜温差较小，大气边界层厚度变化不大，其厚度变化根源主要在于中大尺度大气的垂直运动和气流在海洋表面的平流。对于陆地，其表面昼夜温差较大，特别是干燥陆地和植被稀少的陆地，大气边界层高度随时间剧烈波动；同时，不同陆地表面性质不均匀，使得大气边界层厚度随空间变化较大。

2.1.2.3 湍流大气边界层

大气边界层内的气流受到摩擦阻力、蒸发、热传递、污染排放以及局部地形等因素的综合影响。从空间尺度上看，影响因素可以分为中大尺度和小尺度，分别对应气象尺度和湍流尺度。从空气动力学的角度分析，湍流产生的原因来自流体运动状态的不稳定。研究表明，当雷诺数超过某临界域时，流体运动从层流逐渐发展为湍流。此处的雷诺数是一种可用来表征流体流动情况的无量纲数，其计算公式如下：

$$Re = \frac{UL}{\nu} \tag{2-1}$$

式中，Re 表示雷诺数；U 表示风速大小；L 表示特征长度；ν 表示空气运动黏度。

在管道流动中，当雷诺数超过 4000 时，流动状态即湍流。以大气流动为例，特征长度取离地高度 10 m，也可取障碍物的平均高度，空气运动速度取 1 m/s，空气运动黏度取 1.4607×10^{-5} m/s^3，则雷诺数约为 6.8×10^5。显然，这远远超过了临界雷诺数的范围。由此可见，真实大气运动过程的雷诺数量级非常大，其运动状态具有显著的湍流特性，因此也被称为湍流大气边界层。

大气边界层的湍流能量主要来源于机械做功和浮力做功两个方面。前者是在存在风速风向切变的情况下，湍流切应力对空气微团做功。后者在不同大气稳定条件下的情况有所区别，对于不稳定的大气条件，浮力对垂直运动的空气微团做功，使湍流增强；对于稳定的大气条件，随机上下运动的空气微团反抗重力做功而失去动能，使湍流减弱。

在风工程中，将大气边界层内的风速时程描述为由平均风速和脉动风速两部分组成，即

$$u(t) = U + u'(t) \quad (2-2)$$

式中，$u(t)$表示风速时程；U表示平均风速；$u'(t)$表示脉动风速时程。

平均风速表示风中大小不变的部分，其能量来源于中大尺度的力，是评估风资源优劣性最重要的一项指标。脉动风速表示随机波动的风速成分，其主要来源于微观尺度的力，是评估风力发电机承受风荷载和疲劳效应的一项重要指标。可以将脉动风速理解为叠加在平均风速上的阵风，代表了气流中波动周期小于10分钟或1小时的成分，而平均风速则代表波动周期超过10分钟或1小时的成分。

实际上，空间是三维的，风速也是三维的。可将风速时程分解在三维坐标系上，得到三个方向的风速时程数据，然后分别分解为平均风速信号和脉动风速信号。

2.1.2.4 大气边界层的稳定度

大气稳定度指大气边界层内大气物理性质垂直混合和扩散的速度，越稳定的大气其物理性质垂直扩散速度越慢，不稳定的大气其物理性质垂直扩散速度则较快。显然，扩散速度越快，大气边界层越容易达到较好的均匀性；相反，扩散速度越慢，大气边界层内的物理性质差异性越大。因此，不稳定的大气边界层物理性质分布越均匀，稳定大气边界层物理性质差异较大。

相同地理位置的大气稳定度是随时间变化的，白昼时不稳定，晚上变稳定，夏天时不稳定，冬天变稳定。相同时刻下不同地理位置的大气稳定度也是不同的，例如沙地和树林上空的大气稳定度存在较大差异。同时，大气稳定度和大气边界层的厚度是对应的，大气边界层稳定度越强，大气边界层厚度越低。

根据大气边界层的稳定度可将大气边界层分为三类：中性大气边界层、不稳定大气边界层以及稳定大气边界层。下面针对这三类大气边界层分别进行介绍。

1）中性大气边界层

假设将一个气团在大气中垂直移动，该气团承受的浮力与气团周围的环境温度梯度有关。若气团温度降低的幅度与周围环境温度降低的幅度刚好相等，因为气压可以瞬间调节，气团的密度与周围的密度始终相同。此时气团不受浮力作用，称为中性大气稳定。

中性边界层中唯一或主要的湍流能量产生机制是剪切作用，与之相关的是风剪切和表面应力，浮力作用极小。这种中性边界层大多出现在有浓厚云层的强风天气条件下。典型的中性大气边界层很难观测到，但它的理论较为简单，而且可以通过它来了解大气边界层的共性，因此，目前的风工程研究大多数情况下都是在中性边界层的假定条件下开展的。

2）不稳定大气边界层

如果气团的温度高于周围环境的温度，则气团承受向上的浮力，使得气团加速垂直向上运动。垂直位移越大，浮力越大，加速度也越大。气团变轻而开始加速上升，使得气团越来越偏离它的起始平衡位置，这导致气团无法在新的位置重新建立平衡。这种状态显然是不稳定的，因此称之为不稳定大气边界层。

由于地面加热而触发的对流热泡是不稳定大气边界层湍流的原动力，它们的上升和下沉决定了边界层动力学结构的基本状态，因此不稳定大气边界层常被称为对流边界层。而大尺度强湍流的驱动，使其具有垂直方向的强烈混合，因此通常又被称为混合层。

不稳定大气边界层和中性大气边界层不同，前者的发展不是依赖于较强的风切变形成的，而是在近地层保持一定的虚位温递减率形成的热力驱动。地面输送的感热通量是热力驱动湍流能量的主要来源。

各种气象要素除在近地面存在明显的梯度外，由于强烈的混合作用，不稳定大气边界层的主体部分的各种气象要素的梯度都很小。在中等以上不稳定时，温度和风随高度接近均匀分布，湍流通量随高度近似线性变化。

对流热泡在不稳定大气边界层的上升冲击下，引发自由大气空气团向下卷入边界层，形成了所谓的卷夹层，卷夹层以上则是无湍流或较弱湍流的自由大气。对流热泡的尺度大、寿命长、携带的湍流能量大，由于对流热泡破碎产生的各次级湍流涡旋也异常活跃，导致对流边界层各气象属性的垂直分布比较均匀，具有整体的空间结构以及较强的时间相关性。

3）稳定大气边界层

如果气团的温度低于周围环境的温度，则气团承受向下的浮力，使得气团回到原来的高度。在这种状态下，气团总能回到它的起始高度，因此对于初始扰动是稳定的，此时称为稳定大气边界层。

稳定大气是地表冷却的结果，冷却可能源于能量辐射的损失。稳定边界层的特征是存在逆温层，此时气流微团受到浮力的作用导致动能损失，湍流能量大幅减弱。但因为还存在剪切力的作用，湍流不会完全消失，而是在较弱的水平上达到平衡。此时，辐射、平流、气层的抬升以及地形等因素的影响，与湍流热交换过程的影响程度相当。

由于湍流很弱，湍流涡旋的尺度小，边界层不同层之间的相互作用变弱，下垫面对边界层的影响耗时大大延长，形成典型的分层式湍流。这种特征量在大气边界层顶部没有明显的过渡特征，很难确定边界层顶部的位置。另外，由于稳定大气边界层发展的中、后期，其内的各个过程随时间变化缓慢，因此可以看作为平稳过程。

2.1.2.5　大气边界层的风剖面

前面提到，大气边界层中的风可分解为平均风和脉动风两部分，其风剖面可以分别采用平均风速和湍流强度进行描述。

1）平均风速剖面

受地表摩擦等作用，大气边界层内的平均风速随高度增加而增大，其变化规律通常可以用两种风速廓线来表示，即对数律剖面和指数律剖面。下面针对这两种平均风速剖面进行简单介绍。

（1）对数律剖面。

风在大尺度上主要由势能转化为动能而成，在大气边界层以内的风受到本地压力梯度、地表摩擦以及由湍流导致的向下动量传导的综合作用。在稳定的大气中，假设湍流以涡旋的状态存在，地表附近涡旋的大小取决于离地高度：

$$l = \kappa z \tag{2-3}$$

式中，l 表示涡旋大小；κ 表示卡曼（Karman）常数，取值为 0.40；z 表示离地高度。

风速作为一种气象因子，被涡旋在其直径范围内混合，风速的垂直梯度可表示为

$$\frac{\partial U}{\partial z} \approx \frac{\Delta U}{\Delta z} = \frac{u_*}{l} \tag{2-4}$$

式中，$U(z)$ 表示离地高度 z 处的平均风速；u_* 表示摩擦速度或流动剪切速度，它是湍流动量通量的二次方根，代表在特定大气条件下地表使空气动量减少的程度。

湍流动量通量在近地层为常量，即假设地表层摩擦速度随高度固定，由此可推导出中性大气稳定度条件下的平均风速剖面，其表达式如下：

$$\frac{\partial U}{\partial z} = \frac{u_*}{\kappa z} \tag{2-5}$$

$$U(z) = \frac{u_*}{\kappa} \ln\left(\frac{z}{z_0}\right) \tag{2-6}$$

式中，z_0 表示地面粗糙长度，简称粗糙度。

在非中性大气条件下，湍流涡旋的形状并非完好的圆形，也呈现各向异性的特点，在稳定大气下可被视为在水平方向上被拉伸，在不稳定大气下可被视为在垂直方向上被拉伸。此时，需要对上述对数律风剖面形式进行修正：

$$U(z) = \frac{u_*}{\kappa} \ln\left(\frac{z}{z_0} + \Phi\left(\frac{z}{L}\right)\right) \tag{2-7}$$

式中，Φ 表示大气稳定度方程；L 表示莫宁-奥布霍夫（Monin-Obukhov）稳定长度。

由于风工程中多数是在中性大气稳定的假设下进行，所以中性大气稳定度条件下的平均风速剖面应用更为广泛。

地面粗糙长度 z_0 是地面上湍流旋涡尺寸的量度，由于局部气流存在不均匀性，所以对于地面粗糙长度 z_0 的测量差异较大。表 2-1 是不同地面粗糙度下对于地面粗糙长度 z_0 的建议取值。

表 2-1 不同地面粗糙度的 z_0 建议取值

地面类型	z_0/m	地面类型	z_0/m
砂地	0.0001~0.001	矮棕榈	0.10~0.30
雪地	0.001~0.006	松树林	0.90~1.00
割过的草地	0.001~0.01	稀疏建成市郊	0.20~0.40
矮草地、空旷草原	0.01~0.04	密集建成市郊、市区	0.80~1.20
休耕地	0.02~0.03	大城市中心	2.00~3.00
高草地	0.04~0.10		

在地面粗糙度复杂的情况下，受到浓密作物群体或森林等作用，平均风速为零的平面可能由地面往上平移一定距离，即零平面位移。城市中的零平面位移 z_d 可根据下式进行计算：

$$z_d = H_0 - \frac{z_0}{k_d} \quad （2-8）$$

$$k_d = \left(\frac{\kappa}{\ln(10/z_0)} \right)^2 \quad （2-9）$$

式中，H_0 表示城市建筑物的平均高度；k_d 表示地面阻力系数。

考虑零平面位移的情况下，对数律平均风剖面的表达式为

$$U(z) = \frac{u_*}{\kappa} \ln\left(\frac{z - z_d}{z_0} \right) \quad （2-10）$$

在城市中心，由于建筑群较为密集，大气边界层下垫面的粗糙度较大，使得空气流动的阻碍大大加强，局部风速变的紊乱，不再满足对数律分布特征。已有研究表明，大气边界层厚度的 10%以内平均风速剖面均满足对数律，约为 100 m 高度范围。在强风气候条件下，对数律的适用高度可达 200 m 左右。

（2）指数律剖面。

Davenport 根据大量观测资料整理分析，提出不同场地条件下的平均风速剖面可用指数函数进行描述：

$$U(z) = U_r \left(\frac{z}{z_r} \right)^\alpha \tag{2-11}$$

式中，z_r 表示参考高度，通常取 10 m；U_r 表示参考高度 z_r 处的平均风速大小；α 表示地面粗糙度指数，与地面粗糙度类别相关。注意，此处的指数律剖面适用于描述梯度风高度 z_G 下的平均风速，梯度风高度 z_G 以上的平均风速通常假定为常数。

在风工程的设计和计算中，平均风速通常采用指数律剖面，因为它比对数律剖面更为简便，且二者相差并不大。不同国家的规范对于地面粗糙度指数 α 和梯度风高度 z_G 的建议取值不同，我国的《建筑结构荷载规范》(GB 50009—2012)[202]将地貌条件分成四类，取值如表 2-2 所示。

表 2-2 我国不同地面粗糙度类别的 α 和 z_G 建议取值

地面粗糙度类别	描述	α	z_G/m
A	指近海海面、海岛、海岸、湖岸及沙漠地区	0.12	300
B	指田野、乡村、丛林、丘陵及房屋比较稀疏的乡镇	0.15	350
C	指有密集建筑群的城市市区	0.22	450
D	指有密集建筑群且房屋较高的城市市区	0.30	550

在判定目标区域所处的地面粗糙度类别时，可依据区域周边环境定性地确定其所属的类别。此处的地面粗糙度定义为，风在到达目标区域以前吹越过 2 km 范围内的地面时，描述该地面上不规则障碍物分布状况的等级。在确定地面粗糙度类别时，若目标位置有实测风资料，可按照实际风况进行计算；若目标位

置无实测风资料，则可按照下述原则近似确定：

①以目标区域中心 2 km 为半径的迎风区域影响范围内的房屋高度和密集度来区分粗糙度类别，风向上应以该地区主导风向或最大风向为准。

②以半圆影响范围内建筑物的平均高度 h 来划分地面粗糙度类别。若 $h \geqslant 18$ m，地面粗糙度类别为 D 类；若 9 m$<h \leqslant 18$ m，地面粗糙度类别为 C 类；若 $h<9$ m，地面粗糙度类别为 B 类。

③影响范围内不同高度的面域可按下述原则确定，即每座建筑物向外延伸距离为其高度的面域内均为该高度，当不同高度的面域相交时，交叠部分的高度取大者。

④平均高度 h 取各面域面积为权数进行计算。

2）湍流强度剖面

湍流强度指脉动风速标准差与平均风速的比值，它描述了脉动风速的变异程度，是一个无量纲化的物理量。我国《建筑结构荷载规范》(GB 50009—2012)[202]规定，湍流强度剖面可类似平均风速剖面，也采用指数律剖面形式。其区别在于，平均风速大小随高度的增加而增大，而湍流强度随高度的增加而减小。建筑结构荷载规范建议的湍流强度剖面的表达式如下：

$$I(z) = I_{10}\left(\frac{z}{10}\right)^{-\alpha} \qquad (2\text{-}12)$$

式中，$I(z)$ 表示湍流强度的大小；α 表示地面粗糙度指数，与平均风速剖面中的定义一致；10 表示参考高度为 10 m；I_{10} 表示 10 m 参考高度处的名义湍流强度，对于 A、B、C 和 D 四类地面粗糙度，湍流强度取值不同，分别为 0.12、0.14、0.23 和 0.39。

2.2 风场模拟流体控制方程

受建筑物、树木、河流和森林等地表障碍物以及局部地形的影响，大气边界层风场的运动过程极其复杂。将空气视为一种连续的流体介质，建立大气边界层风场运动方程,即可模拟并预测复杂地形风电场内的风场分布,由此可为风资源的开发利用提供理论基础。本节主要介绍不可压缩流体的控制方程以及常用两种湍流模型在数值模拟中的应用。

2.2.1 不可压缩流体控制方程

通常,在风工程研究中可假定为中性大气边界层[203],并忽略大气边界层特有的物理过程,如科里奥利力、浮力和热传输。基于这些假定,可推导得到流体的控制方程。在欧拉描述的笛卡尔坐标系下,在连续的流体介质中取出一个微元体,根据质量守恒和牛顿第二运动定律,容易推导出连续介质的连续方程和动量方程,其表达式如下:

$$\frac{\partial \rho}{\partial t} + \nabla \cdot (\rho \boldsymbol{v}) = 0 \qquad (2\text{-}13)$$

$$\frac{\partial (\rho \boldsymbol{v})}{\partial t} + \nabla \cdot (\rho \boldsymbol{v}\boldsymbol{v}) = -\nabla p + \nabla \cdot \boldsymbol{\tau} + \boldsymbol{f}^B \qquad (2\text{-}14)$$

式中,ρ 表示流体密度;t 表示时间;$\boldsymbol{v}$ 表示流体速度矢量,在笛卡尔三维坐标系上表示为 (u,v,w);p 表示流体压强;τ 表示流体微元体上由于黏性作用产生的黏性应力张量;$\boldsymbol{f}^B$ 表示体力向量;∇ 表示散度运算符号。

在大气边界层内,空气流速与音速的比值一般小于 0.3,因此可以不考虑空气的压缩性,将空气密度 ρ 视为常数。此外,空气流动受到地球引力作用较小,可以将体力 $\boldsymbol{f}^B$ 忽略。

空气是一种牛顿流体,其剪切力与空气的速度梯度成比例,关系式如下:

$$\boldsymbol{\tau} = \mu(\nabla \boldsymbol{v} + (\nabla \boldsymbol{v})^{\mathrm{T}}) + \lambda(\nabla \cdot \boldsymbol{v})\boldsymbol{I} \qquad (2\text{-}15)$$

式中,$\boldsymbol{I}$ 表示单位张量;μ 表示分子动力黏度;上标 "T" 表示矩阵的转置;λ 为第二黏性系数,它与 μ 之间满足下面的关系式:

$$\lambda = -2\mu/3 \qquad (2\text{-}16)$$

将式(2-15)、(2-16)代入式(2-13)、(2-14),并令运动黏度 $v = \mu/\rho$,则

不可压缩流体的连续方程和动量方程变成

$$\nabla \cdot \boldsymbol{v} = 0 \qquad (2\text{-}17)$$

$$\frac{\partial \boldsymbol{v}}{\partial t} + \nabla \cdot (\boldsymbol{v}\boldsymbol{v}) = -\frac{\nabla p}{\rho} + \nu \nabla \cdot [\nabla \cdot \boldsymbol{v} + (\nabla \cdot \boldsymbol{v})^{\mathrm{T}}] \qquad (2\text{-}18)$$

式中，$\partial \boldsymbol{v}/\partial t$ 表示瞬态项；$\nabla \cdot (\boldsymbol{v}\boldsymbol{v})$ 表示对流项；$\nu \nabla \cdot [\nabla \cdot \boldsymbol{v} + (\nabla \cdot \boldsymbol{v})^{\mathrm{T}}]$ 表示黏性项。

式（2-17）、（2-18）即不可压缩流体的纳维-斯托克斯（Navier-Stokes）方程，简称 N-S 方程，也有学者将式（2-18）称为 N-S 方程。

为便于 N-S 方程的求解，可以针对 N-S 方程进行无量纲化。为此，假定参考长度为 L_0，参考速度为 U_0，参考时间 $T_0 = L_0/U_0$，参考压强 $P_0 = \rho U_0^2$。定义下面的无量纲物理量：

$$t^* = t/T_0, \quad \boldsymbol{x}^* = x/L_0, \quad \boldsymbol{v}^* = v/U_0, \quad p^* = p/P_0 \qquad (2\text{-}19)$$

式中，t^* 表示无量纲时间；$\boldsymbol{x}^*$ 表示笛卡尔坐标系下无量纲三维空间坐标向量；$\boldsymbol{v}^*$ 表示无量纲三维速度向量；p^* 表示无量纲压强。将式（2-19）代入 N-S 方程，可得下面的无量纲 N-S 方程：

$$\nabla \cdot \boldsymbol{v}^* = 0 \qquad (2\text{-}20)$$

$$\frac{\partial \boldsymbol{v}^*}{\partial t^*} + \nabla \cdot (\boldsymbol{v}^* \boldsymbol{v}^*) = -\nabla p^* + \frac{1}{Re} \nabla \cdot [\nabla \cdot \boldsymbol{v}^* + (\nabla \cdot \boldsymbol{v}^*)^{\mathrm{T}}] \qquad (2\text{-}21)$$

式中，Re 表示雷诺数，$Re = U_0 L_0 / \nu$，物理含义为作用于微团的惯性力与黏性力的比值。

2.2.2　数值离散方法

基于一定的数值离散方法，即可通过迭代求解上述的 N-S 控制方程。现有成熟的 CFD 商用软件（如 Fluent）或开源平台（如 OpenFOAM），大多采用低阶精度格式的有限体积法，色散和耗散较大，对于复杂地形周围伴随的撞击、分离、环绕、再附着以及漩涡脱落等多尺度流动现象，较难给出正确的模拟结果。为此，部分学者分析研究了具有高阶精度和指数收敛特性的谱元法，并将其应用于复杂地形湍流风场的数值模拟[69]。下面针对有限体积法和谱元法进行详细的阐述。

2.2.2.1 有限体积法

有限体积法又称控制体积法，其基本思路如下：将待求解的计算域划分为若干个网格，保证每个网格点有一个互相不重复的控制体，然后将待求解的 N-S 方程在每个控制体上积分，从而得到一组离散方程。不可压缩流体的 N-S 方程可以写成以下通用形式：

$$\frac{\partial \phi}{\partial t} + \nabla \cdot (v\phi) = \nabla \cdot (\Gamma \nabla \phi) + S \qquad (2\text{-}22)$$

式中，ϕ 表示通用变量，代表 u,v,w 等求解变量；Γ 表示广义扩散系数；S 表示广义源项。对于特定的方程，ϕ，Γ 和 S 具有特定的形式，表 2-3 给出了三个符号与各特定方程的对应关系。

表 2-3 通用控制方程中符号的具体形式

方程	ϕ	Γ	S
连续方程	1	0	0
动量方程	u_i	v	$-\dfrac{1}{\rho}\dfrac{\partial p}{\partial x_i}$

为便于理解，以一维稳态问题为例，针对其基本控制方程，详细说明采用有限体积法生成离散方程的流程。只考虑稳态问题的一维控制方程为

$$\frac{\partial (u\phi)}{\partial x} = \frac{\partial \left(\Gamma \dfrac{\partial \phi}{\partial x} \right)}{\partial x} + S \qquad (2\text{-}23)$$

图 2-1 所示为一维问题的有限体积法网格划分。以 P 表示一个广义节点，其东、西两侧的相邻节点分别用 E 和 W 表示，控制体积 P 的东、西两个界面分别用 e 和 w 表示，控制体积的长度为 Δx，点 P 至点 E，W 的距离分别为 $(\delta x)_e$ 和 $(\delta x)_w$。

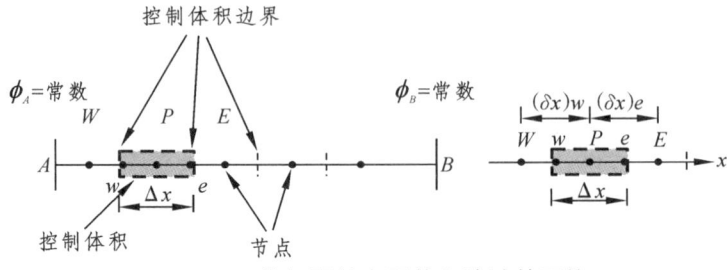

图 2-1　一维问题的有限体积法计算网格

在控制体积 P 上积分，得

$$\int_{\Delta V}\frac{\partial(u\phi)}{\partial x}\mathrm{d}V = \int_{\Delta V}\frac{\partial}{\partial x}\left(\Gamma\frac{\partial\phi}{\partial x}\right)\mathrm{d}V + \int_{\Delta V}S\mathrm{d}V \tag{2-24}$$

式中，V 表示控制体积的体积大小。对于一维问题，$\Delta V = \Delta x$，因此有

$$(u\phi)_e - (u\phi)_w = \left(\Gamma\frac{\partial\phi}{\partial x}\right)_e - \left(\Gamma\frac{\partial\phi}{\partial x}\right)_w + S \tag{2-25}$$

一维问题转化为如何表示控制体积界面上的值，通常采用合适的差分格式，如中心差分、向前差分或向后差分等，以网格节点的物理量表示对应控制体积界面上的值。以中心差分为例，假设网格均匀，则有

$$(u\phi)_e = u_e\frac{\phi_P + \phi_E}{2} \tag{2-26}$$

$$\left(\Gamma\frac{\partial\phi}{\partial x}\right)_e = \frac{\Gamma_P + \Gamma_E}{2}\left(\frac{\phi_E - \phi_P}{(\delta x)_e}\right) \tag{2-27}$$

源项 S 通常是时间和物理量 ϕ 的函数。为简化计算，通常将 S 转化为线性形式：

$$S = S_C + S_P\phi_P \tag{2-28}$$

式中，S_C 为常数项；S_P 表示随时间和物理量 ϕ 变化的项。综上，整理后可得

$$a_P\phi_P = a_W\phi_W + a_E\phi_E + b \tag{2-29}$$

$$a_W = \frac{\Gamma_w}{(\delta x)_w} + \frac{u_w}{2} \tag{2-30}$$

$$a_E = \frac{\Gamma_e}{(\delta x)_e} - \frac{u_e}{2} \tag{2-31}$$

$$a_P = a_E + a_W + \frac{u_e}{2} - S_P \Delta x \tag{2-32}$$

$$b = S_C \Delta x \tag{2-33}$$

式（2-29）即有限体积法控制方程的离散形式，可将其推广到三维问题的离散与求解，均具有该形式。在整个计算域的每个节点上建立离散方程，组成一个含有节点未知量的线性代数方程组，即可求解得到物理量 ϕ 在所有网格节点处的值。以上即有限体积法求解 N-S 方程的核心思想与步骤。

2.2.2.2 谱元法

谱元法是 Patera 和 Maday[66] 提出的一种高阶数值方法，其核心思想是将待求解的计算区域划分为若干个单元，单元内的基函数采用特殊的正交多项式，在特定的节点上展开，利用伽辽金法求解偏微分方程，得到全域的数值解。谱元法的各个单元内部节点之间不需要信息传递，因此并行效率非常高。

以无量纲不可压缩 N-S 方程为例，将控制方程写成张量形式：

$$\frac{\partial u_j}{\partial x_j} = 0, \quad j = 1, 2, 3 \tag{2-34}$$

$$\frac{\mathrm{d} u_i}{\mathrm{d} t} + u_j \frac{\partial u_i}{\partial x_j} - \frac{1}{Re} \frac{\partial^2 u_i}{\partial x_j \partial x_j} + \frac{\partial p}{\partial x_i} = 0, \quad i = 1, 2, 3 \tag{2-35}$$

对上式采用伽辽金变分：

$$\int v \cdot \frac{\partial u_j}{\partial x_j} \mathrm{d}\Omega = 0 \tag{2-36}$$

$$\int v \cdot \left(\frac{\mathrm{d} u_i}{\mathrm{d} t} + u_j \frac{\partial u_i}{\partial x_j} - \frac{1}{Re} \frac{\partial^2 u_i}{\partial x_j \partial x_j} + \frac{\partial p}{\partial x_i} \right) \mathrm{d}\Omega = 0 \tag{2-37}$$

原微分方程变为变分问题，即求 $u_i \in H^1$，使得 $\forall v \in H^1$，满足式（2-36）、（2-37）。将计算域 Ω 划分成 N_m 个互不重叠的单元 $\Omega_i\left(\Omega = \bigcup\limits_{i=1}^{N_m} \Omega_i\right)$，每个单元通过坐标变换转换到标准单元 $\xi = [-1,1]$。在标准单元内选取特定的插值多项式和节点，试探函数和检验函数分别为

$$u_i(\xi,t) = \sum_{m=0}^{P}\sum_{n=0}^{P}\sum_{l=0}^{P} \hat{u}_i^{mnl}(t)\varphi^{mnl}(\xi) \qquad (2\text{-}38)$$

$$v(\xi,t) = \sum_{m=0}^{P}\sum_{n=0}^{P}\sum_{l=0}^{P} \hat{v}^{mnl}(t)\varphi^{mnl}(\xi) \qquad (2\text{-}39)$$

式中，$\varphi^{mnl}(\xi)$ 表示基函数，通常取勒让德多项式或切比雪夫多项式；$\hat{u}_i^{mnl}$ 和 $\hat{v}^{mnl}$ 表示展开系数；P 表示基函数最大阶数。

在标准单元内，一维勒让德基函数表达式如下：

$$\varphi_i(\xi) = \begin{cases} 1, & \xi = \xi_i \\ \dfrac{(\xi-1)(\xi+1)L_P'(\xi)}{P(P+1)L_P(\xi_i)(\xi_i - \xi)}, & \xi \neq \xi_i \end{cases} \qquad (2\text{-}40)$$

式中，$\varphi_i(\xi)$ 表示基函数；i 表示插值阶数，$0 \leqslant i \leqslant P$；$L_P(\xi)$ 表示勒让德多项式；$L_P'(\xi)$ 表示 $L_P(\xi)$ 的导数；ξ 表示节点坐标，在 $[-1,1]$ 标准区域内。

网格节点通常分为 GLL（Gauss-Lobatto-Legendre）点和 GL（Gauss-Legendre）点，其中 GLL 点为多项式 $g(\xi) = (1-\xi)(1+\xi)L_P'(\xi)$ 的零点，GL 点为多项式 $L_P(\xi)$ 的零点。图 2-2 为阶数 P 为 6 时二维标准区域内 GLL 节点和 GL 节点的分布。由图可以看出，GLL 点包含区域的边界点，而 GL 点则没有包含。

选定基函数和节点后，式（2-36）、（2-37）中的积分可由下式计算得到：

$$\int v \cdot f \mathrm{d}\Omega = v^{\mathrm{T}} W f = \hat{v}^{\mathrm{T}} B^{\mathrm{T}} W B \hat{f} = \hat{v}^{\mathrm{T}} M \hat{f} \qquad (2\text{-}41)$$

式中，B 表示基函数矩阵；W 表示权重矩阵；$M = B^{\mathrm{T}} W B$ 表示质量矩阵。

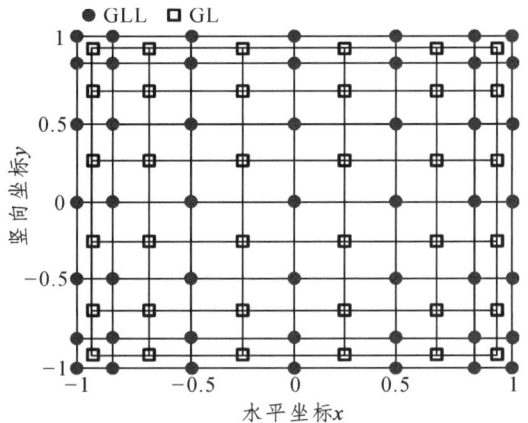

图 2-2 二维 GLL 点和 GL 点的分布

将式（2-38）~（2-41）代入式（2-36）~（2-37），可得

$$D_j \hat{u}_j = 0 \tag{2-42}$$

$$M\frac{d\hat{u}_i}{dt} + C\hat{u}_i - \frac{1}{Re}L\hat{u}_i + D_i^T \hat{p} = 0 \tag{2-43}$$

式中，D_i 表示求导矩阵；C 表示对流矩阵；L 表示拉普拉斯矩阵。

式（2-43）即 N-S 方程的谱元法空间离散后的矩阵形式，采用一定的时间离散方法，如高阶分裂法[204,205]，即可求解该方程组，从而得到速度和压力的展开系数，代入式（2-38）则可得到全域的数值解。高阶分裂法的计算公式如下：

$$\bar{u}_i = M\sum_{q=0}^{J_i-1} \alpha_q \hat{u}_i^{n-q} - C\Delta t\left(\sum_{q=0}^{J_e-1} \beta_q \hat{u}_i^{n-q}\right) \tag{2-44}$$

$$L\hat{p}^{n+1} = \frac{1}{\Delta t}D_i \bar{u}_i \tag{2-45}$$

$$\bar{\bar{u}}_i = \bar{u}_i - \Delta t D_i \hat{p}^{n+1} \tag{2-46}$$

$$\left(\gamma_0 M + \frac{1}{Re}\Delta t L\right)\hat{u}_i^{n+1} = M\bar{\bar{u}}_i \tag{2-47}$$

式中，$i = 1,2,3$，分别表示纵向、横向、竖向三个方向；权重系数 α_q，β_q 和 γ_0 由

表 2-4 给出[206]；$\hat{u}_i^{n-q}$ 表示已知时刻的速度展开系数；$\overline{u}_i$ 表示第一个修正速度；$\overline{\overline{u}}_i$ 表示第二个修正速度；$\hat{p}^{n+1}$ 表示未知时刻的压力展开系数；$\hat{u}_i^{n+1}$ 表示未知时刻的速度展开系数。

谱元法不仅能像 h 型有限元法一样通过增加网格数量来处理任意复杂几何边界，而且能像 p 型有限元法和谱方法一样通过提高插值阶数来达到非常高的精度，同时具有谱方法的指数收敛特性。

表 2-4　高阶分裂法中的权重系数

系数	γ_0	α_0	α_1	α_2	β_0	β_1	β_2
1 阶	1	1	0	0	1	0	0
2 阶	3/2	2	−1/2	0	2	−1	0
3 阶	11/6	3	−3/2	1/3	3	−3	1

下面以二维亥姆霍兹方程为例，基于 MATLAB 平台自编程序代码，验证谱元法的高精度和指数收敛特性，这是出于两方面考虑：①如果时间离散采用高阶分裂法，则求解不可压缩 N-S 方程时存在速度场的亥姆霍兹方程；②亥姆霍兹方程通常存在解析解，便于进行误差对比分析。

考虑 $(x,y)\in[-1,1]$ 二维区域内的亥姆霍兹方程，其表达式如下：

$$\nabla^2 u - u = -(1+2\pi)\cos(\pi x)\cos(\pi y) \qquad (2\text{-}48)$$

该亥姆霍兹方程的解析解为

$$u_{\text{exact}} = \cos(\pi x)\cos(\pi y)$$

为了分析谱元法的计算精度及收敛特性，对比 h 型展开和 p 型展开下误差随自由度 N_{dof} 变化的收敛情况。对于 h 型展开，取插值阶数 $P=2$，增加单元数改变自由度。对于 p 型展开，将计算区域划分为 2×2 共 4 个单元，通过提高插值阶数 P 来改变自由度。对比 $\|e\|_\infty$ 和 $\|e\|_1$ 两种误差形式，其中前者表示误差绝对值的最大值，后者表示误差绝对值的和。

h 型展开和 p 型展开下，谱元法的模拟误差随自由度的变化曲线如图 2-3 所示。可以发现，对于 h 型展开，误差随自由度增加衰减缓慢，最大误差始终在

10^{-2} 以上。对于 p 型展开，误差随自由度增加呈指数减小，最大误差低于 10^{-12}。

由此可见，h 型展开方法，如有限元法，误差随单元数增加的收敛速度十分缓慢，且误差始终较大。p 型展开方法，如谱方法和谱元法，误差随着单元数的增加呈指数衰减，误差远小于 h 型展开方法。因此，当待求解的问题对于精度的要求很高时，谱元法具有极大的优势。

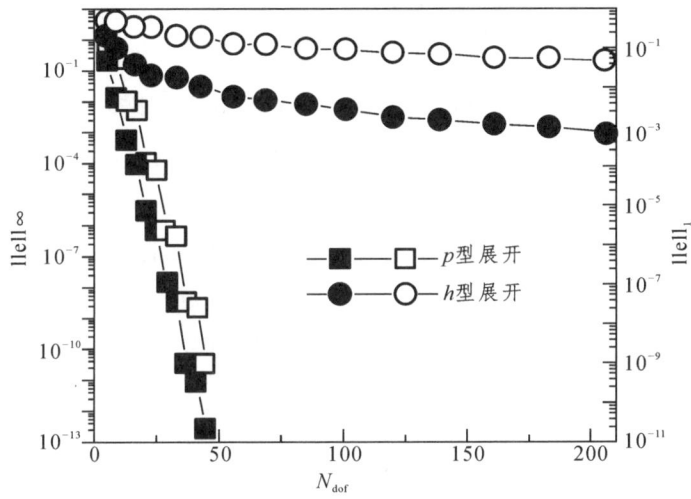

图 2-3　谱元法的模拟误差随自由度的收敛特性

2.3　风场模拟湍流模型

选择一定的数值离散方法，可以直接求解不可压缩流体的控制方程，即直接数值模拟法。直接数值模拟法能够直接求解流体所有尺度的瞬态运动，从而预测流场的全部信息，对于研究风场的湍流结构和统计特性非常重要。但是，由于湍流是多尺度的不规则流动，要预测流体所有尺度下的流动信息，对于空间和时间分辨率的要求都极其严格，所以直接数值模拟法的计算量巨大、耗时极长、计算机内存需求巨大。目前，直接数值模拟法仍然仅用于模拟雷诺数较低的简单湍流运动，如槽道或圆管湍流。对于复杂湍流运动的模拟，需要借助一定的湍流模型针对流场的湍流结构和湍流运动进行简化才能达到目的。常用的湍流模型包括雷诺时均模拟和大涡模拟等，下面重点介绍雷诺时均模拟和大涡模拟的基本原理及控制方程。

2.3.1 雷诺时均模拟

雷诺时均模拟的核心思想是：将湍流运动视作由时间平均的流动和瞬态的脉动流动叠加而成，通过对 N-S 方程取时间平均进行求解。然后引入布辛尼斯克（Boussinesq）假设，假定湍流雷诺应力与应变成正比，那么湍流的计算问题就变成计算雷诺应力与应变之间的比例系数，即湍流黏性系数（turbulent viscosity），或称涡黏系数（eddy viscosity）。正是因为雷诺时均模拟方法将控制方程进行了统计平均，所以它不需要计算流场各尺度的湍流脉动，只需要计算出平均物理量，大大降低了空间和时间分辨率的需求，大大减少了模拟所需的工作量。根据模拟中使用的变量数目和方程数目的不同，湍流模式理论中所包含的湍流模型又被分为零方程模型、一方程模型和两方程模型等，其中以两方程模型的应用最为普遍。下面将推导雷诺时均模拟方法的流体控制方程，并介绍较为常用的几种两方程湍流模型。

2.3.1.1 雷诺时均模拟流体控制方程

流体的瞬态速度可以分解为平均速度和脉动速度的叠加，即 $u_i = \bar{u}_i + u'$（$i=1,2,3$）。将其代入 N-S 方程，并改写成张量形式，结果如下：

$$\frac{\partial(\bar{u}_i + u'_i)}{\partial t} + (\bar{u}_j + u'_j)\frac{\partial(\bar{u}_i + u'_i)}{\partial x_j} = -\frac{1}{\rho}\frac{\partial p}{\partial x_i} + \nu\frac{\partial^2(\bar{u}_i + u'_i)}{\partial x_j^2}, i,j=1,2,3$$

（2-49）

将上述方程进行展开，得到如下表达式：

$$\frac{\partial \bar{u}_i}{\partial t} + \frac{\partial u'_i}{\partial t} + \bar{u}_j\frac{\partial \bar{u}_i}{\partial x_j} + \bar{u}_j\frac{\partial u'_i}{\partial x_j} + u'_j\frac{\partial \bar{u}_i}{\partial x_j} + u'_j\frac{\partial u'_i}{\partial x_j}$$
$$= -\frac{1}{\rho}\frac{\partial p}{\partial x_i} + \nu\frac{\partial^2 \bar{u}_i}{\partial x_j^2} + \nu\frac{\partial^2 u'_i}{\partial x_j^2}$$

（2-50）

方程两侧都取平均处理，得到如下表达式：

$$\overline{\frac{\partial \overline{u}_i}{\partial t}} + \overline{\frac{\partial u'_i}{\partial t}} + \overline{\overline{u}_j \frac{\partial \overline{u}_i}{\partial x_j}} + \overline{\overline{u}_j \frac{\partial u'_i}{\partial x_j}} + \overline{u'_j \frac{\partial \overline{u}_i}{\partial x_j}} + \overline{u'_j \frac{\partial u'_i}{\partial x_j}}$$

$$= -\frac{1}{\rho}\frac{\partial p}{\partial x_i} + \nu \overline{\frac{\partial^2 \overline{u}_i}{\partial x_j^2}} + \nu \overline{\frac{\partial^2 u'_i}{\partial x_j^2}} \tag{2-51}$$

根据雷诺平均准则，式（2-51）左侧第2、4、5项以及右侧第3项均为零，则方程可以简化为

$$\frac{\partial \overline{u}_i}{\partial t} + \overline{u}_j \frac{\partial \overline{u}_i}{\partial x_j} + \overline{u'_j \frac{\partial u'_i}{\partial x_j}} = -\frac{1}{\rho}\frac{\partial p}{\partial x_i} + \nu \frac{\partial^2 \overline{u}_i}{\partial x_j^2} \tag{2-52}$$

由于 $\overline{\frac{\partial u'_j}{\partial x_j}} = 0$，可以简单推导得到 $\overline{u'_j \frac{\partial u'_i}{\partial x_j}} = \overline{\frac{\partial u'_i u'_j}{\partial x_j}}$，故式（2-52）可以简化为

$$\frac{\partial \overline{u}_i}{\partial t} + \overline{u}_j \frac{\partial \overline{u}_i}{\partial x_j} = -\frac{1}{\rho}\frac{\partial p}{\partial x_i} + \nu \frac{\partial^2 \overline{u}_i}{\partial x_j^2} + \frac{\partial \tau_{ij}}{\partial x_j} \tag{2-53}$$

式中，$\tau_{ij} = -\overline{u'_i u'_j}$ 被称为雷诺应力，是未知项。

式（2-53）即雷诺时均模拟的控制方程。对雷诺应力进行建模，即可求解雷诺时均模拟的控制方程。

根据对雷诺应力的处理方式不同，目前常用的湍流模型可分为两大类：雷诺应力模型和涡黏模型。在雷诺应力模型方法中，直接构建表示雷诺应力的方程，可分为雷诺应力方程模型和代数应力方程模型。在涡黏模型方法中，不直接处理雷诺应力项，而是引入湍动黏度（也被称为涡黏系数），然后将湍流应力表示成湍动黏度的函数，从而达到求解流体控制方程的目的。湍动黏度的提出来源于布辛尼斯克提出的涡黏假定，该假定建立了雷诺应力与平均速度梯度之间的关系：

$$\rho \tau_{ij} = -\rho \overline{u'_i u'_j} = \mu_t \left(\frac{\partial u_i}{\partial x_j} + \frac{\partial u_j}{\partial x_i} \right) - \frac{2}{3}\left(\rho k + \mu_t \frac{\partial u_i}{\partial x_i} \right)\delta_{ij} \tag{2-54}$$

式中，μ_t 表示湍动黏度；δ_{ij} 是表示克罗内克函数（Kronecker delta），当 $i = j$ 时，

$\delta_{ij}=1$，否则，$\delta_{ij}=0$；k 表示湍动能（turbulent kinetic energy），其计算公式为

$$k = \frac{\overline{u'_i u'_i}}{2} = \frac{1}{2}(\overline{u'^2}+\overline{v'^2}+\overline{w'^2}) \tag{2-55}$$

当前，布辛尼斯克假定已经被应用于 Spalart-Allmaras 模型、k-ε 模型和 k-ω 模型中。这个假定的不足之处在于，它假定湍动黏度 μ_t 是等方性标量，这显然是不严格的。湍动黏度 μ_t 是空间坐标的函数，它取决于流动状态，导致流体控制方程求解问题的关键变成确定湍动黏度 μ_t。根据确定湍动黏度 μ_t 的微分方程数目的多少，涡黏模型包括零方程模型、一方程模型和两方程模型。目前两方程模型在工程中使用最为广泛，包括标准 k-ε 模型、RNG k-ε 模型、Realizable k-ε 模型以及 SST k-ω 模型等。下面将针对这些湍流模型进行详细介绍。

2.3.1.2 标准 k-ε 模型

标准 k-ε 模型是典型的两方程模型，它是从实验现象中总结而来的半经验公式，其适用范围广、经济、精度合理，因此目前使用最为广泛。在标准 k-ε 模型中，湍动能耗散率（turbulent dissipation rate）ε 被定义为

$$\varepsilon = \nu \overline{\frac{\partial u'_i}{\partial x_k}\frac{\partial u'_i}{\partial x_k}} \tag{2-56}$$

在标准 k-ε 模型中，湍动能 k 和湍动能耗散率 ε 是两个基本的未知物理量。它假定流场完全是湍流，分子之间的黏性力作用可以忽略，引起标准 k-ε 模型只对完全湍流流场的模拟十分有效。标准 k-ε 模型构建了关于湍动能 k 和湍动能耗散率 ε 的两个方程，由此保证方程的封闭性，即方程未知量和方程数量相等。其中，湍动能 k 的输运方程是精确方程，而湍动能耗散率 ε 的输运方程是根据经验公式推导得到。标准 k-ε 模型的流体输运方程如下：

$$\frac{\partial}{\partial t}(\rho k)+\frac{\partial}{\partial x_i}(\rho k u_i)=\frac{\partial}{\partial x_j}\left[\left(\mu+\frac{\mu_t}{\sigma_k}\right)\frac{\partial k}{\partial x_j}\right]+G_k+G_b-\rho\varepsilon-Y_M+S_k \tag{2-57}$$

$$\frac{\partial}{\partial t}(\rho\varepsilon)+\frac{\partial}{\partial x_i}(\rho\varepsilon u_i)=\frac{\partial}{\partial x_j}\left[\left(\mu+\frac{\mu_t}{\sigma_\varepsilon}\right)\frac{\partial\varepsilon}{\partial x_j}\right]+C_{1\varepsilon}\frac{\varepsilon}{k}(G_k+C_{3\varepsilon}G_b)-C_{2\varepsilon}\rho\frac{\varepsilon^2}{k}+S_\varepsilon$$

(2-58)

$$\mu_t=\rho C_\mu\frac{k^2}{\varepsilon} \tag{2-59}$$

$$G_k=\rho\tau_{ij}\frac{\partial u_j}{\partial x_i}=\mu_t|S|^2 \tag{2-60}$$

$$G_b=\beta g_i\frac{\mu_t}{Pr_t}\frac{\partial T}{\partial x_i}=-g_i\frac{\mu_t}{\rho Pr_t}\frac{\partial\rho}{\partial x_i} \tag{2-61}$$

$$Y_M=2\rho\varepsilon M_t^2, M_t^2=\frac{k}{a^2} \tag{2-62}$$

$$|S|=\sqrt{2S_{ij}S_{ij}} \tag{2-63}$$

$$S_{ij}=\frac{\partial u_i}{\partial x_j}+\frac{\partial u_j}{\partial x_i} \tag{2-64}$$

式中，μ 表示空气动力黏度；μ_t 表示湍动黏度；G_k 表示由层流速度梯度而产生的湍流动能；G_b 表示由浮力产生的湍流动能；Y_M 表示在可压缩湍流中由过渡的扩散产生的波动；S_k 和 S_ε 是用户自定义的；C_μ 是常数，取值为 0.09；σ_k 是湍动能 k 方程的湍流普朗特数，取值为 1；σ_ε 是湍动能耗散率 ε 的湍流普朗特数，取值为 1.3；$C_{1\varepsilon}$，$C_{2\varepsilon}$，$C_{3\varepsilon}$ 是常数，$C_{1\varepsilon}=1.44, C_{2\varepsilon}=1.92, C_{3\varepsilon}=\tanh\left|\frac{w}{u}\right|$，其中 w 表示流体的竖向速度分量，u 表示流体的水平向速度分量；g_i 表示重力分量；Pr_t 表示普朗特数；M_t 表示马赫数；a 表示声速。

在中性大气边界层下，假定空气不可压缩，可将上述流体输运方程简化为

$$\rho\frac{\partial k}{\partial t}+\rho\frac{\partial}{\partial x_i}(ku_i)=\frac{\partial}{\partial x_j}\left[\left(\mu+\frac{\mu_t}{\sigma_k}\right)\frac{\partial k}{\partial x_j}\right]+G_k-\rho\varepsilon \tag{2-65}$$

$$\rho\frac{\partial \varepsilon}{\partial t} + \rho\frac{\partial}{\partial x_i}(\varepsilon u_i) = \frac{\partial}{\partial x_j}\left[\left(\mu + \frac{\mu_t}{\sigma_\varepsilon}\right)\frac{\partial \varepsilon}{\partial x_j}\right] + C_{1\varepsilon}\frac{\varepsilon}{k}G_k - C_{2\varepsilon}\rho\frac{\varepsilon^2}{k}$$

(2-66)

标准 k-ε 模型的物理意义十分明确，且计算相对简单，被广泛应用于各类工程实践中。然而，标准 k-ε 模型对于流场旋转和剪切等现象的模拟精度较差。由于标准 k-ε 模型存在一定的适用范围，所以学者在此基础上针对特定问题进行了一定的改进，由此得到了 RNG k-ε 模型和 Realizable k-ε 模型。

2.3.1.3 RNG k-ε 模型

RNG k-ε 模型源自严格的统计技术，它在标准 k-ε 模型上具有多方面的改进：①模型在 ε 输运方程中添加了一个条件，有效改善了模拟精度；②模型考虑了湍流旋涡，有效提高了旋涡问题的模拟精度；③标准 k-ε 模型针对湍流普朗特数给定的是常数，而 RNG k-ε 模型给出了湍流普朗特数的解析表达式；④标准 k-ε 模型是一种高雷诺数的模型，而 RNG k-ε 模型提供了一个考虑低雷诺数流动黏性的解析公式，使其在近壁面区域的模拟效果更佳。

RNG k-ε 模型的流体输运方程如下：

$$\frac{\partial}{\partial t}(\rho k) + \frac{\partial}{\partial x_i}(\rho k u_i) = \frac{\partial}{\partial x_j}\left(\alpha_k \mu_{eff}\frac{\partial k}{\partial x_j}\right) + G_k + G_b - \rho\varepsilon - Y_M + S_k$$

(2-67)

$$\frac{\partial}{\partial t}(\rho\varepsilon) + \frac{\partial}{\partial x_i}(\rho\varepsilon u_i) = \frac{\partial}{\partial x_j}\left(\alpha_\varepsilon \mu_{eff}\frac{\partial \varepsilon}{\partial x_j}\right) + C_{1\varepsilon}\frac{\varepsilon}{k}(G_k + C_{3\varepsilon}G_b) - C_{2\varepsilon}\rho\frac{\varepsilon^2}{k} - R_\varepsilon + S_\varepsilon$$

(2-68)

$$\mu_{eff} = \mu + \mu_t$$

(2-69)

$$R_\varepsilon = \frac{C_\mu \rho \eta^3 (1 - \eta/\eta_0)}{1 + \beta\eta^3}\frac{\varepsilon^2}{k}$$

(2-70)

$$\eta = |S| \frac{k}{\varepsilon} \tag{2-71}$$

式中，R_ε 表示模型针对湍动能耗散率 ε 的修正项；μ_{eff} 表示有效湍流黏度；α_k 表示湍动能 k 方程的湍流普朗特数，取值为 1.393；α_ε 表示湍动能耗散率 ε 的湍流普朗特数，取值也为 1.393；C_μ 取值为 0.0845；$C_{1\varepsilon} = 1.42$；$C_{2\varepsilon} = 1.68$；η_0 的取值为 4.38；β 的取值为 0.012。

可将式（2.47）改写成如下形式：

$$\frac{\partial}{\partial t}(\rho\varepsilon) + \frac{\partial}{\partial x_i}(\rho\varepsilon u_i) = \frac{\partial}{\partial x_j}\left(\alpha_\varepsilon \mu_{eff} \frac{\partial \varepsilon}{\partial x_j}\right) + C_{1\varepsilon}\frac{\varepsilon}{k}(G_k + C_{3\varepsilon}G_b) - C_{2\varepsilon}^*\rho\frac{\varepsilon^2}{k} + S_\varepsilon \tag{2-72}$$

$$C_{2\varepsilon}^* = C_{2\varepsilon} + \frac{C_\mu \rho \eta^3 (1 - \eta/\eta_0)}{1 + \beta \eta^3} \tag{2-73}$$

在中性大气边界层下，假定空气不可压缩，可将上述流体输运方程简化为

$$\rho\frac{\partial k}{\partial t} + \rho\frac{\partial}{\partial x_i}(ku_i) = \frac{\partial}{\partial x_j}\left(\alpha_k \mu_{eff} \frac{\partial k}{\partial x_j}\right) + G_k - \rho\varepsilon \tag{2-74}$$

$$\rho\frac{\partial \varepsilon}{\partial t} + \rho\frac{\partial}{\partial x_i}(\varepsilon u_i) = \frac{\partial}{\partial x_j}\left(\alpha_\varepsilon \mu_{eff} \frac{\partial \varepsilon}{\partial x_j}\right) + C_{1\varepsilon}\frac{\varepsilon}{k}G_k - C_{2\varepsilon}\rho\frac{\varepsilon^2}{k} \tag{2-75}$$

总体而言，与标准 k-ε 模型相比，RNG k-ε 模型对于瞬变流和流线弯曲的影响预测效果更好。

2.3.1.4 Realizable k-ε 模型

Realizable k-ε 模型表示模型的雷诺应力满足某种数学约束——湍流的连续性。与标准 k-ε 模型相比，Realizable k-ε 模型主要有两处改进：①针对涡旋黏度的计算进行了改进；②针对湍动能耗散率 ε 的输运方程进行了改进，这来源于一个为层流速度波动而做的精确方程。

Realizable $k\text{-}\varepsilon$ 模型的流体输运方程如下：

$$\frac{\partial}{\partial t}(\rho k)+\frac{\partial}{\partial x_i}(\rho k u_i)=\frac{\partial}{\partial x_j}\left[\left(\mu+\frac{\mu_t}{\sigma_k}\right)\frac{\partial k}{\partial x_j}\right]+G_k+G_b-\rho\varepsilon-Y_M+S_k \tag{2-76}$$

$$\frac{\partial}{\partial t}(\rho\varepsilon)+\frac{\partial}{\partial x_i}(\rho\varepsilon u_i)=\frac{\partial}{\partial x_j}\left[\left(\mu+\frac{\mu_t}{\sigma_\varepsilon}\right)\frac{\partial\varepsilon}{\partial x_j}\right]+\rho C_1|S|\varepsilon-\rho C_2\frac{\varepsilon^2}{k+\sqrt{\nu\varepsilon}}+C_{1\varepsilon}\frac{\varepsilon}{k}C_{3\varepsilon}G_b+S_\varepsilon \tag{2-77}$$

$$C_1=\max\left\{0.43,\frac{\eta}{\eta+5}\right\} \tag{2-78}$$

$$C_\mu=\frac{1}{A_0+A_s\dfrac{kU^*}{\varepsilon}} \tag{2-79}$$

$$U^*=\sqrt{S_{ij}S_{ij}+\tilde{\Omega}_{ij}\tilde{\Omega}_{ij}} \tag{2-80}$$

$$\tilde{\Omega}_{ij}=\Omega_{ij}-2\varepsilon_{ijk}\omega_k,\Omega_{ij}=\overline{\Omega}_{ij}-\varepsilon_{ijk}\omega_k \tag{2-81}$$

$$A_s=\sqrt{6}\cos\phi,\phi=\frac{1}{3}\cos^{-1}(\sqrt{6}W),W=\frac{S_{ij}S_{jk}S_{ki}}{|S|/\sqrt{2}} \tag{2-82}$$

式中，A_0 取值为 4.04；$C_{1\varepsilon}$ 取值为 1.44；C_2 是常量。

在 Realizable $k\text{-}\varepsilon$ 模型的湍动能耗散率 ε 的输运方程中，并不包含相同的 G_k 项，而其他的 $k\text{-}\varepsilon$ 模型是包含的。有学者认为 Realizable $k\text{-}\varepsilon$ 模型的这种形式能够更好地表示光谱的能量转换。此外，Realizable $k\text{-}\varepsilon$ 模型中不存在分母为零的奇点，这与其他的 $k\text{-}\varepsilon$ 模型也有所不同。

在中性大气边界层下，假定空气不可压缩，可将上述流体输运方程简化为

$$\rho\frac{\partial k}{\partial t}+\rho\frac{\partial}{\partial x_i}(ku_i)=\frac{\partial}{\partial x_j}\left[\left(\mu+\frac{\mu_t}{\sigma_k}\right)\frac{\partial k}{\partial x_j}\right]+G_k-\rho\varepsilon \tag{2-83}$$

$$\rho\frac{\partial \varepsilon}{\partial t} + \rho\frac{\partial}{\partial x_i}(\varepsilon u_i) = \frac{\partial}{\partial x_j}\left[\left(\mu + \frac{\mu_t}{\sigma_\varepsilon}\right)\frac{\partial \varepsilon}{\partial x_j}\right] + \rho C_1 |S|\varepsilon - \rho C_2 \frac{\varepsilon^2}{k + \sqrt{\nu\varepsilon}}$$

（2-84）

式中，C_2 取值为 1.9；σ_k 取值为 1.0；σ_ε 取值为 1.2。

与标准 k-ε 模型相比，Realizable k-ε 模型对于旋转均匀剪切流、喷射和混合流、管道和边界流、分离流等问题的模拟效果更好。尤其是圆柱射流问题，Realizable k-ε 模型的表现效果极佳。

2.3.1.5 标准 k-ω 模型

标准 k-ω 模型是一种经验模型，基于湍流能量方程和扩散速率方程。标准 k-ω 模型的输运方程如下：

$$\frac{\partial}{\partial t}(\rho k) + \frac{\partial}{\partial x_i}(\rho k u_i) = \frac{\partial}{\partial x_j}\left(\Gamma_k \frac{\partial k}{\partial x_j}\right) + G_k - Y_k + S_k \quad (2\text{-}85)$$

$$\frac{\partial}{\partial t}(\rho \omega) + \frac{\partial}{\partial x_i}(\rho \omega u_i) = \frac{\partial}{\partial x_j}\left(\Gamma_\omega \frac{\partial \omega}{\partial x_j}\right) + G_\omega - Y_\omega + S_\omega \quad (2\text{-}86)$$

$$\Gamma_k = \mu + \frac{\mu_t}{\sigma_k}, \Gamma_\omega = \mu + \frac{\mu_t}{\sigma_\omega} \quad (2\text{-}87)$$

$$\mu_t = \alpha^* \frac{\rho k}{\omega} \quad (2\text{-}88)$$

$$\alpha^* = \alpha^*_\infty \left(\frac{\alpha_0^* + Re_t/R_k}{1 + Re_t/R_k}\right) \quad (2\text{-}89)$$

$$Re_t = \frac{\rho k}{\mu \omega} \quad (2\text{-}90)$$

$$G_\omega = \alpha \frac{\omega}{k} G_k \quad (2\text{-}91)$$

$$\alpha = \frac{\alpha_\infty}{\alpha^*}\left(\frac{\alpha_0 + Re_t/R_\omega}{1 + Re_t/R_\omega}\right) \quad (2\text{-}92)$$

$$Y_k = \rho \beta^* f_{\beta^*} k \omega \quad (2\text{-}93)$$

$$\beta^* = \beta_i^*(1 + \varsigma^* F(M_t)) \quad (2\text{-}94)$$

$$\beta_i^* = \beta_\infty^* \left[\frac{4/15 + (Re_t/R_\beta)^4}{1 + (Re_t/R_\beta)^4} \right] \quad (2\text{-}95)$$

$$F(M_t) = \begin{cases} 0, & M_t \leq M_{t0} \\ M_t^2 - M_{t0}^2, & M_t > M_{t0} \end{cases} \quad (2\text{-}96)$$

$$M_t^2 = \frac{2k}{a^2}, a = \sqrt{\gamma R T} \quad (2\text{-}97)$$

$$f_{\beta^*} = \begin{cases} 1, & \chi_k \leq 0 \\ \dfrac{1 + 680\chi_k^2}{1 + 400\chi_k^2}, & \chi_k > 0 \end{cases} \quad (2\text{-}98)$$

$$\chi_k = \frac{1}{\omega^3} \frac{\partial k}{\partial x_j} \frac{\partial \omega}{\partial x_j} \quad (2\text{-}99)$$

$$Y_\omega = \rho \beta f_\beta \omega^2 \quad (2\text{-}100)$$

$$\beta = \beta_i \left(1 - \frac{\beta_i^*}{\beta_i} \varsigma^* F(M_t) \right) \quad (2\text{-}101)$$

$$f_\beta = \frac{1 + 70\chi_\omega}{1 + 80\chi_\omega} \quad (2\text{-}102)$$

$$\chi_\omega = \left| \frac{\Omega_{ij}\Omega_{jk}S_{ki}}{(\beta_\infty^* \omega)^3} \right|, \Omega_{ij} = \frac{1}{2}\left(\frac{\partial u_i}{\partial x_j} - \frac{\partial u_j}{\partial x_i} \right) \quad (2\text{-}103)$$

式中，Γ_k 和 Γ_ω 分别表示模型扩散对湍动能和湍动能耗散率的影响；σ_k 取值为 2.0；σ_ω 取值为 2.0；α_∞^* 取值为 1；R_k 取值为 6；α_∞ 取值为 0.52；α_0 取值为 1/9；R_ω 取值为 2.95；β_∞^* 取值为 0.09；R_β 取值为 8；ς^* 取值为 1.5；M_{t0} 取值为 0.25；β_i 取值为 0.072；S_ω 是用户定义的。

在中性大气边界层下，假定空气不可压缩，可将上述流体输运方程简化为

$$\rho\frac{\partial k}{\partial t}+\rho\frac{\partial}{\partial x_i}(ku_i)=\frac{\partial}{\partial x_j}\left(\Gamma_k\frac{\partial k}{\partial x_j}\right)+G_k-Y_k \quad (2\text{-}104)$$

$$\rho\frac{\partial \omega}{\partial t}+\rho\frac{\partial}{\partial x_i}(\omega u_i)=\frac{\partial}{\partial x_j}\left(\Gamma_\omega\frac{\partial \omega}{\partial x_j}\right)+G_\omega-Y_\omega \quad (2\text{-}105)$$

2.3.1.6 SST k-ω 模型

与标准 k-ω 模型相比，剪切压力传输（SST）k-ω 模型更适合对流减压区的模拟，它还考虑了正交发散项，使得方程同样适用于近壁面区域和远壁面区域。SST k-ω 模型的输运方程如下：

$$\frac{\partial}{\partial t}(\rho k)+\frac{\partial}{\partial x_i}(\rho k u_i)=\frac{\partial}{\partial x_j}\left(\Gamma_k\frac{\partial k}{\partial x_j}\right)+G_k-Y_k+S_k \quad (2\text{-}106)$$

$$\frac{\partial}{\partial t}(\rho \omega)+\frac{\partial}{\partial x_i}(\rho \omega u_i)=\frac{\partial}{\partial x_j}\left(\Gamma_\omega\frac{\partial \omega}{\partial x_j}\right)+G_\omega-Y_\omega+D_\omega+S_\omega \quad (2\text{-}107)$$

$$\Gamma_k=\mu+\frac{\mu_t}{\sigma_k},\ \Gamma_\omega=\mu+\frac{\mu_t}{\sigma_\omega} \quad (2\text{-}108)$$

$$\mu_t=\frac{\rho k}{\omega}\frac{1}{\max\left\{\dfrac{1}{\alpha^*},\dfrac{|\Omega|F_2}{\alpha_1\omega}\right\}} \quad (2\text{-}109)$$

$$|\Omega|=\sqrt{2\Omega_{ij}\Omega_{ij}} \quad (2\text{-}110)$$

$$F_2=\tanh(\phi_2^2) \quad (2\text{-}111)$$

$$\phi_2=\max\left\{2\frac{\sqrt{k}}{0.09\omega y},\frac{500\mu}{\rho y^2 \omega}\right\} \quad (2\text{-}112)$$

$$\sigma_k=\frac{1}{F_1/\sigma_{k,1}+(1-F_1)/\sigma_{k,2}} \quad (2\text{-}113)$$

$$\sigma_\omega=\frac{1}{F_1/\sigma_{\omega,1}+(1-F_1)/\sigma_{\omega,2}} \quad (2\text{-}114)$$

$$F_1 = \tanh(\phi_1^4) \tag{2-115}$$

$$\phi_1 = \min\left\{\max\left\{\frac{\sqrt{k}}{0.09\omega y}, \frac{500\mu}{\rho y^2 \omega}\right\}, \frac{4\rho k}{\sigma_{\omega,2} D_\omega^+ y^2}\right\} \tag{2-116}$$

$$D_\omega^+ = \max\left\{2\rho \frac{1}{\sigma_{\omega,2}} \frac{1}{\omega} \frac{\partial k}{\partial x_j} \frac{\partial \omega}{\partial x_j}, 10^{-20}\right\} \tag{2-117}$$

$$G_\omega = \frac{\alpha}{\nu_t} G_k, \nu_t = \frac{\mu_t}{\rho} \tag{2-118}$$

$$\alpha_\infty = F_1 \alpha_{\infty,1} + (1-F_1)\alpha_{\infty,2} \tag{2-119}$$

$$\alpha_{\infty,1} = \frac{\beta_{i,1}}{\beta_\infty^*} - \frac{\kappa^2}{\sigma_{\omega,1}\sqrt{\beta_\infty^*}} \tag{2-120}$$

$$\alpha_{\infty,2} = \frac{\beta_{i,2}}{\beta_\infty^*} - \frac{\kappa^2}{\sigma_{\omega,2}\sqrt{\beta_\infty^*}} \tag{2-121}$$

$$Y_k = \rho \beta^* f_{\beta^*} k\omega \tag{2-122}$$

$$Y_\omega = \rho \beta \omega^2 \tag{2-123}$$

$$D_\omega = 2(1-F_1)\rho \sigma_{\omega,2} \frac{1}{\omega} \frac{\partial k}{\partial x_j} \frac{\partial \omega}{\partial x_j} \tag{2-124}$$

式中，y 表示到另一个面的距离；α_1 取值为 0.31；$\sigma_{k,1}$ 取值为 1.176；$\sigma_{k,2}$ 取值为 1.0；$\sigma_{\omega,1}$ 取值为 2.0；$\sigma_{\omega,2}$ 取值为 1.168；κ 取值为 0.41；$\beta_{i,1}$ 取值为 0.075；$\beta_{i,2}$ 取值为 0.0828；其余参数定义见标准 k-ω 模型。

在中性大气边界层下，假定空气不可压缩，可将上述流体输运方程简化为

$$\rho \frac{\partial k}{\partial t} + \rho \frac{\partial}{\partial x_i}(ku_i) = \frac{\partial}{\partial x_j}\left(\Gamma_k \frac{\partial k}{\partial x_j}\right) + G_k - Y_k \tag{2-125}$$

$$\rho \frac{\partial \omega}{\partial t} + \rho \frac{\partial}{\partial x_i}(\omega u_i) = \frac{\partial}{\partial x_j}\left(\Gamma_\omega \frac{\partial \omega}{\partial x_j}\right) + G_\omega - Y_\omega + D_\omega \tag{2-126}$$

已有研究表明，SST k-ω 湍流模型较传统的 k-ε 湍流模型更适用于具有逆压梯度流动或分离流动的计算，因而前者更广泛地应用于大气边界层钝体绕流的计算中。

以上介绍了常用的几种雷诺时均模拟两方程湍流模型。需要注意的是，目前没有一种模型能够适用于解决所有的模拟问题，需要针对特定的问题选择最佳的模型和模型参数。

2.3.2　大涡模拟

雷诺时均模拟采用时间平均的方式针对大气边界层流场进行建模和求解，它对于平均流场的模拟精度较高，但无法捕捉大气边界层内脉动风场的信息。然而，大气边界层近地风场是典型的湍流场，由一系列不同尺度的旋涡叠加而成，大尺度的涡表示低频能量成分，小尺度的涡表示高频能量成分，风场的脉动成分很强。在黏性力和惯性力的联合作用下，湍流场形成一条能量传输链，大尺度的旋涡通过惯性力作用向小尺度的旋涡不断输送能量，这些能量通过黏性力作用在小尺度漩涡中耗散。

Smagorinsky[207]在这一基础上，提出了大涡模拟数值方法，其核心思想是通过引进适当的空间低通滤波技术，将湍流场划分为大尺度和小尺度两部分。其中，大尺度湍流通过求解滤波后的 N-S 方程可直接得到，小尺度湍流对流场的影响通过建立滤波产生的亚格子应力来实现。由于不直接计算小尺度湍流，在高雷诺数流动模拟中，例如大气边界层湍流风场模拟，所需模拟的旋涡尺度范围大幅度减小，时间步长限制弱化，极大程度减小了计算量。下面详细介绍大涡模拟的流体控制方程和滤波函数选取。

2.3.2.1　大涡模拟流体控制方程

滤波后的不可压缩 N-S 方程表达式如下：

$$\frac{\partial \overline{u}_j}{\partial x_j} = 0 \tag{2-127}$$

$$\frac{\partial \overline{u}_i}{\partial t} + \frac{\partial (\overline{u}_i \overline{u}_j)}{\partial x_j} = -\frac{1}{\rho}\frac{\partial \overline{p}}{\partial x_i} + \frac{\partial}{\partial x_i}\left(\nu \frac{\partial \overline{u}_i}{\partial x_j}\right) - \frac{\partial \tau_{ij}}{\partial x_j} \tag{2-128}$$

式中，ˉ表示滤波后变量；$\tau_{ij} = \overline{u_i u_j} - \overline{u}_i \overline{u}_j$ 表示亚格子应力。

为保证方程封闭，需要建立亚格子模型。常用的亚格子模型为 Smagorinsky 亚格子模型，其表达式如下：

$$\tau_{ij} - \frac{1}{3}\delta_{ij}\tau_{kk} = -2(C_s \overline{\Delta})^2 |\overline{S}| \overline{S}_{ij} \tag{2-129}$$

式中，C_s 为 Smagorinsky 常数，通常取 0.1，也有学者取值为 0.166 或 0.033；$\overline{\Delta} = V^{1/3}$ 表示滤波尺度，其中 V 表示网格体积；$\overline{S}_{ij} = (\partial \overline{u}_i / \partial x_j + \partial \overline{u}_j / \partial x_i)$ 表示应力张量的速率；$|\overline{S}| = \sqrt{2\overline{S}_{ij}\overline{S}_{ij}}$。

为了解决 Smagorinsky 常数为定值导致的流体耗散过大的问题，Germano[208] 提出动态 Smagorinsky 模型计算 C_s 值，可根据流体的运动状态确定每个时间步的 C_s 值。Lilly[209] 通过最小二乘法对 Germano 的模型进行了简单的修正，其表达式如下：

$$C_s^2 = -\frac{1}{2}\frac{\langle L_{ij} M_{ij} \rangle}{\langle M_{ij}^2 \rangle} \tag{2-130}$$

式中，$L_{ij} = \widehat{\overline{u}_i \overline{u}_j} - \widehat{\overline{u}}_i \widehat{\overline{u}}_j$；$M_{ij} = \overline{\Delta}^2 ((\hat{\Delta}/\overline{\Delta})^2 |\widehat{\overline{S}}|\widehat{\overline{S}}_{ij} - \widehat{|\overline{S}|\overline{S}_{ij}})$；ˆ 表示二次滤波后变量；⟨ ⟩ 表示取横向平均。

2.3.2.2 滤波函数

大涡模拟中通过空间滤波方法消除湍流中的小尺度脉动，其本质是对物理量在空间上进行加权平均。有限体积法的滤波较为简单，可直接根据网格的大小进行，因此此处主要以谱元法为例阐述滤波函数的选取和计算方法。物理量 ϕ 经过滤波后变成 $\overline{\phi}$，其计算公式如下：

$$\overline{\phi}(x,t) = \int_{-\infty}^{+\infty} G(x-\xi, \Delta)\phi(\xi,t)\mathrm{d}\xi \tag{2-131}$$

式中，$G(x-\xi, \Delta)$ 是低通滤波函数，尺度小于 Δ 的亚格子尺度内的高频成分，即波数大于 $k_c = \pi / \Delta$ 的高频成分将被过滤掉。

常用的滤波函数有盒式滤波和高斯滤波,以盒式滤波为例,其在一维空间中的表达式为

$$G(x-\xi) = \begin{cases} 1/\Delta, & |x-\xi| \leq \Delta/2 \\ 0, & |x-\xi| > \Delta/2 \end{cases} \quad (2\text{-}132)$$

对于谱方法和谱元法等,滤波函数可分为节点(nodal)型滤波和模态(modal)型滤波。节点型滤波是将原插值阶数空间物理量插值到低阶的空间,再插值回原来阶数的空间,从而达到将小尺度旋涡过滤的目的,但这样可能导致单元交界处的不连续性,需要采取额外的方式进行处理。模态型滤波是基于谱空间的多项式变换过程(discrete polynomial transform,DPT),详细步骤可参考图 2-4。

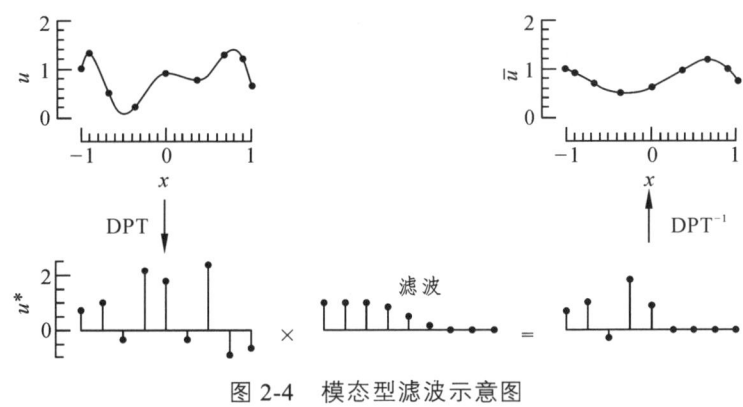

图 2-4　模态型滤波示意图

首先,将物理量在谱空间展开:

$$u(\xi_i) = \sum_{k=0}^{P} \hat{u}_k \phi_k(\xi_i) \quad (2\text{-}133)$$

写成矩阵形式如下:

$$u = \phi u^* \text{ 或 } u^* = \phi^{-1} u \quad (2\text{-}134)$$

式中,ϕ 表示基函数矩阵,在一维标准单元域内可表示为

$$\phi_k(\xi) = \begin{cases} (1-\xi)/2, & k=0 \\ (1+\xi)/2, & k=1 \\ L_k(\xi) - L_{k-2}(\xi), & 2 \leq k \leq P \end{cases} \quad (2\text{-}135)$$

由式（2-135）可以看出，该基函数对于单元边界的前两阶的值没有任何影响，因而能很好地保证单元交界处的连续性。

其次，建立滤波转换函数 $\boldsymbol{D}$，对角矩阵 $\boldsymbol{D} = \text{diag}(d_0,\cdots,d_P)$，其中 d_k 可取 Boyd-Vandeven 系数[210]，Kanchi[211]采用的滤波转换函数如下：

$$d_k = 1 - \alpha \left(\frac{k}{k_c}\right)^2, \quad \alpha = \begin{cases} 0, & k < k_c \\ 0.05, & k \geq k_c \end{cases} \quad （2\text{-}136）$$

式中，α 表示滤波权重系数，取值为 0.05；k_c 表示截断阶数，取值为 P-2；d_k 表示 k 阶转换函数的值。

最后，将滤波后的谱空间系数恢复到物理空间，得到最终滤波值 $\bar{u}$，可表示如下：

$$\bar{u} = \boldsymbol{\phi} \boldsymbol{D} \boldsymbol{\phi}^{-1} u \quad （2\text{-}137）$$

2.4 本章小结

本章围绕风资源的开发利用以及数值模拟的原理展开了详细阐述，具体包括以下几方面的内容：

（1）从气象尺度介绍了全球风气候特征，解释了大气边界层的关键特征，详细阐述了湍流大气边界层风场的风剖面特性。

（2）推导了风场模拟过程需要求解的流体控制方程，即 N-S 方程，介绍了有限体积法和谱元法两种数值离散方法，用于在空间上直接求解大气边界层风场。

（3）介绍了两类常用的风场模拟湍流模型，包括雷诺时均模拟和大涡模拟。

第 3 章
PART THREE

复杂地形风场湍流特性

复杂地形风电场建设是风资源开发利用的一个有效途径，了解复杂地形风场的平均和湍流特性，对于提高风资源开发利用的效率至关重要。本章首先介绍风场大涡模拟湍流入口的几种生成方法，针对四类标准地貌条件分别生成大涡模拟所需的脉动风速入口，然后利用大涡数值模拟方法分析了不同坡度的三维山丘地形风场湍流特性，进一步研究了实际复杂地形的风场湍流特性，为后续的风资源评估与风电场选址提供基础。

3.1 大涡模拟湍流入口生成

大涡模拟通过引进空间滤波技术将湍流风场划分成大尺度和小尺度两部分，不仅能较准确获得湍流大气边界层近地面的瞬态流场信息，而且极大程度减少了计算量，非常适用于湍流大气边界层风场中地形风场特性、风力发电机风致响应和建筑风致响应等相关研究。大涡模拟的关键在于生成满足实际大气边界层湍流风特性的脉动风速时程入口。本节详细阐述几种湍流入口生成方法的原理，包括谐波合成法、数字滤波法、CDRFG（consistent discretizing random flow generation）法以及基于时程相关性修正的改进谐波合成法，并在此基础上生成《建筑结构荷载规范》（GB 50009—2012）中的四类标准地貌的大气边界层湍流入口，进行对比分析。

3.1.1 湍流入口生成技术

人工合成湍流法是通过人工生成符合目标大气边界层湍流风特性的脉动风速时程，如平均风速、湍流强度、湍流积分尺度、脉动风速功率谱、风速时空相关性和零散度等，然后将其作为入口边界条件施加于大气边界层风场大涡模拟主计算域的入口网格节点上。谐波合成法和数字滤波法是人工合成湍流法中比较经典的方法，但都存在一定缺陷，因此学者提出了一些新的人工合成湍流法，并将其应用于湍流大气边界层风场大涡模拟中。本节主要介绍几种湍流入口生成方法，包括谐波合成法、数字滤波法、CDRFG 法以及改进谐波合成法。

3.1.1.1 谐波合成法

Rice[212]首次提出谐波合成法的基本思想，但只能将其应用于生成一维单变量且服从平稳高斯随机过程的脉动时程信号。Borgman 和 Shinozuka[213]在此基础上进行了改进，将谐波合成法扩展到多维、多变量、非平稳随机过程的模拟应用中。此后，大批应用和算法研究围绕谐波合成法而展开。Yang 和 Shinozuka[214]引入了快速傅里叶变换（fast fourier transform，FFT）理论，极大程度改善了谐波合成法计算效率低下的问题。Deodatis[215]采用了双索引频率，可以充分模拟各态历经的多变量平稳高斯随机过程，进一步提高了谐波合成法的模拟精度，但与此同时计算量和内存需求上升了。丁泉顺[216]引入了拉格朗日插值近似理论，通过在典型频率上进行极少次数的乔列斯基（Cholesky）分解得到谱分解矩阵，进而通过近似插值得到所有频率上的谱分解矩阵，从而达到大幅提高谐波合成法模拟效率的目的。类似地，陶天友等[217]引入了 Hermite 矩阵近似插值理论，同样大幅改善了模拟的效率。

考虑一个零均值的一维 n 变量平稳高斯随机过程 $\{f_j^0(t)\}(j=1,2,\cdots,n)$，其互相关函数矩阵可以写成如下形式：

$$\boldsymbol{R}^0(\tau)=\begin{bmatrix} R_{11}^0(\tau) & R_{12}^0(\tau) & \cdots & R_{1n}^0(\tau) \\ R_{21}^0(\tau) & R_{22}^0(\tau) & \cdots & R_{2n}^0(\tau) \\ \vdots & \vdots & & \vdots \\ R_{n1}^0(\tau) & R_{n2}^0(\tau) & \cdots & R_{nn}^0(\tau) \end{bmatrix} \quad (3\text{-}1)$$

同样地，互谱密度矩阵可以写为如下形式：

$$\boldsymbol{S}^0(\omega)=\begin{bmatrix} S_{11}^0(\omega) & S_{12}^0(\omega) & \cdots & S_{1n}^0(\omega) \\ S_{21}^0(\omega) & S_{22}^0(\omega) & \cdots & S_{2n}^0(\omega) \\ \vdots & \vdots & & \vdots \\ S_{n1}^0(\omega) & S_{n2}^0(\omega) & \cdots & S_{nn}^0(\omega) \end{bmatrix} \quad (3\text{-}2)$$

根据维纳-辛钦（Wiener-Khintchine）公式，互相关函数矩阵 $\boldsymbol{R}^0(\tau)$ 和互谱密度矩阵 $\boldsymbol{S}^0(\omega)$ 之间存在如下的傅里叶变换与傅里叶逆变换关系：

$$S_{jk}^0(\omega) = \frac{1}{2\pi}\int_{-\infty}^{\infty} R_{jk}^0(\tau)\exp(-\mathrm{i}\omega\tau)\mathrm{d}\tau \tag{3-3}$$

$$R_{jk}^0(\tau) = \int_{-\infty}^{\infty} S_{jk}^0(\omega)\exp(\mathrm{i}\omega\tau)\mathrm{d}\omega \tag{3-4}$$

根据 Shinozuka 和 Deodatis 的分析，平稳高斯随机过程 $\{f_j^0(t)\}$ 的样本 $\{f_j(t)\}$ 可以利用下面的式子进行模拟：

$$f_j(t) = \sqrt{2\Delta\omega}\sum_{m=1}^{j}\sum_{l=1}^{N_w}|H_{jm}(\omega_{ml})|\cos(\omega_{ml}t - \theta_{jm}(\omega_{ml}) + \phi_{ml}) \tag{3-5}$$

式中，ω_{ml} 表示双索引频率，可采用下式定义：

$$\omega_{ml} = (l-1)\Delta\omega + \frac{m}{N_p}\Delta\omega \tag{3-6}$$

式中，N_w 表示频率分段数；$l = 1, 2, \cdots, N_w$；$H_{jm}(\omega_{ml})$ 表示 $\boldsymbol{S}^0(\omega_{ml})$ 的乔列斯基分解矩阵 $\boldsymbol{H}(\omega_{ml})$ 中的元素，写成如下形式：

$$\boldsymbol{S}^0(\omega_{ml}) = \boldsymbol{H}(\omega_{ml})\boldsymbol{H}^{\mathrm{T}*}(\omega_{ml}) \tag{3-7}$$

式中，$\theta_{jm}(\omega_{ml})$ 表示 $H_{jm}(\omega_{ml})$ 的复角，定义如下：

$$\theta_{jm}(\omega_{ml}) = \tan^{-1}\left(\frac{\mathrm{Im}(H_{jm}(\omega_{ml}))}{\mathrm{Re}(H_{jm}(\omega_{ml}))}\right) \tag{3-8}$$

为了避免模拟结果的失真，模拟的时间步长必须满足下面的条件：

$$\Delta t \leq \frac{2\pi}{2\omega_{up}} = \frac{\pi}{\omega_{up}} \tag{3-9}$$

式中，ω_{up} 表示模拟的截止频率。

模拟得到的随机过程的周期可根据下面的公式进行计算：

$$T_0 = \frac{2\pi N_p}{\Delta \omega} = \frac{2\pi N_p N_w}{\omega_{up}} \qquad (3\text{-}10)$$

式中，N_p 表示模拟的节点数量。

由于矩阵 $\boldsymbol{H}(\omega)$ 是 ω 的函数，需要针对每个频率点 ω_{ml} 均进行一次 $\boldsymbol{S}^0(\omega)$ 的乔列斯基分解，这对内存的需求极大，且计算耗时很长。经研究发现，矩阵 $\boldsymbol{H}(\omega)$ 的每个元素均随频率连续变化。因此，可以选取合适的插值函数，通过对少数点的矩阵元素进行插值近似来获取完整的矩阵元素，比较常用的插值方法是线性插值和三次拉格朗日多项式插值。线性插值的精度总体较低，因此对于插值点的数量要求更为严格，内存需求也就更大。而拉格朗日插值方法是用一个 n 次多项式去拟合一个函数 $f(x)$，随着插值阶数 n 的提高，不仅导致计算量大幅增加，而且会引起较大的误差，因此插值阶数 n 不宜过大，通常取三次。三次拉格朗日多项式插值的插值方程如下：

$$\tilde{H}_{jk}(\omega_{ml}) = \sum_{k=i-1}^{i+2} H_{jk}(\omega_k) L_k(\omega_{ml}) = \sum_{k=i-1}^{i+2} H_{jk}(\omega_k) \prod_{\substack{jj=i-1 \\ jj \neq k}}^{i+2} \frac{\omega - \omega_{jj}}{\omega_k - \omega_{jj}} \qquad (3\text{-}11)$$

实际应用中，脉动风速功率谱是实数矩阵，因此乔列斯基分解得到的 $\boldsymbol{H}(\omega)$ 矩阵同样是实数矩阵，复角 $\theta_{jm}(\omega_{ml}) = 0$，$H_{jm}(\omega_{ml}) = |H_{jm}(\omega_{ml})|$。针对矩阵 $\boldsymbol{H}(\omega)$ 采用三次拉格朗日多项式插值近似之后，脉动风速样本模拟的公式变为下式：

$$f_j(t) = \sqrt{2\Delta\omega} \sum_{m=1}^{j} \sum_{l=1}^{N_w} \tilde{H}_{jm}(\omega_{ml}) \cos(\omega_{ml} t + \phi_{ml}) \qquad (3\text{-}12)$$

针对式（3-12）采用快速傅里叶变换可以大幅加快模拟速度：

$$\begin{aligned}
f_j(t) &= \sqrt{2\Delta\omega} \operatorname{Re}\left(\sum_{m=1}^{j} \sum_{l=1}^{N_w} \tilde{H}_{jm}(\omega_{ml}) \exp(\mathrm{i}(\omega_{ml} t + \phi_{ml})) \right) \\
&= \sqrt{2\Delta\omega} \operatorname{Re}\left(\sum_{m=1}^{j} \sum_{l=1}^{N_w} \tilde{H}_{jm}(\omega_{ml}) \exp\left(\mathrm{i}\left((l-1)\Delta\omega t + \frac{m}{N_p}\Delta\omega t + \phi_{ml} \right) \right) \right) \\
&= \sqrt{2\Delta\omega} \operatorname{Re}\left(\sum_{m=1}^{j} \left(\sum_{l=0}^{N_w-1} \tilde{H}_{jm}\left(l\Delta\omega + \frac{m\Delta\omega}{N_p} \right) \exp(\mathrm{i}\phi_{ml}) \right) \exp(\mathrm{i}l\Delta\omega t) \right) \exp\left(\frac{\mathrm{i}m\Delta\omega t}{N_p} \right)
\end{aligned}$$

$$(3\text{-}13)$$

$$G_{jm}(t) = G_{jm}(q\Delta t)$$

$$= \sum_{l=0}^{Nw-1}\left(\tilde{H}_{jm}\left(l\Delta\omega + \frac{m}{N_p}\Delta\omega\right)\exp(\mathrm{i}\phi_{ml})\right)\exp(\mathrm{i}ql\Delta\omega\Delta t)$$

$$= \sum_{l=0}^{Nw-1}\left(\tilde{H}_{jm}\left(l\Delta\omega + \frac{m}{N_p}\Delta\omega\right)\exp(\mathrm{i}\phi_{ml})\right)\exp\left(\mathrm{i}ql\frac{2\pi}{M}\right) \quad (3\text{-}14)$$

$$= \sum_{l=0}^{M-1} B_{jm}(l\Delta\omega)\exp\left(\mathrm{i}ql\frac{2\pi}{M}\right)$$

$$= \mathrm{IFFT}(B_{jm})$$

$$B_{jm}(l\Delta\omega) = \begin{cases} \tilde{H}_{jm}\left(l\Delta\omega + \dfrac{m}{N_p}\Delta\omega\right)\exp(\mathrm{i}\phi_{ml}), & 0 \leqslant l < N_w \\ 0, & N_w \leqslant l < M \end{cases} \quad (3\text{-}15)$$

式中，$M \geqslant 2N_w$；$\Delta t\Delta\omega = 2\pi/M$。

将上面的公式整理后可得

$$f_j(p\Delta t) = \sqrt{2\Delta\omega}\,\mathrm{Re}\left(\sum_{m=1}^{j} G_{jm}\exp\left(\mathrm{i}\frac{m}{N_p}\Delta\omega p\Delta t\right)\right) \quad (3\text{-}16)$$

$$G_{jm}(q\Delta t) = \sum_{l=0}^{M-1} B_{jm}(l\Delta\omega)\exp\left(\mathrm{i}ql\frac{2\pi}{M}\right) \quad (3\text{-}17)$$

$$B_{jm}(l\Delta\omega) = \begin{cases} \tilde{H}_{jm}\exp(\mathrm{i}\phi_{ml}), & 0 \leqslant l < N_w \\ 0, & N_w \leqslant l < M \end{cases} \quad (3\text{-}18)$$

$$\tilde{H}_{jk}(\omega_{ml}) = \sum_{k=i-1}^{i+2} H_{jk}(\omega_k)\prod_{\substack{jj=i-1\\jj\neq k}}^{i+2}\frac{\omega - \omega_{jj}}{\omega_k - \omega_{jj}} \quad (3\text{-}19)$$

式中，$M = 2N_w$；$p = 0,1,2,\cdots,N\times M-1$；$q = \mathrm{mod}(p,M)$。

3.1.1.2 数字滤波法

数字滤波法的优点是计算量小且计算速度快，其中以自回归模型应用最为广泛。数字滤波法的基本思想是：让均值为零的白噪声随机信号通过线性滤波器，使其输出为具有目标湍流特征和谱特性的平稳随机信号。下面以自回归模型为例，详细阐述数字滤波法生成脉动风速时程的流程。

自回归模型认为，任意一个时刻 t 的物理量 $u(t)$ 都可以表示为过去 p 个时刻物理量的线性组合再加上 t 时刻的白噪声。在这样的假定条件下，M 个空间点的脉动风速时程可以表示为

$$u(t) = \sum_{k=1}^{p} \boldsymbol{\varphi}_k u(t - k\Delta t) + N(t) \tag{3-20}$$

式中，$\boldsymbol{u}(t) = [u_1(t), u_2(t), \cdots, u_M(t)]^{\mathrm{T}}$，$u_j(t)$ 表示第 j 个空间点的脉动风速时程；$\boldsymbol{\varphi}_k$ 表示自回归系数矩阵，为 M 阶方阵；p 表示自回归阶数；Δt 表示时间步长；$N(t) = \boldsymbol{L} \times \boldsymbol{n}(t)$，其中 $\boldsymbol{L}$ 为下三角矩阵，$\boldsymbol{n}(t) = [n_1(t), n_2(t), \cdots, n_M(t)]^{\mathrm{T}}$，$n_j(t)$ 为相互独立的标准正态随机序列。

对式（3-20）两边同乘 $\boldsymbol{u}(t - j\Delta t)^{\mathrm{T}} = [u_1(t - j\Delta t), u_2(t - j\Delta t), \cdots, u_M(t - j\Delta t)]^{\mathrm{T}}$（$j = 1, 2, \cdots, p$），然后取数学期望。

由于

$$R(j\Delta t) = E(\boldsymbol{u}(t) \boldsymbol{u}^{\mathrm{T}}(t - j\Delta t)) \tag{3-21}$$

$$R(-j\Delta t) = R(j\Delta t) \text{ 且 } R(j\Delta t) = R^{\mathrm{T}}(j\Delta t) \tag{3-22}$$

所以有

$$R(j\Delta t) = \sum_{k=1}^{p} R((j-k)\Delta t) \boldsymbol{\varphi}_k, \quad j = 1, 2, \cdots, p \tag{3-23}$$

式中，互相关函数 $R(j\Delta t)$ 可由维纳-辛钦关系式计算得到：

$$R(j\Delta t) = \begin{bmatrix} R(\Delta t) \\ R(2\Delta t) \\ \vdots \\ R(p\Delta t) \end{bmatrix} \tag{3-24}$$

$$R((j-k)\Delta t) = \begin{bmatrix} R(0) & R(\Delta t) & \cdots & R((p-1)\Delta t) \\ R(\Delta t) & R(0) & \cdots & R((p-2)\Delta t) \\ \vdots & \vdots & & \vdots \\ R((p-1)\Delta t) & R((p-2)\Delta t) & \cdots & R(0) \end{bmatrix} \tag{3-25}$$

式（3-25）两边同时乘 $\boldsymbol{u}^{\mathrm{T}}(t)=[u_1(t),u_2(t),\cdots,u_M(t)]$，然后取数学期望，则有

$$\boldsymbol{R}(0)=\sum_{k=1}^{p}\boldsymbol{\varphi}_k\boldsymbol{R}(k\Delta t)+\boldsymbol{R}_N \qquad (3\text{-}26)$$

式中，$\boldsymbol{R}_N=\boldsymbol{L}\boldsymbol{L}^{\mathrm{T}}$。

式（3-26）右边矩阵为托普利兹（Toeplitz）矩阵，主对角线上的元素相等，平行于主对角线的线上的元素也相等，同时矩阵中的各元素关于次对角线对称。由此可计算得到自回归系数矩阵 $\boldsymbol{\varphi}_k$ 和矩阵 $\boldsymbol{R}_N$，进行乔列斯基分解后得到下三角矩阵 $\boldsymbol{L}$。将得到的矩阵 $\boldsymbol{\varphi}_k$ 和 $\boldsymbol{L}$ 代入式（3-20），即可得到所有节点的脉动风速时程。

3.1.1.3 CDRFG 法

Aboshosha 等[105]提出了 CDRFG 方法，修正了风速能谱在频率上的分布，并能有效考虑风速沿竖向的相关性。CDRFG 法生成脉动风速时程的计算公式如下：

$$u_i(x_j,t)=\sum_{m=1}^{M}\sum_{n=1}^{N}(p_i^{m,n}\cos(k_j^{m,n}\tilde{x}_j^m+2\pi f_{n,m}t)+q_i^{m,n}\sin(k_j^{m,n}\tilde{x}_j^m+2\pi f_{n,m}t)) \qquad (3\text{-}27)$$

$$p_i^{m,n}=\mathrm{sign}(r_i^{m,n})\sqrt{\frac{2}{N}S_{ui}(f_m)\Delta f\,\frac{(r_i^{m,n})^2}{1+(r_i^{m,n})^2}} \qquad (3\text{-}28)$$

$$q_i^{m,n}=\mathrm{sign}(r_i^{m,n})\sqrt{\frac{2}{N}S_{ui}(f_m)\Delta f\,\frac{1}{1+(r_i^{m,n})^2}} \qquad (3\text{-}29)$$

$$\begin{bmatrix} p_x^{m,n} & p_y^{m,n} & p_z^{m,n} \\ q_x^{m,n} & q_y^{m,n} & q_z^{m,n} \\ q_x^{m,n} & q_y^{m,n} & q_z^{m,n} \end{bmatrix}\begin{bmatrix} k_x^{m,n} \\ k_y^{m,n} \\ k_z^{m,n} \end{bmatrix}=\begin{bmatrix} 0 \\ 0 \\ 1 \end{bmatrix} \qquad (3\text{-}30)$$

$$L_j^m=\frac{U_{av}}{\gamma C_j f_m} \qquad (3\text{-}31)$$

$$\gamma=\begin{cases} 3.7\beta^{-0.3}, & \beta<6 \\ 2.1, & \beta\geqslant 6 \end{cases} \qquad (3\text{-}32)$$

$$\beta = \frac{CD}{L_u} \tag{3-33}$$

式中，M 表示离散谱区间的样本数；N 表示离散谱区间的随机频率数；$k_j^{m,n}$ 表示在空间球面上随机分布的数，其半径为 k_m；$\tilde{x}_j^m = x_j / L_j^m$ 表示无量纲坐标；$f_{n,m}$ 表示服从均匀分布的随机频率，其平均值为 f_m，方差为 Δf；sign 表示符号函数，正数时为 1，负数时为-1；$r_i^{m,n}$ 服从标准正态分布；S_{ui} 表示频率 f_m 处的功率谱密度；U_{av} 表示平均风速；C_j 表示在 j 方向上的相干函数衰减系数；C 表示相干衰减常数；D 表示特征长度；L_u 表示沿 x 方向的湍流积分尺度。

3.1.1.4 基于时程相关性修正的改进谐波合成法

基于谐波合成法生成湍流大气边界层大涡模拟的脉动风速入口条件时，通常需要由粗网格的脉动风速插值得到实际模拟入口面的网格节点处的脉动风速，否则，其内存需求、计算量和耗时难以承受。假定入口面网格节点数量为 $N_y \times N_z = 100 \times 100 = 10^4$，需要模拟的样本长度为 2×10^4，每个数据占 8 个字节，则入口面所有节点所需的三个方向的脉动风速时程的内存量为 $3 \times (1 \times 10^4) \times (2 \times 10^4) \times 8$ byte = 4.4 GB，这个存储量是极大的。此外，直接生成所有节点的脉动风速时程耗时极长，其难点主要在于对超高维数的矩阵进行乔列斯基分解，这对于一般的计算机而言是非常难实现的。因此，需要先生成粗网格的脉动风速时程数据，再插值得到实际入口面的脉动风速信号。

然而，直接进行线性插值会导致脉动风速的大幅衰减，下面以一维线性插值为例。如图 3-1 所示，A 和 B 为粗网格节点，P 为实际入口面节点。现已知 A,B 两处的脉动风速信号 $u_A(t)$ 和 $u_B(t)$，需要插值得到 P 点的脉动风速信号 $u_P(t)$。

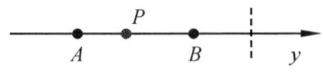

图 3-1 一维线性内插示意图

假定 A 点和 B 点的脉动风速时程满足下面的条件：
（1）脉动风速时程的平均值为零；
（2）脉动风速时程的标准差为 σ_u；

（3）脉动风速时程之间满足维纳-辛钦互相关性：$R_{ii}^{A,B}(0)=\int_{-\infty}^{\infty}S_{ii}^{A,B}(\omega)\mathrm{d}\omega$。
根据线性内插法，P 点的脉动风速时程计算如下：

$$u_P(t)=(1-\alpha)u_A(t)+\alpha u_B(t) \tag{3-34}$$

式中，$\alpha=(y_P-y_A)/(y_B-y_A)$。

则 P 点的脉动风速标准差可采用下式进行计算：

$$\begin{aligned}
\sigma_P^2 &= \frac{1}{N}\sum_{i=1}^{N}u_P^2(t) \\
&= \frac{1}{N}\sum_{i=1}^{N}[(1-\alpha)u_A(t)+\alpha u_B(t)]^2 \\
&= (1-\alpha)^2\frac{1}{N}\sum_{i=1}^{N}u_A^2(t)+\alpha^2\frac{1}{N}\sum_{i=1}^{N}u_B^2(t)+2\alpha(1-\alpha)\frac{1}{N}\sum_{i=1}^{N}u_A(t)u_B(t) \\
&= (1-\alpha)^2\sigma_A^2+\alpha^2\sigma_B^2+2\alpha(1-\alpha)R_{uu}^{A,B}(0) \\
&= [(1-\alpha)^2+\alpha^2]\sigma_u^2+2\alpha(1-\alpha)R_{uu}^{A,B}(0)
\end{aligned} \tag{3-35}$$

根据维纳-辛钦互相关性公式，可得

$$\begin{aligned}
R_{uu}^{A,B}(0) &= \int_{-\infty}^{\infty}S_{uu}^{A,B}(\omega)\mathrm{d}\omega=\int_{-\infty}^{\infty}\sqrt{S_u^A(\omega)S_u^B(\omega)}\mathrm{Coh}(A,B;\omega)\mathrm{d}\omega \\
&\leqslant \int_{-\infty}^{\infty}\sqrt{S_u^A(\omega)S_u^B(\omega)}\mathrm{d}\omega \leqslant \int_{-\infty}^{\infty}S_u^A(\omega)\mathrm{d}\omega \\
&= \sigma_u^2
\end{aligned} \tag{3-36}$$

将式（3.37）代入式（3.36），则有

$$\sigma_P^2 \leqslant [(1-\alpha)^2+\alpha^2]\sigma_u^2+2\alpha(1-\alpha)\sigma_u^2=\sigma_u^2$$

由此可见，P 点的脉动风速标准差不再为 σ_u 且小于 σ_u，其大小取决于 A 和 B 两点的互相关性以及 P 点的位置。

为了避免线性插值引起的湍流耗散，引进修正因子 $u_{r,\mathrm{fac}}=\sigma_u/\sigma_P$，对插值后的脉动风速时程进行修正，即 $u_P'(t)=u_{r,\mathrm{fac}}u_P(t)$，从而保证插值后的脉动风速标准差能够维持不变。

以上一维线性内插的计算公式容易推导到二维双线性内插的情况。如图 3-2 所示，A, B, C 和 D 为粗网格节点，P 为实际入口面的节点。

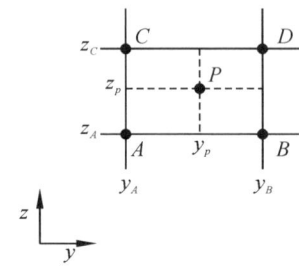

图 3-2　二维线性内插示意图

基于二维线性内插理论，P 点脉动风速时程为

$$u_P(t) = (1-\alpha)(1-\beta)u_A(t) + \alpha(1-\beta)u_B(t) + (1-\alpha)\beta u_C(t) + \alpha\beta u_D(t)$$

（3-37）

$$\begin{aligned}\sigma_P^2 &= \frac{1}{N}\sum_{i=1}^{N} u_P^2(t) \\ &= [(1-\alpha)^2(1-\beta)^2 + \alpha^2(1-\beta)^2 + (1-\alpha)^2\beta^2 + \alpha^2\beta^2]\sigma_u^2 + \\ & \quad 2\alpha(1-\alpha)(1-\beta)^2 R_{uu}^{A,B}(0) + 2(1-\alpha)^2\beta(1-\beta)R_{uu}^{A,C}(0) + \\ & \quad 2\alpha(1-\alpha)\beta(1-\beta)R_{uu}^{A,D}(0) + 2\alpha(1-\alpha)\beta(1-\beta)R_{uu}^{B,C}(0) + \\ & \quad 2(1-\alpha)^2\beta(1-\beta)R_{uu}^{B,D}(0) + 2\alpha(1-\alpha)(1-\beta)^2 R_{uu}^{C,D}(0)\end{aligned}$$

（3-38）

式中，$\alpha = (y_P - y_A)/(y_B - y_A)$；$\beta = (z_P - z_A)/(z_C - z_A)$。

因此，基于时程互相关性修正的谐波合成法，能够有效保证入口断面的脉动风速标准差的一致性，但其前提是生成的脉动风速时程必须比较吻合时程互相关性。

3.1.2　不同地面粗糙度湍流大气边界层入口模拟

我国的《建筑结构荷载规范》（GB 50009—2012）[202]将地貌条件分成 A、B、C、D 四类，代表不同地面粗糙度。其中，A 类指近海海面和海岛、海岸、湖岸及沙漠地区，B 类指田野、乡村、丛林、丘陵以及房屋比较稀疏的乡镇，C 类指有密集建筑群的城市市区，D 类指有密集建筑群且房屋较高的城市市区。

在风工程应用中，通常需要根据研究区域或建筑物所处的地貌条件，生成与真实地貌最接近的标准湍流入口条件，再利用数值模拟或风洞试验的方法展开研究。因此，本节将详细阐述不同地面粗糙度条件下湍流大气边界层脉动风速入口数值生成的几种方法，并进行深入对比分析，探讨各方法的优劣。

3.1.2.1 湍流大气边界层目标风参数

湍流大气边界层风场模拟的目标主要包括平均风剖面、湍流强度风剖面、脉动风速功率谱和脉动风速时程互相关性等。根据我国的《建筑结构荷载规范》GB 50009—2012，分别生成 A、B、C、D 四类标准地貌条件下的脉动风场信息，为湍流大气边界层下复杂地形风场特性研究、风电场微观选址及风机风致响应计算提供基础。

对于顺风向的平均风剖面，我国建筑荷载规范规定的四类标准地貌条件下均满足指数律分布特征，仅需指定参考高度和参考高度处平均风速大小，以及指数律剖面系数，详细参见 2.1.2.5 节。一般而言，参考高度取 10 m。水平方向和竖向的平均风剖面则可近似为零。

类似地，对于顺风向的湍流强度剖面，四类标准地貌的参考高度处湍流强度不同，指数律剖面系数与平均风剖面系数互为相反数。横风向和竖向的湍流强度较顺风向而言较小，比值分别为 0.88 和 0.5 左右[218]。

常用的三维脉动风速功率谱包括 Davenport 谱、Simiu 谱、Karman 谱、Simu-Scanlan 谱、Panofsky 谱等，下面分别介绍对应的公式。

Davenport 谱描述的脉动风速功率谱公式如下，目前已在加拿大的建筑荷载规范中被采纳：

$$S_u(f) = \frac{4u_*^2 x^2}{f(1+x^2)^{4/3}}, x = \frac{1200f}{U_{10}} \qquad (3\text{-}39)$$

式中，$S_u(f)$ 表示顺风向脉动风速功率谱；f 表示频率；U_{10} 表示 10 m 参考高度的平均风速。

Davenport 谱描述的不同高度的功率谱完全相同，这与实际情况截然不同。Simiu 谱描述的脉动风速功率谱公式如下：

$$S_u(f) = \frac{200 u_*^2 x}{f(1+50x)^{5/3}}, x = \frac{fz}{U(z)} \tag{3-40}$$

Karman 谱描述的三维脉动风速功率谱公式如下：

$$S_u(f) = \frac{4\sigma_u^2 x}{f(1+70.8x^2)^{5/6}}, x = \frac{fL_u^x}{U(z)} \tag{3-41}$$

$$S_v(f) = \frac{4\sigma_v^2 x(1+755x^2)}{f(1+283x^2)^{11/6}}, x = \frac{fL_v^x}{U(z)} \tag{3-42}$$

$$S_w(f) = \frac{4\sigma_w^2 x(1+755x^2)}{f(1+283x^2)^{11/6}}, x = \frac{fL_w^x}{U(z)} \tag{3-43}$$

式中，$S_v(f)$，$S_w(f)$ 分别表示横风向和竖向的脉动风速功率谱；σ_u，σ_v，σ_w 分别表示顺风向、横风向、竖向的脉动风速标准差；L_u^x，L_v^x，L_w^x 分别表示顺风向、横风向、竖向的脉动风速湍流积分尺度 x 分量，即沿顺风向的分量。

Simu 和 Scanlan 对 Kaimal 谱进行了细微的修改，Simu-Scanlan 谱描述的横风向脉动风速功率谱公式如下：

$$S_v(f) = \frac{15 u_*^2 x}{f(1+9.5x)^{5/3}}, x = \frac{fz}{U(z)} \tag{3-44}$$

Panofsky 谱描述的竖向脉动风速功率谱公式如下：

$$S_w(f) = \frac{6 u_*^2 x}{f(1+4x)^2}, x = \frac{fz}{U(z)} \tag{3-45}$$

许多学者针对复杂山地地形的脉动风速功率谱进行了深入分析，结果表明，相对于其他形式的脉动风速谱，Karman 谱的描述效果最佳。因此，后续模拟均是在 Karman 谱的假设上展开的。

Karman 谱构造的难点在于需要计算湍流积分尺度。湍流积分尺度是描述流场中旋涡的平均大小的指标。根据泰勒湍流冻结假设，假定流场中的旋涡结构以顺风向风速大小向下游平移，由此可将空间上积分计算湍流积分尺度的问题转换为时间上积分问题，即可由下面的脉动风速自相关函数计算得到[219]：

$$L_i^x = \frac{U}{\sigma_i^2} \int_0^\infty R_i(\tau) \mathrm{d}\tau, \quad i = u, v, w \qquad (3-46)$$

式中，$R_i(\tau)$ 表示 i 方向脉动风速的自相关系数。

当自相关系数很小时，泰勒冻结假设引起的湍流积分尺度计算误差会急剧增大，Flay 等认为上式的积分上限取到 $R_i(\tau) = 0.05\sigma_u^2$ 效果最好。

空间两点脉动风速时程的互功率谱密度矩阵计算公式如下：

$$S_{ij}(f) = \sqrt{S_i(f)S_j(f)}\mathrm{Coh}(i,j;f) \qquad (3-47)$$

式中，$\mathrm{Coh}(i,j;f)$ 表示空间两点脉动风速的相关性，可用下式表示：

$$\mathrm{Coh}(i,j;f) = \exp\left(-\frac{f\sqrt{C_x^2\Delta x_{ij}^2 + C_y^2\Delta y_{ij}^2 + C_z^2\Delta z_{ij}^2}}{U_{avg}}\right),$$

$$U_{avg} = \frac{U(z_i) + U(z_j)}{2} \qquad (3-48)$$

式中，$C_x = 6$；$C_y = 16$；$C_z = 10$；Δx_{ij}，Δy_{ij}，Δz_{ij} 分别表示 i，j 两点的顺风向、横风向、竖向的坐标差。

3.1.2.2 湍流大气边界层入口模拟步骤

不同方法生成湍流大气边界层脉动风速入口的详细步骤有所区别，下面进行详细介绍。此处，假定三个方向的脉动风速完全不相关，可以分别单独进行模拟。

1）数字滤波法

首先，确定入口面的网格坐标以及关键的风剖面参数，包括平均风剖面指数 α、10 m 地面高度平均风速 U_{10}、脉动风速标准差 σ_i、名义湍流强度 I_{10}，还

包括湍流积分尺度 L_i。其次，确定模拟参数，包括阶数 P、时间步长 Δt、样本长度 N_t。接着，计算互功率谱密度矩阵 $\boldsymbol{S}(\omega)$，由积分计算互相关函数矩阵 $\boldsymbol{P}(j\Delta t)$。然后，计算自回归系数矩阵 $\boldsymbol{\varphi}_k$。然后，计算矩阵 $\boldsymbol{R}_N$，对其进行乔列斯基分解计算矩阵 $\boldsymbol{L}$。最后，生成入口面所有网格节点的脉动风速时程 $u(t)$。

2）谐波合成法（WAWS）

首先，确定入口面的网格坐标和风剖面参数。其次，确定模拟参数，包括时间步长 Δt、频率分段数 N_w。接着，针对每个分段频率，计算互功率谱密度矩阵 $\boldsymbol{S}(\omega)$，并进行乔列斯基分解获得矩阵 $\boldsymbol{H}(\omega)$。然后，利用拉格朗日插值计算矩阵 $\tilde{\boldsymbol{H}}(\omega)$。最后，生成入口面所有网格节点的脉动风速时程 $u(t)$。

3）CDRFG

首先，确定入口面的网格坐标和风剖面参数。其次，确定模拟参数，包括时间步长 Δt、样本长度 N_t、随机频率数 N、频段数 M、相干衰减常数 C、特征长度 D 等。接着，针对每个分段频率，计算互功率谱密度矩阵 $\boldsymbol{S}(\omega)$。然后，计算矩阵 $\boldsymbol{P}$、$\boldsymbol{Q}$、$\boldsymbol{K}$。最后，获取入口面所有网格节点的脉动风速时程 $u(t)$。

4）改进谐波合成法

改进谐波合成法与谐波合成法基本一致，其区别仅体现为，在利用粗网格进行线性插值时，需根据粗网格待插值的四个网格点之间的相关性，对插值后的脉动风速序列进行修正，以此避免湍流的插值耗散。

3.1.2.3 四类标准地貌湍流大气边界层风场模拟

基于上述四类方法，生成 A、B、C、D 四类标准地貌条件下三个方向的风速时程信号。为便于对比，所有模拟均采用完全相同的网格节点，节点分布和序号布置如图 3-3 所示。y 和 z 分别为横风向和竖向，横向上，定义[-100 m, 100 m]范围内均匀分布的 5 个节点；竖向上，定义[1 m, 300 m]范围内渐变率为 1.11 的 10 个节点。节点的排序方案为：先按 z 坐标由小到大排序，再按 y 坐标由小到大排序。

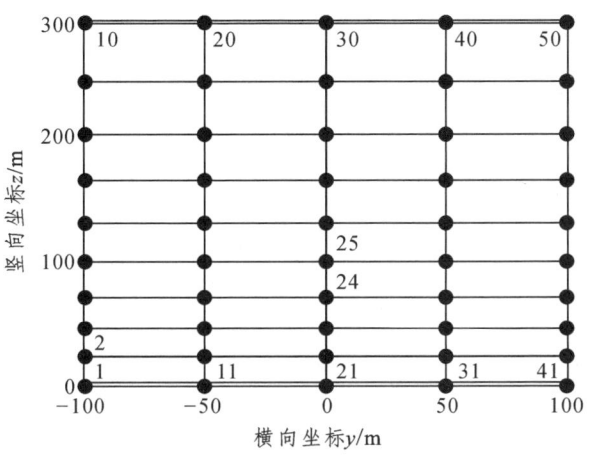

图 3-3 入口面节点分布及排序

平均风速剖面满足指数律剖面，A、B、C、D 四类标准地貌的指数律系数分别为 0.12、0.15、0.22、0.30。参考高度取 10 m，参考高度的平均风速 U_{10} 为 12 m/s。脉动风速剖面满足负指数律剖面，A、B、C、D 四类标准地貌的指数律系数分别为-0.12、-0.15、-0.22、-0.30。10 m 参考高度处的名义湍流强度 I_{10} 分别为 0.12、0.14、0.23、0.39。由于标准地貌的平均风速剖面和湍流强度剖面的指数系数互为相反数，所以其脉动风速标准差随高度不变。顺风向的脉动风速标准差 $\sigma_u = U_{10}I_{10}$，顺风向、横风向、竖向的脉动风速标准差比值为 1∶0.88∶0.5。顺风向的湍流积分尺度为 $L_u(z) = 100(z/30)^{0.5}$，顺风向、横风向、竖向的湍流积分尺度比值为 1∶0.7∶0.7。

模拟的时间步长 $\Delta t = 1$ s。数字滤波法中，样本长度为 2^{14}，阶数为 3。谐波合成法中，频率分段数 $N_w = 2^{10}$。CDRFG 中，随机频率数 $N = 50$，频率分段数 $M = 100$，样本长度为 2^{13}，空间衰减系数 $C = 1.5$，特征长度 $D = 200$ m。

基于上述设定，模拟 A、B、C、D 四类标准地貌的脉动风速入口。为便于直观理解，后续均对比 $y = 0$ 位置的剖面信息。

3.1.2.4 湍流大气边界层模拟对比分析

针对上述方法生成的湍流大气边界层三维脉动风场进行对比分析，主要包括平均风速剖面、湍流强度剖面、脉动风速功率谱以及风速时程互相关性。

1）平均风速剖面

整理生成的四类标准地貌的顺风向平均风速剖面如图 3-4 所示。由于模拟时给定的 10 m 参考高度处的平均风速为定值，所以随着地面粗糙度的增加，距离地表越高的位置平均风速越大。由图可知，三类模拟方法生成的平均风剖面均与目标剖面十分吻合，这表明生成的脉动风场基本满足零均值的假定。

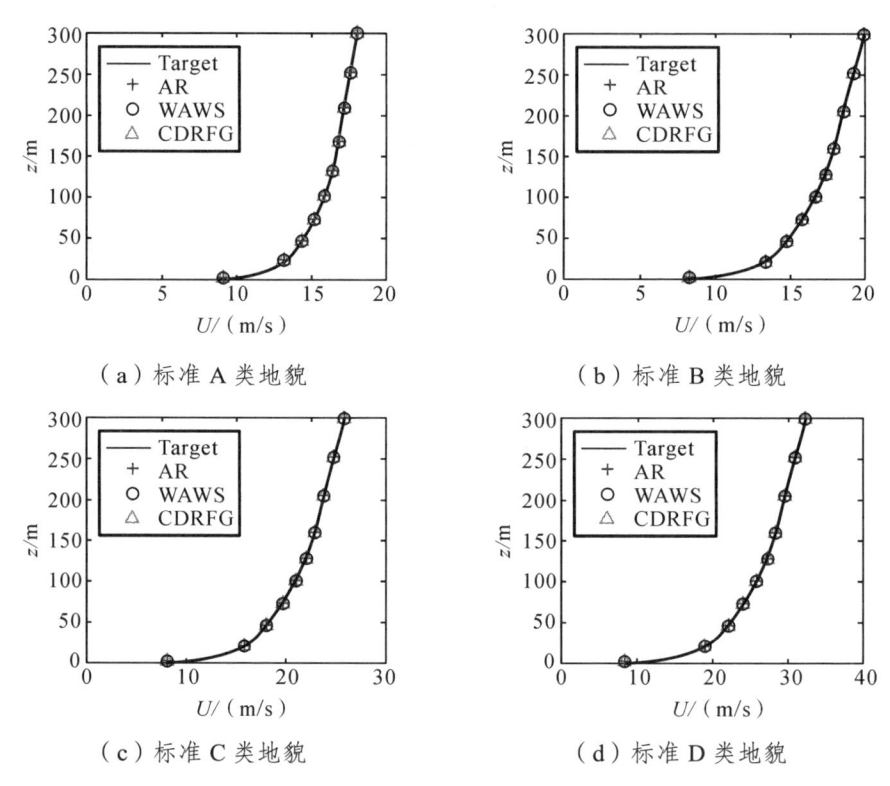

图 3-4　标准地貌的顺风向平均风速剖面

2）湍流强度剖面

整理生成的四类标准地貌顺风向、横风向、竖向的湍流强度剖面如图 3-5 至图 3-7 所示。由图可以看出，数字滤波法模拟精度最高，谐波合成法生成的湍流强度略高于目标剖面，CDRFG 法生成的湍流强度则略低于目标剖面。整体而言，三类方法生成的三个方向的湍流强度剖面均与目标值较吻合。这表明，生成的脉动风速时程的标准差与目标值基本一致。

第 3 章 复杂地形风场湍流特性

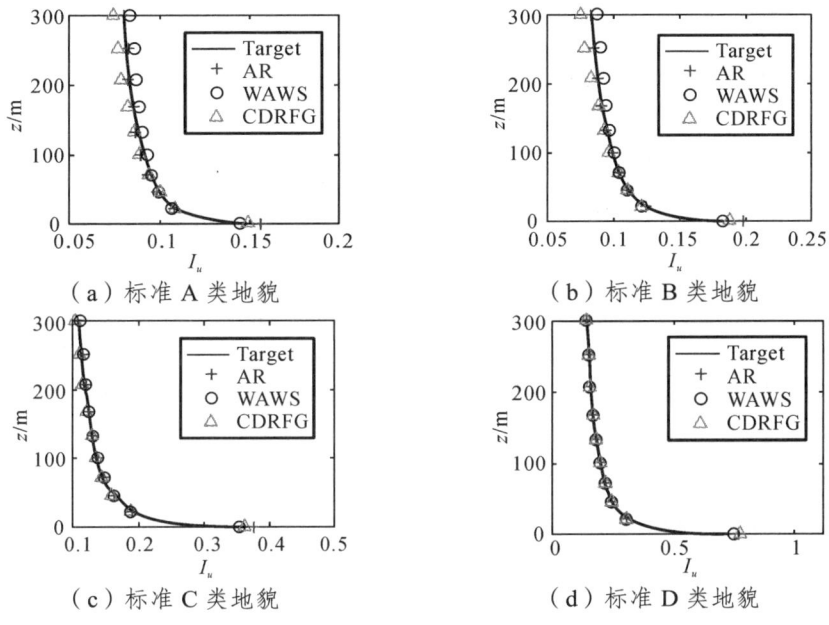

图 3-5 标准地貌的顺风向湍流强度剖面

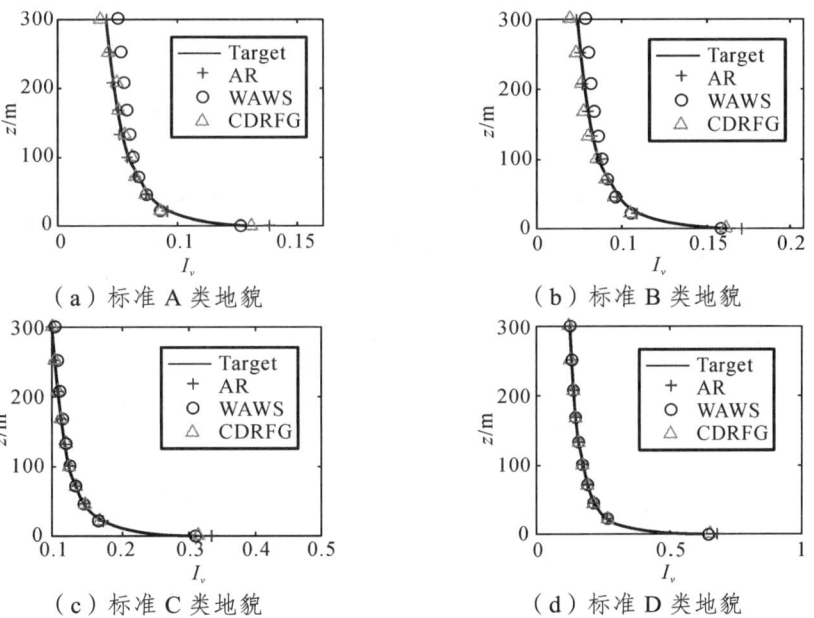

图 3-6 标准地貌的横风向湍流强度剖面

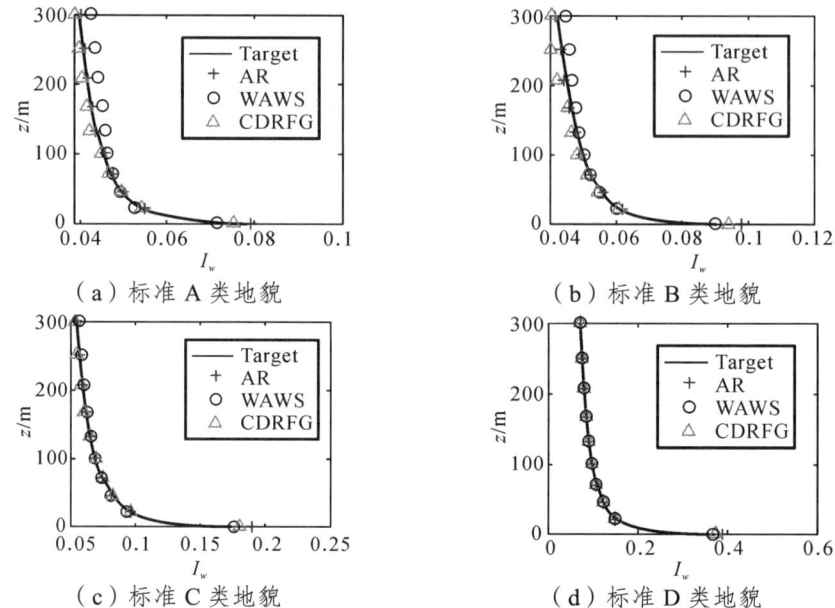

(a)标准 A 类地貌　　　　　　(b)标准 B 类地貌

(c)标准 C 类地貌　　　　　　(d)标准 D 类地貌

图 3-7　标准地貌的竖向湍流强度剖面

3）脉动风速功率谱

整理生成的四类标准地貌顺风向、横风向、竖向的脉动风速功率谱如图 3-8 至图 3-10 所示，此处选择距离地面 100 m 高度的 25 号节点作为示例。由图可以看出，数字滤波法生成的风速谱在低频时与目标谱吻合较好，但在高频上有很大的高估。谐波合成法生成的风速谱在低频和高频均与目标谱吻合较好。CDRFG 法生成的风速谱在高频吻合较好，但有一定的波动及高估，且在低频上有缺失。整体而言，数字滤波法生成的脉动风速功率谱效果较差，谐波合成法和 CDRFG 法效果较好，其中谐波合成法整体表现最佳。

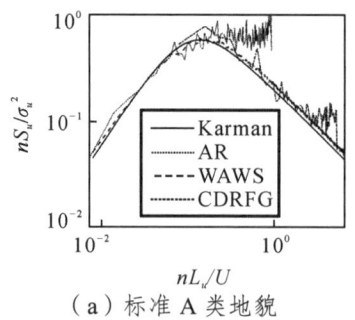
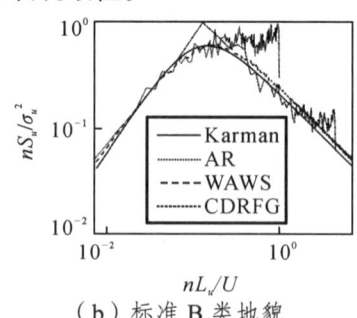

(a)标准 A 类地貌　　　　　　(b)标准 B 类地貌

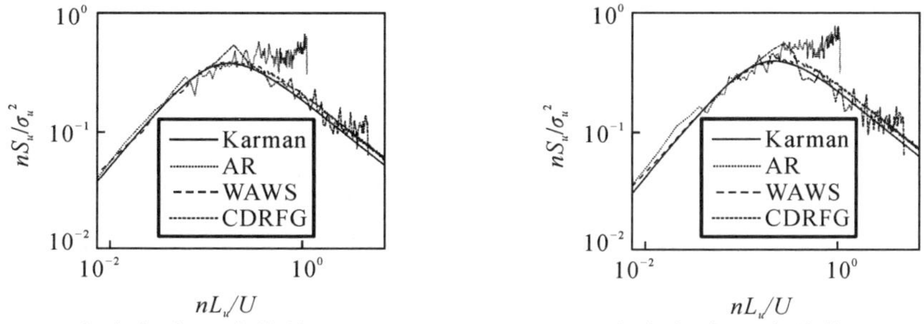

（c）标准 C 类地貌　　　　　　　　（d）标准 D 类地貌

图 3-8　标准地貌的顺风向脉动风速功率谱——25 号节点

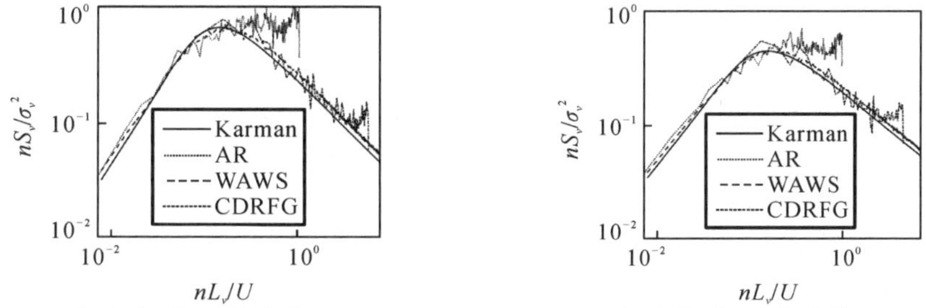

（a）标准 A 类地貌　　　　　　　　（b）标准 B 类地貌

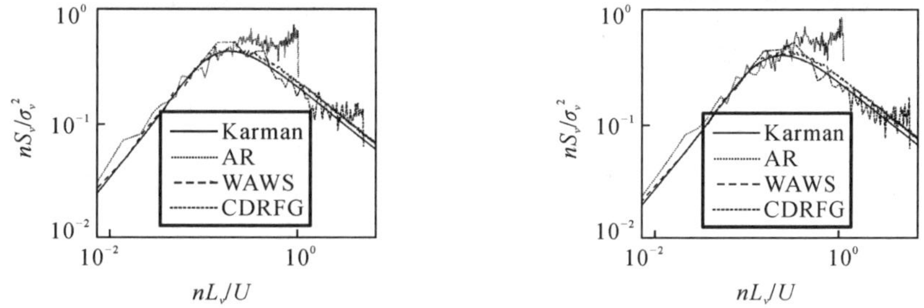

（c）标准 C 类地貌　　　　　　　　（d）标准 D 类地貌

图 3-9　标准地貌的横风向脉动风速功率谱——25 号节点

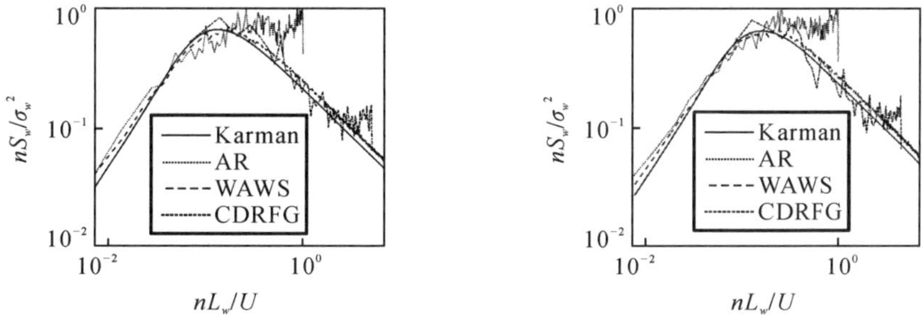

（a）标准 A 类地貌　　　　　　　　（b）标准 B 类地貌

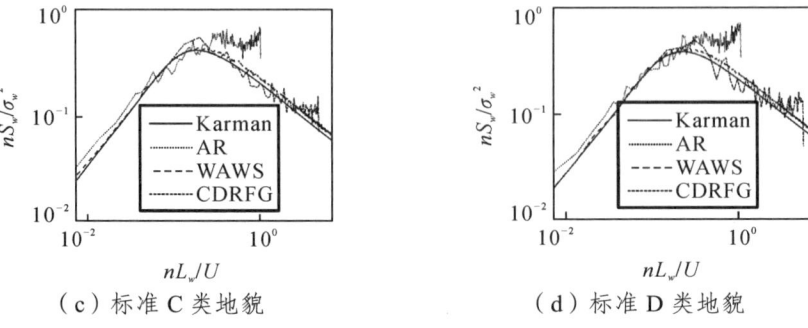

(c)标准 C 类地貌　　　　　　　(d)标准 D 类地貌

图 3-10　标准地貌的竖向脉动风速功率谱——25 号节点

4）风速时程相关性

整理生成的四类标准地貌顺风向、横风向、竖向的脉动风速时程互相关性如图 3-11 至图 3-13 所示，此处选择距离地面 100 m 高度附近的 24 号和 25 号节点作为示例。由图可以看出，数字滤波法和 CDRFG 法模拟生成的脉动风速时程互相关性波动性较大，谐波合成法较为稳定。数字滤波法的模拟结果与目标曲线偏离较大，CDRFG 和谐波合成法较为吻合，但 CDRFG 波动过于巨大。因此，整体上来看，谐波合成法生成的脉动风速时程的相关性最满足目标要求。

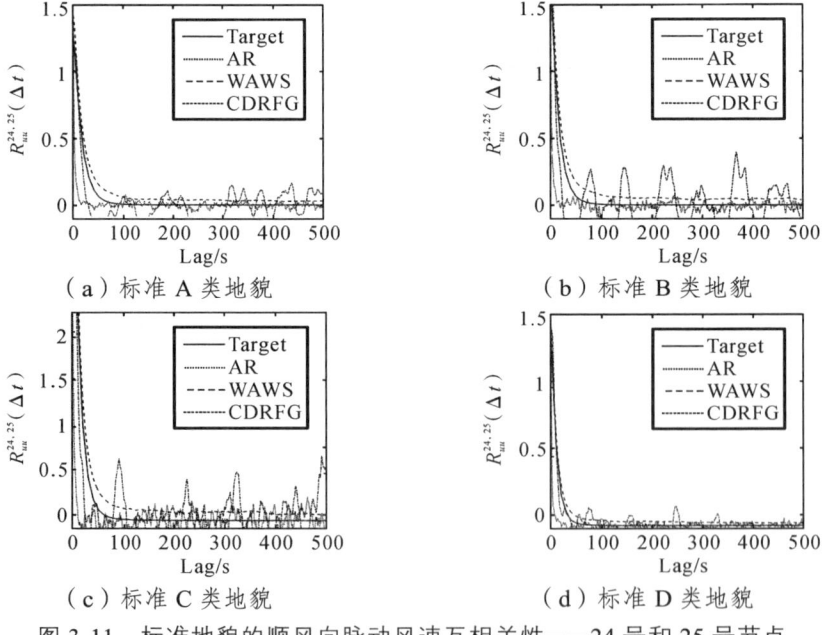

(a)标准 A 类地貌　　　　　　　(b)标准 B 类地貌

(c)标准 C 类地貌　　　　　　　(d)标准 D 类地貌

图 3-11　标准地貌的顺风向脉动风速互相关性——24 号和 25 号节点

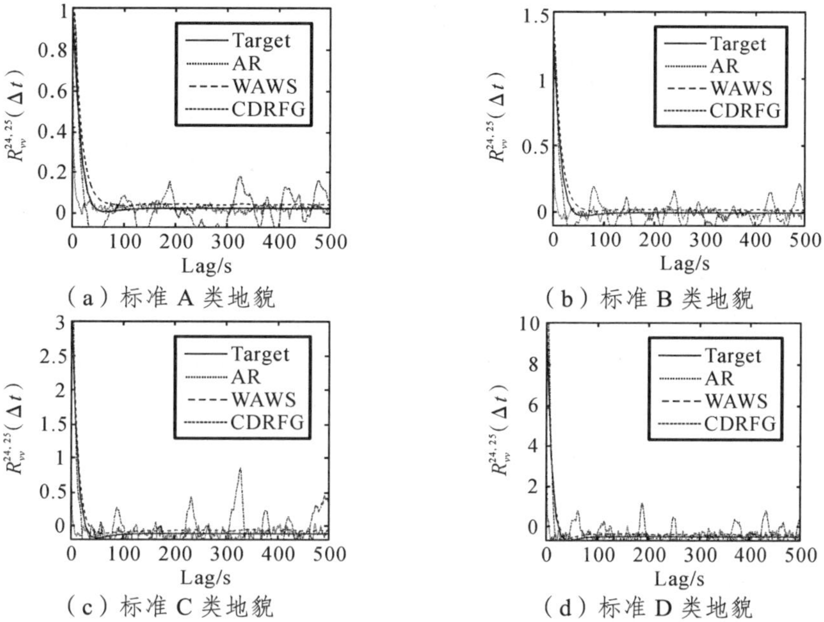

第 3 章 复杂地形风场湍流特性

图 3-12 标准地貌的横风向脉动风速互相关性——24 号和 25 号节点

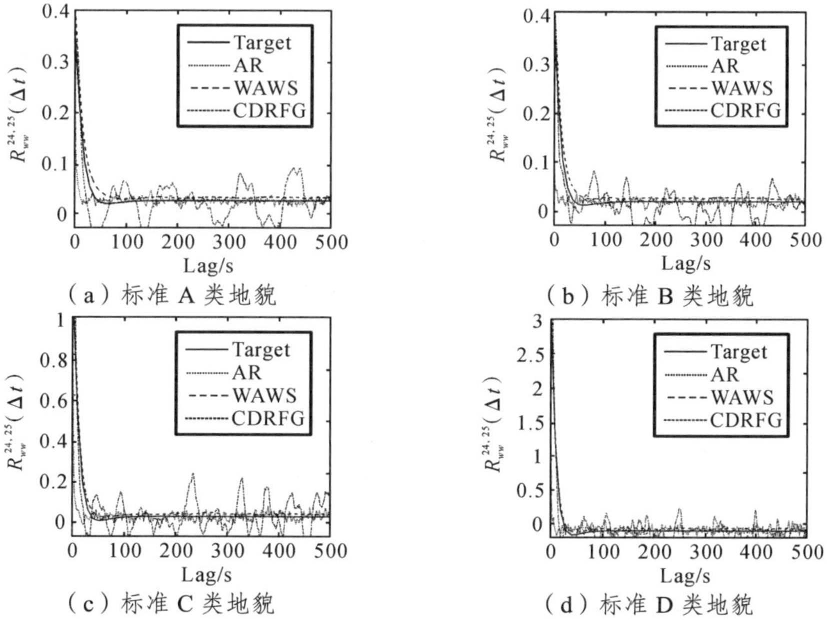

图 3-13 标准地貌的竖向脉动风速互相关性——24 号和 25 号节点

综上,从平均风速剖面、湍流强度剖面、脉动风速功率谱和风速时程互相关性来看,谐波合成法的模拟效果整体最佳。因此,选择利用谐波合成法来生成复杂地形风场大涡模拟所需的脉动风速入口条件。

然而,由于谐波合成法需要针对矩阵进行乔列斯基分解,当网格节点超过 200 时,计算所需的内存和耗时都很大。特别是对于复杂地形大涡模拟而言,入口面的节点数量通常超过 1 万,此时如果仍然针对所有节点进行直接模拟,计算机通常难以支撑。因此,可以先生成粗网格节点的脉动风速时程,然后利用双线性插值来计算入口面每个节点的脉动风速时程。但直接插值将导致湍流的插值耗散,由此提出了基于时程互相关性的改进谐波合成法。下面将针对改进谐波合成法进行模拟精度验证。

3.1.2.5 改进谐波合成法对比分析

以谐波合成法生成的标准 A 类地貌大气边界层湍流风场为例,插值得到 $y = 25$ m 切面的不同高度网格节点的脉动风速时程。图 3-14 是基于双线性插值后的脉动风速标准差 σ_u 剖面修正前后对比图。由图可以看出,二维双线性插值导致脉动风速标准值减小了 15%~30%,而经过时程互相关修正后的脉动风速标准差与原始数据基本吻合,表明提出的改进谐波合成法可以有效弥补由线性插值导致的湍流耗散。

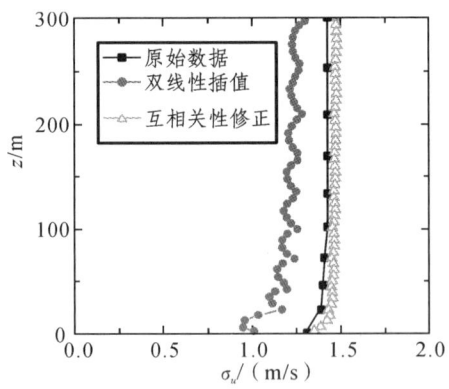

图 3-14　顺风向脉动风速剖面修正前后对比图

图 3-15 是距离地面 100 m 高度的顺风向脉动风速功率谱对比图。由图可以

看出，基于时程互相关性修正的改进谐波合成法得到的脉动风速功率谱与目标 Karman 谱较吻合。

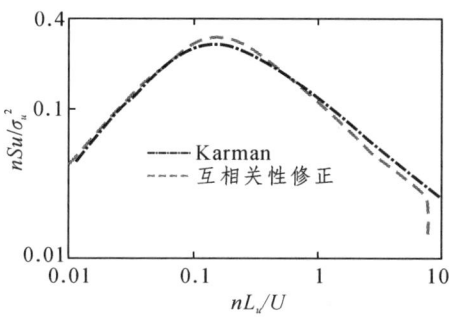

图 3-15　离地 100 m 高度的顺风向脉动风速功率谱

图 3-16 是距离地面 100 m 高度的顺风向脉动风速自相关函数对比图。由图可以看出，经过时程互相关性修正后的顺风向脉动风速自相关函数在零点与目标值完全一致，且整体与目标值较吻合。

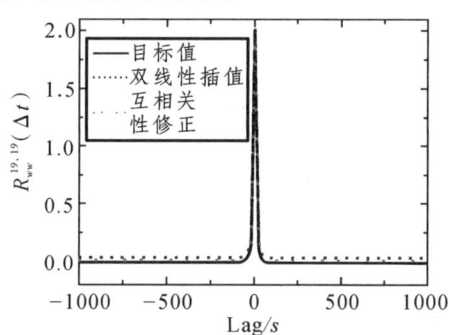

图 3-16　离地 100 m 高度的顺风向脉动风速自相关函数

横风向和竖向脉动风速的修正方法和顺风向相同，此处不再赘述。由此可见，提出的改进谐波合成法不仅能够极大程度减少计算量、提高模拟效率，而且在模拟精度上仍有较好的保证。因此，后续大涡模拟的湍流入口可基于提出的时程互相关性修正的改进谐波合成法而生成。

3.2　三维山丘风场湍流特性

由于实际地形的风场特性极其复杂，学者大多先分析湍流大气边界层风场流经简单地形条件的湍流风特性,如二维山丘和三维山丘。本节以三维山丘为研究对象,利用上述提出的改进谐波合成法生成湍流大气边界层风场大涡模拟所需的脉动风速入口条件,然后分别基于谱元法和有限体积法,展开数值分析,研究三维山丘风场的湍流特性,为实际复杂地形风场环境分析奠定可靠保障。

3.2.1 三维山丘地形模型

为分析不同山体形状下风场湍流特性的差异,选择两种不同坡度的三维山丘地形模型作为研究对象,分别对应平缓山丘地形模型和陡峭山丘地形模型。下面针对这两种三维山丘地形模型进行详细介绍。

3.2.1.1 平缓三维山丘地形模型

三维山丘地形模型的几何外形采用余弦函数,其表达式如下:

$$z = H\cos^2\left(\frac{\pi\sqrt{x^2+y^2}}{2L}\right) \quad (3\text{-}49)$$

式中,x, y, z 分别表示顺风向、横风向、竖向;H 表示山体的高度;L 表示山体的宽度。

Finnigan 研究发现,二维山体的背风面发生稳定分离再附的临界坡度为 16°,即当山体坡度大于 16°时,在山体背风区将发生稳定的旋涡脱落和再附。当将二维山体扩展为三维时,发生稳定旋涡分离再附所需的临界坡度将增大。为了区分这一现象,以 16°为临界,分别上下取两个角度。

对于平缓的三维山丘地形模型,命名为模型 1。山体高度 H_1 为 100 m,山体宽度 L_1 为 750 m。该山体的最大坡度为 12°,在山体背风区预计不会发生稳定的旋涡分离再附现象。

3.2.1.2 陡峭三维山丘地形模型

对于陡峭的三维山丘地形模型,命名为模型 2。山体高度 H_2 为 80 m,山体宽度 L_2 为 250 m。该山体的最大坡度为 29°,远超过上述的临界坡度,因此在山体背风区预计存在显著的旋涡分离再附现象。

3.2.2 三维山丘地形风洞试验

针对上述两种不同特征的三维山丘地形模型进行湍流大气边界层风场风洞试验，试验结果可为湍流风场大涡数值模拟提供很好的验证分析研究。本节将介绍三维山丘地形风洞试验的相关内容。

3.2.2.1 风洞实验室

本次三维山丘地形模型的风洞试验在北京交通大学结构风工程与城市风环境北京市重点实验室完成。该实验室具有 BJ-1 回流式风洞，主要用于大气边界层内环境风工程试验、单个建筑物或建筑群的测力测压以及桥梁工程节段模型分析。BJ-1 回流式风洞具有高速和低速两个试验段，如图 3-17 所示。其中低速试验段横截面尺寸为 5.2 m×2.5 m×14 m（宽×高×长），满足一般复杂地形模型的布置和阻塞比要求。

实验室配套了完善的测试仪器和设备，包括澳大利亚公司生产的 Cobra Probe 眼镜蛇风速仪和三维移侧架等，如图 3-18 所示。Cobra 眼镜蛇的采样频率最高为 2500 Hz，能够同时测量三个方向的脉动风速时程信息。三维移侧架则可自动将眼镜蛇移动到指定位置，实现空间多点的风资源测量需求。

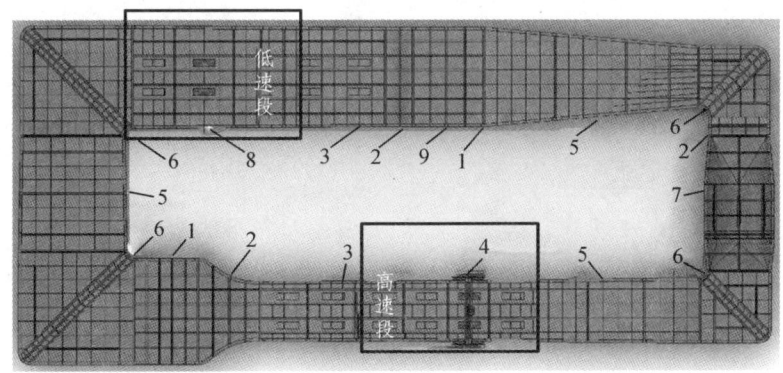

1—稳定性；2—收缩段；3—发展段；4—高速试验段；5—扩散段；
6—拐角；7—动力段；8—低速试验段；9—纱网

图 3-17 北京交通大学 BJ-1 回流风洞实验室

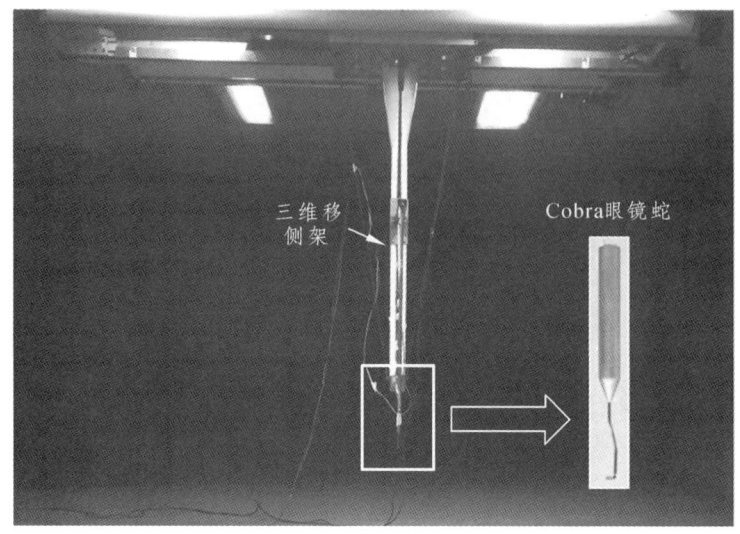

图 3-18　北京交通大学 BJ-1 回流风洞低速试验段风场测量配套设备

3.2.2.2　三维山丘地形模型制作

采用泡沫材料制作 3.2.1 节所述的两种三维山丘地形模型,如图 3-19 所示。将三维山丘模型分别放置在风洞洞体内,然后结合三维移侧架和 Cobra 眼镜蛇,即可测量山丘地形风场的脉动风速数据。

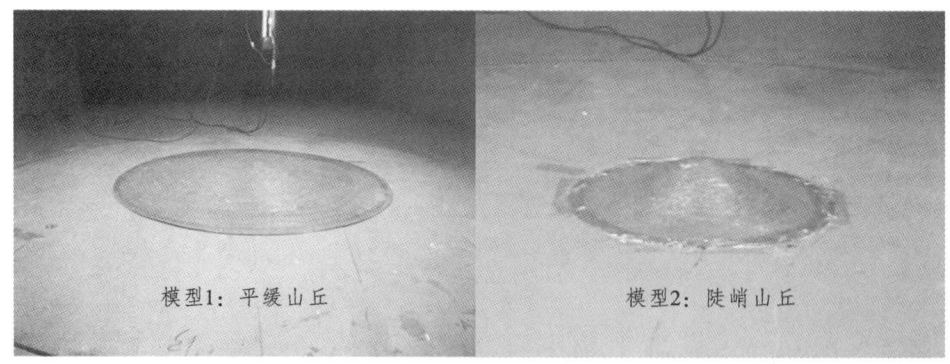

图 3-19　风洞试验中的三维山丘地形模型

3.2.2.3　来流风条件

在风洞试验中,通常利用尖劈、粗糙元和地毯等,被动模拟得到满足目标湍流大气边界层风特性的来流条件，然后将地形模型布置在指定区域，即可分析地形对于风场的影响。将三维山丘模型布置在可旋转的木制圆盘上，容易实现不同来流风向条件的风场模拟，如图 3-20 所示。

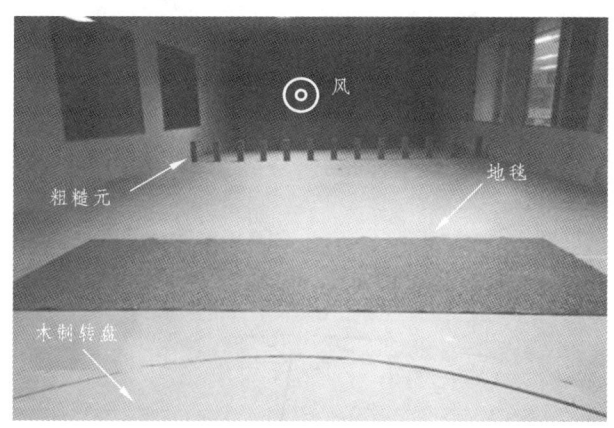

图 3-20　风洞试验来流模拟与模型布置

此处选择我国《建筑结构荷载规范》（GB 50009—2012）中的标准 B 类地貌为模拟目标，其风剖面指数系数为 0.15，梯度风高度为 350 m。模型缩尺比选择 1∶1000，参考高度 z_r 选择梯度风高度，即对应风洞中的 0.35 m 离地高度。参考高度处的平均风速为 U_r = 3.87 m/s。流场的特征长度为 H = 0.1 m，对应的雷诺数 $Re = UL/\nu$ = 3.21×0.1/1.4607×10^{-5} = 2.2×10^4。显然，该雷诺数远超过管道流动中湍流的临界值 4000，因此流场状态的湍流特征明显。

风洞试验中模型的阻塞比要求不能超过 5%，否则风洞洞体的壁面效应将对风场产生较大的影响，使得模拟结果失真。此处的两个三维山丘地形模型的阻塞比均小于 3%，因此满足风洞试验的模型阻塞比要求。

将风洞试验模拟的来流条件与规范中的标准 B 类地貌进行对比，绘制结果如图 3-21 和图 3-22 所示。由图可以看出，风洞试验测得的平均风速剖面和湍流强度剖面均与规范中的标准 B 类地貌比较吻合。同时，以参考高度位置的风速时程为例，其脉动风速功率谱与目标 Karman 基本一致。这表明，风洞试验模拟得到的来流条件与标准 B 类地貌的风场条件基本一致，为后续三维山丘地形模型和实际复杂地形模型的风场测量提供了科学保障。

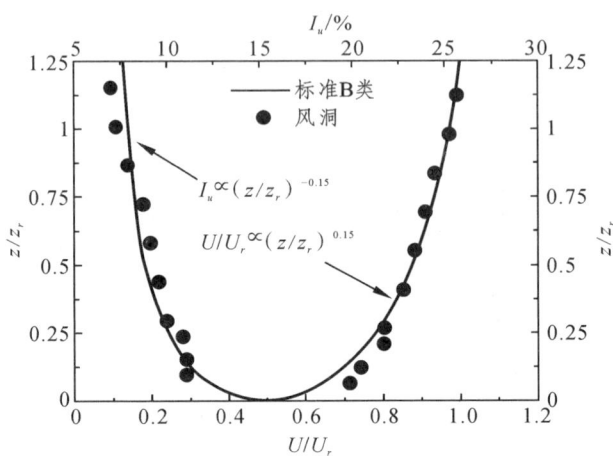

图 3-21 风洞试验来流顺风向平均风速剖面和湍流强度剖面

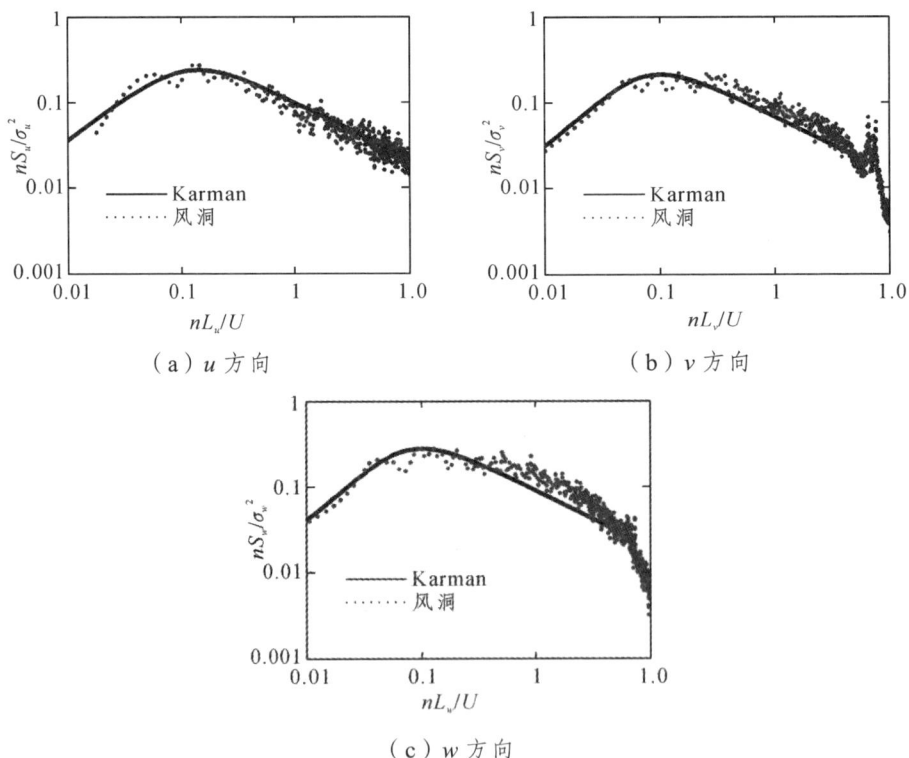

(a) u 方向

(b) v 方向

(c) w 方向

图 3-22 风洞试验来流顺风向、横风向和竖向脉动风速功率谱

3.2.2.4 三维山丘地形模型测点布置

两个三维山丘地形模型风洞试验的测点布置如图 3-23 所示。对于平缓三维山丘地形，测点共布置了 7 个，从左至右包括 AW3、AW2、AW1、A、AE1、AE2 和 AE3，间隔为 $2.5H$，其中 H 为 3.2.1 节所述的特征长度。由于移侧架位置的限制，在 x/H 为 10 和 12.5 的位置没有布置测点，但在后续的数值模拟中仍进行了对比分析。对于陡峭三维山丘地形，测点共布置了 8 个，从左至右包括 AW2、AW1、A、AE1、AE2、AE3、AE4 和 AE5，间隔为 $1.25H$。

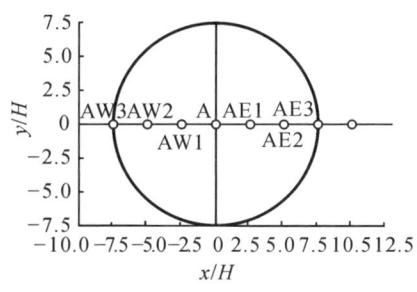

（a）平缓三维山丘地形

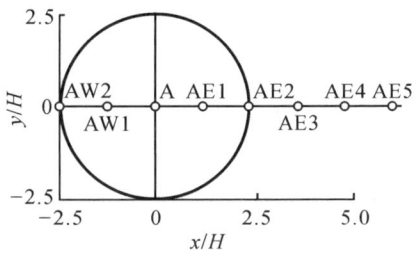

（b）陡峭三维山丘地形

图 3-23 三维山丘地形模型风洞试验测点布置图

针对每个测点，均测量了距离地面不同高度的脉动风速信息，最高高度达 $4H$。由此，可获取风洞试验中不同空间位置的风剖面信息，以便后续分析山丘地形对风场湍流特性的影响。

3.2.3 三维山丘地形风场湍流数值模拟

针对上述两种不同坡度的山丘地形模型，利用数值模拟方法预测风场的湍流分布特性。选取了谱元法和有限体积法这两种不同的数值方法，进行湍流大气边界层风场的数值模拟。下面将详细阐述三维山丘地形湍流风场数值模拟中的详细流程及参数设定等。

3.2.3.1 数值模拟计算平台简介

本节选取了基于谱元法的开源平台 Nek5000 和基于有限体积法的商用软件 Fluent，用于模拟湍流大气边界层流经三维山丘地形时的风场分布情况。下面针对这两个计算平台进行简单介绍。

1) Nek5000

Nek5000 是谱元法的一个开源平台（https://nek5000.mcs.anl.gov/），它基于 C 语言和 Fortran 语言混合编写而成。平台采用了静力凝聚算法（static condensation）将各个单元内部节点和边界节点区分开，因此在并行计算上非常高效，大大缩减了并行计算的耗时。同时，平台还提供了便捷的单元变形处理模式，可以进行用户自定义以生成特定需求的网格。Nek5000 开源平台对于各类问题的依赖性很小，非常适用于解决不可压缩流体、磁流体力学和热交换等低马赫数的流场模拟问题。

2) Fluent

Fluent 是目前国内外使用最广、最流行的商用 CFD 软件包之一，它采用了基于完全非结构化网格的有限体积法，内置了多种丰富而先进的湍流模型，具有强大的网格支持能力。软件采用了 C/C++ 语言编写，提供了友好的用户界面，用户操作方便。最值得一提的是，软件为用户提供了二次开发接口（UDF），用户可根据自己的需求很方便地进行编写，可以实现控制方程的自定义、湍流模型的修正、湍流入口的读取与定义等众多强大的功能。Fluent 软件适用于从不可压到可压、从低速到高超音速、从单相流到多相流等几乎所有与流体相关的领域。

3.2.3.2　三维山丘地形数值模型建立

在 Nek5000 开源平台中，为用户提供了便捷的网格变形功能。用户可首先针对长方体的 box 生成规则的六面体网格，作为背景网格。然后结合山体形状函数进行变换，将靠近山体附近的网格坐标转换为贴体坐标（body-fitted coordinate）。以三维山丘地形为例，变换规则如下：

$$z'_{\text{grid}} = \begin{cases} z_{\text{grid}}\left(1 - \dfrac{z_{\text{hill}}}{5H}\right) + z_{\text{hill}}, & z_{\text{hill}} < 5H \\ z_{\text{hill}}, & z_{\text{hill}} \geq 5H \end{cases} \quad (3\text{-}50)$$

式中，z_{hill} 表示山体的地形高度；z_{grid} 表示原始节点的 z 坐标；z'_{grid} 表示网格节点根据地形贴体变形后的 z 坐标。

以陡峭三维山丘地形模型为例，利用上面的规则将规则的六面体网格变换为贴体网格，如图 3-24 所示。可以发现，该变换方式既可以有效保留原网格的基本信息，又能根据实际地形进行贴体变换，从而反映真实的山丘地貌特征。

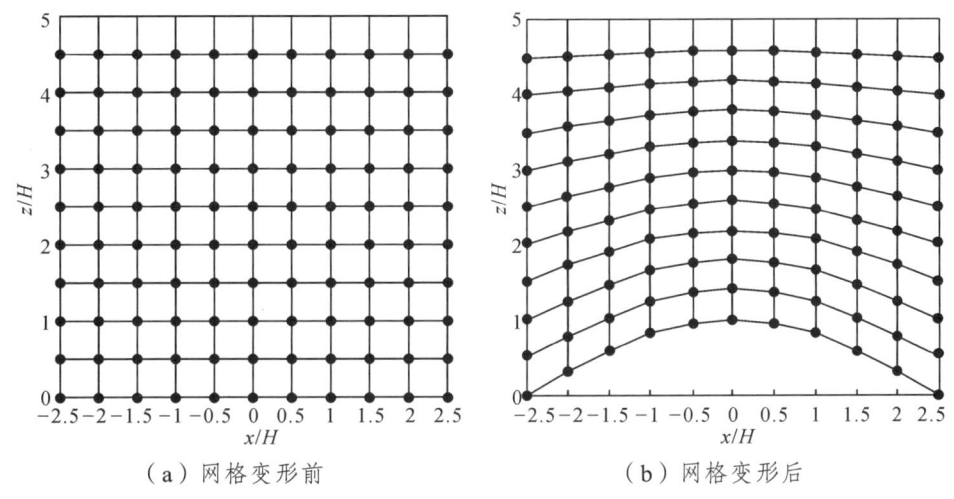

图 3-24 陡峭山丘地形在 $y=0$ 切面处的变形前后网格坐标

Fluent 商用软件中，需要首先利用其他软件生成待模拟的网格，然后再进行相应的数值模拟。常用的网格划分工具包括 ICEM 和 Gambit 等，其中 Gambit 目前已经不再更新，且能够承受的网格量较为有限，当网格数量达到几百万以上时，软件可能面临崩溃的风险。而 ICEM 则已与 Fluent 软件一起被嵌入 ANSYS 软件中，具有较好的应用市场，目前使用较广。下面以 ICEM 软件为例，阐述三维山丘地形模型数值建模的流程。

1）三维点云坐标

利用 MATLAB 编程生成三维山丘地形表面的三维点云坐标文件。为便于处理，点云的间距取值相同，文件格式保存为 .dat。

2）导出 .igs 文件

利用 Imageware 软件读取点云坐标文件，对点云进行光顺处理后，生成 2.5D

网格,导出.igs 格式文件;也可以对光顺处理后的点云进行自由曲面拟合,然后导出.igs 格式文件,该方法的前提是拟合得到的自由曲面必须满足一定的精度要求。

3) 网格划分

利用 ICEM 软件打开导出的.igs 格式文件,根据三维山丘地形的特点,在四周设定合理的发展区域,然后进行网格划分,生成.msh 文件。该文件导入 Fluent 软件后即可进行相应的数值模拟。

3.2.3.3 三维山丘地形风场数值模拟计算域与网格划分

在利用谱元法进行三维山丘地形风场数值模拟时,两种山丘地形的计算域大小相同,均为 $40H \times 40H \times 15H$,但网格划分有所差异。对于平缓三维山丘地形模型,将计算域划分为 $24 \times 18 \times 14$ 共 6 048 个单元,插值阶数 $P = 5$,如图 3-25 所示。在顺风向 x 方向,将山体划分为 12 个均匀单元,山体到入口划分为渐变率 1.15 的 5 个单元,山体到出口划分为渐变率 1.1 的 7 个单元。在横风向 y 方向,将山体划分为 10 个均匀单元,两侧划分为渐变率 1.4 的 4 个单元。在竖向

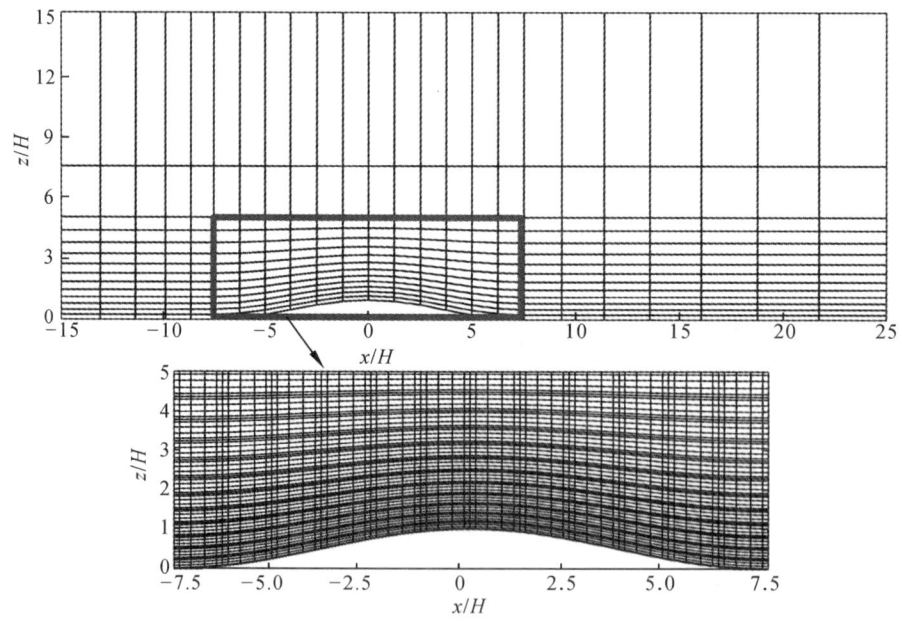

图 3-25 平缓山丘地形在 $y=0$ 切面处的谱元法单元划分及细部节点分布

z 方向，将地面到 $5H$ 高度划分为渐变率 1.09 的 12 个单元，$5H$ 高度以上划分为渐变率 3 的 2 个单元。

对于陡峭三维山丘地形模型，将计算域划分为 26×20×14 共 7 280 个单元，插值阶数 $P = 5$。在顺风向 x 方向，将山体划分为 10 个均匀单元，山体到入口划分为渐变率 1.25 的 4 个单元，山体到出口划分为渐变率 1.18 的 12 个单元。在横风向 y 方向，将山体划分为 8 个均匀单元，两侧划分为渐变率 1.5 的 6 个单元。竖向 z 方向的网格划分与平缓三维山丘地形模型完全相同。

为便于直观对比，将平缓三维山丘地形模型和陡峭三维山丘地形模型的谱元法单元按划分格式整理成表格，内容如表 3-1 所示。

表 3-1 谱元法中两种山丘模型的单元划分方式

方向	范围	（单元,渐变率）	
		平缓山丘地形	陡峭山丘地形
顺风向 x	$(-15H,-L)$	(5,1/1.15)	(4,1/1.25)
	$(-L,L)$	(12,1.0)	(10,1.0)
	$(L,25H)$	(7,1.1)	(12,1.18)
横风向 y	$(-20H,-L)$	(4,1/1.4)	(6,1/1.5)
	$(-L,L)$	(10,1.0)	(8,1.0)
	$(L,20H)$	(4,1.4)	(6,1.5)
竖向 z	$(0,5H)$	(12,1.09)	(12,1.09)
	$(5H,15H)$	(2,3.0)	(2,3.0)

针对平缓和陡峭三维山丘地形模型，基于有限体积法的商用软件 Fluent 的网格划分原则与谱元法类似，均是围绕山体附近进行网格加密。对于平缓三维山丘地形模型，划分为 126×91×71 共 81.4 万网格。对于陡峭三维山丘地形模型，划分为 127×97×71 共 87.5 万网格。

3.2.3.4 三维山丘地形风场模拟边界条件设定

三维山丘地形风场的大涡模拟，须给定合理的数值边界条件，才能得到正确的数值解。为了更好地对比湍流模型对风场模拟的影响，此处额外添加了有限体积法的雷诺时均模拟结果，湍流模型选择 Realizable k-ε。因此，数值模拟共有 3 个，即基于谱元法的大涡模拟、基于有限体积法的大涡模拟和基于有限体积法的雷诺时均模拟，分别记为 SEM-LES、FVM-LES、FVM-RANS。3 类数值模拟的边界条件设定如。

表 3-2　数值模拟中的边界条件设定

数值模式	边界	边界条件	设定方式
SEM-LES/ FVM-LES	入口	速度入口	读取三维脉动风速数据
	出口	自由出口	outflow
	两侧与顶部	对称边界	symmetry
	地面与山体	无滑移固壁	no-slip wall
FVM-RANS	入口	速度入口	指定入口风剖面
	出口	自由出口	outflow
	两侧与顶部	对称边界	symmetry
	地面与山体	无滑移固壁	enhanced wall treatment

雷诺时均模拟中需指定入口风剖面，详细如下：

$$U(z) = U_r \left(\frac{z}{z_r} \right)^{\alpha} \qquad (3\text{-}51)$$

$$I_u(z) = I_{10} \left(\frac{z}{z_{10}} \right)^{-\alpha} \qquad (3\text{-}52)$$

$$k(z) = (U(z)I_u(z))^2 \qquad (3\text{-}53)$$

$$\varepsilon(z) = \frac{(u^*_{\text{ABL}})^3}{\kappa(z+z_0)} \qquad (3\text{-}54)$$

式中，参数均可由风洞试验数据得到；u^*_{ABL} 表示地面摩擦速度，由图 3-21 可得其大小为 0.1770 m/s；$\kappa = 0.42$；$z_0 = 0.037$ mm。

上述边界条件中，难点在于大涡模拟中的三维脉动风速湍流入口数据的生成。

3.2.3.5 三维山丘地形湍流大气边界层入口生成

大涡模拟中的三维脉动风速入口数据可由谐波合成法生成,但由于入口节点数量过多,若全部生成所有节点的时程数据,计算量极大,且占用内存很高。因此,首先利用谐波合成法生成粗网格的时程数据,然后通过双线性插值得到入口节点的脉动风速,利用时程互相关性对插值后的时程进行修正。上述基于改进谐波合成法生成大涡模拟湍流入口边界条件的步骤如下:

(1)将入口区域划分为 $10(y) \times 20(z)$ 的粗网格,以参考高度处的风洞试验风参数为目标,时间步长 $\Delta t = 0.001$ s,频率分段数 $N_w = 2048$,截止频率 $\omega_{up} = \pi / \Delta t$。利用谐波合成法分别生成脉动风速时程 $u(t), v(t), w(t)$,生成的平均风剖面和脉动风速功率谱如图 3-26 和图 3-27 所示。

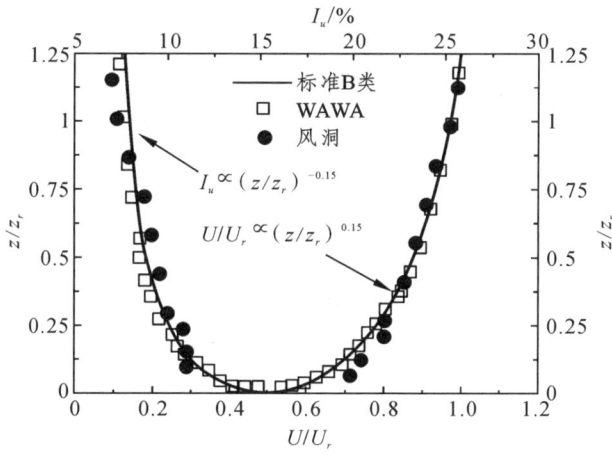

图 3-26 谐波合成法生成的顺风向平均风速剖面和湍流强度剖面

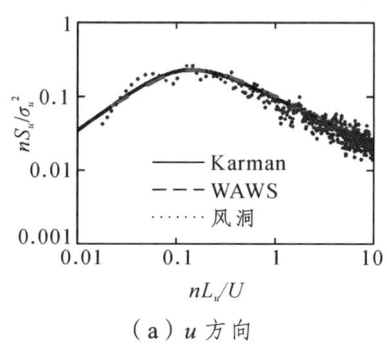

(a) u 方向

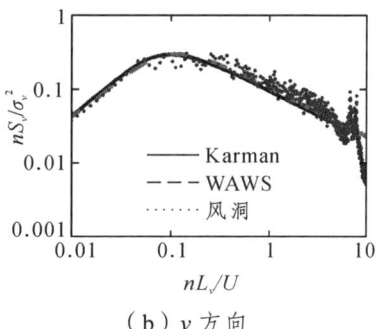

(b) v 方向

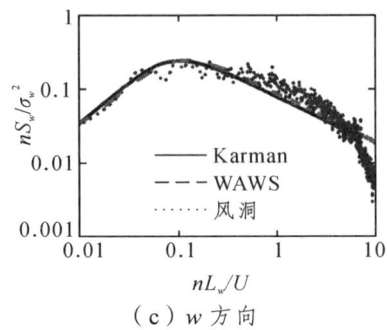

（c）w 方向

图 3-27　谐波合成法生成的顺风向、横风向和竖向脉动风速功率谱

（2）编写数值模拟的湍流入口边界条件代码，由粗网格时程双线性插值得到节点的脉动时程。

（3）导出入口节点的坐标，基于时程互相关性计算三维脉动风速的节点修正因子 $u_{r,\mathrm{fac}}$，$v_{r,\mathrm{fac}}$，$w_{r,\mathrm{fac}}$，对入口的三维脉动风速进行修正。

上述大涡模拟湍流入口边界条件设定的步骤，需针对谱元法和有限体积法分别编写函数和 UDF 文件来实现。

3.2.3.6　三维山丘地形风场模拟参数设定

在谱元法的大涡模拟中，选择 $P_N \times P_N$ 网格方案，GMRES 算法求解压力场，3 阶时间离散方案，对流项采用对流形式进行处理。速度场和压力场收敛的精度分别设定为 10^{-8} 和 10^{-5}，采用非定常求解器，时间步长取为 0.001 s，保证库朗数小于 1。每运行 40 步存储一次结果，8 s 后流场趋于稳定，对后 12 s 的模拟结果进行统计分析。此外，针对平缓三维山丘地形模型和陡峭三维山丘地形模型分别采用 26×20×14（$P=5$）和 20×14×10（$P=7$）的单元验证了网格无关性。

在有限体积法的大涡模拟中，采用 SIMPLE 算法求解速度-压力耦合场，亚格子模型选择 Dynamic Smagorinsky-Lilly，时间离散取 2 阶隐式，动量方程离散采用二阶差分格式。速度场和压力场的收敛精度分别为 10^{-3} 和 10^{-5}。此外，针对平缓三维山丘地形模型和陡峭三维山丘地形模型分别采用 164×107×101 和 179×111×101 的网格验证了网格无关性。

在有限体积法的雷诺时均模拟中，动量方程采用二阶迎风格式离散，时间离散为 1 阶隐式。速度场和压力场的收敛精度分别为 10^{-5} 和 10^{-6}。监控出口一定高度的顺风向风速，同时设定最大迭代步 3000，以此判断模拟结果是否趋于稳定。

3.2.4 三维山丘地形风场湍流特性分析

上述模拟在配置完全相同的服务器上运行。对于平缓三维山丘地形，基于谱元法的大涡模拟、基于有限体积法的大涡模拟以及基于有限体积法的雷诺时均模拟计算耗时分别为 16 h、34.5 h 和 0.5 h。对于陡峭三维山丘地形，耗时稍长，三种模拟的计算耗时分别为 23.2 h、40.5 h 和 0.5 h。从单位时间步单位节点的计算耗时来看，平缓三维山丘地形的三种模拟计算耗时分别为 $3.7×10^{-6}$ s、$7.6×10^{-6}$ s、$0.7×10^{-6}$ s，陡峭三维山丘地形的三种模拟计算耗时分别为 $4.4×10^{-6}$ s、$8.3×10^{-6}$ s、$0.7×10^{-6}$ s。为便于对比，此处的雷诺时均模拟时间步按照迭代步进行取值。可以发现，雷诺时均模拟的耗时远远小于大涡模拟，因为它舍弃了瞬态流场的模拟效果。谱元法的计算效率明显更高，是有限体积法的两倍。当然，这一结论仅限于上述两种算例，其网格量相对较小。当网格量超过两百万时，谱元法对于内存的需求急剧增加，计算效率也将大大降低。

3.2.4.1 三维山丘地形平均风场特性

平均流场信息可以直观展示流场的平均风特性，包括旋涡分离再附长度等。图 3-28 展示了平缓山丘地形和陡峭山丘地形在 $y=0$ 切面位置的平均流线图。由于平缓山丘地形的最大坡度为 12°，小于临界坡度，所以在山体的背风面没有发生稳定的分离，可以认为风是"贴"着山体流动的。对于陡峭山丘地形而言，其最大坡度为 29°，远远超过了临界坡度，所以在它的山体背风区域发生了显著的旋涡分离再附现象。流动从距离山顶 $0.8H$ 处开始分离，在背风区山脚发生再附，旋涡中心距离背风区地面高度约为 $0.2H$。

由图 3-28 可以看出，由于山体的加速效应，风速在山顶被放大了，这在陡峭山丘地形中效果更为显著。合理利用这一地形加速特点可以为风机选型提供科学依据。

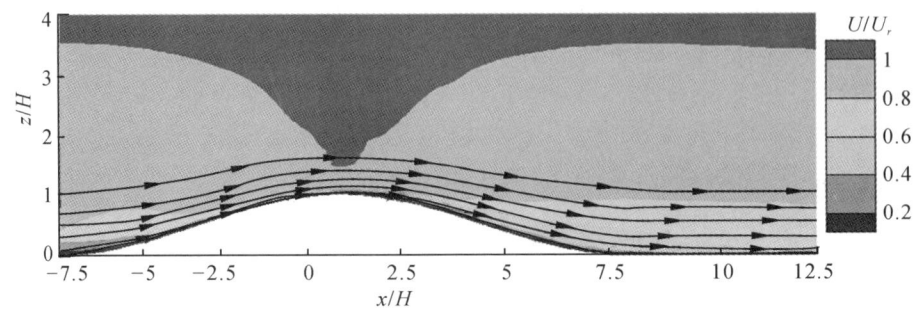

（a）平缓山丘地形

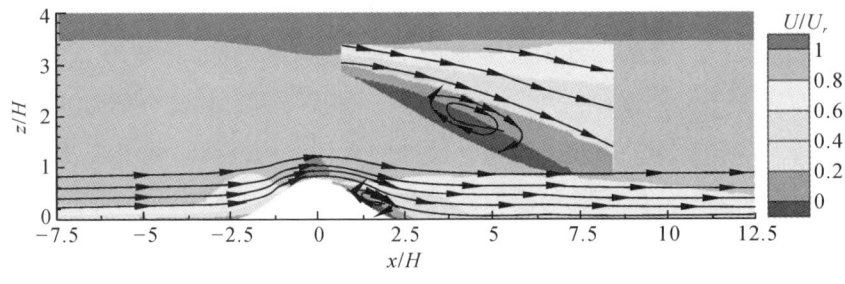

（b）陡峭山丘地形

图 3-28　三维山丘地形垂直切面 $y = 0$ 的平均流线图

上述流场分布信息很难从风洞试验中获得，因为需要布置的测量数量太多了，这也体现了数值模拟方法分析风场分布特性的优势。但是，数值模拟方法的精度验证是利用数值模拟展开复杂地形风资源分析的前提条件。因此，下面将数值模拟结果与风洞试验结果进行对比，以此验证本节提出的数值模拟方法的准确性与可靠性。

3.2.4.2　三维山丘地形湍流风特性

分析山地风场湍流特性对于风机排布方案优化和风机荷载特性计算至关重要。图 3-29 和图 3-30 展示了平缓三维山丘地形和陡峭三维山丘地形在 $y =0$ 切面位置的风场湍流分布特性，主要包括顺风向平均风速、顺风向脉动风速标准差、竖向平均风速以及竖向脉动风速标准差。数据同时展示了基于谱元法的大涡模拟、基于有限体积法的大涡模拟、基于有限体积法的雷诺时均模拟以及风洞试验结果,分别用 SEM-LES、FVM-LES、FVM-RANS 以及 Exp. 表示,后续不再赘述。

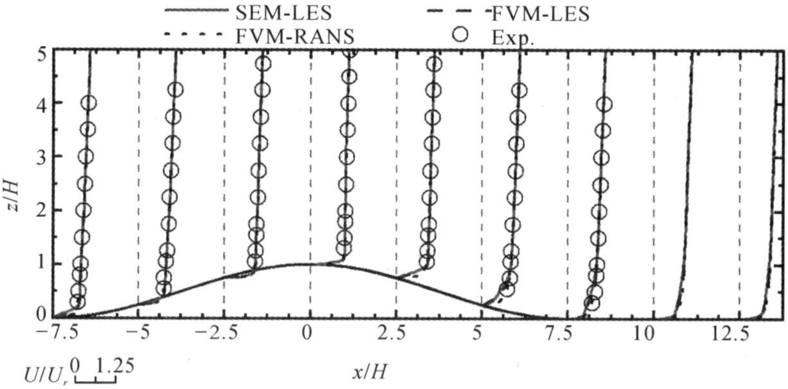

(a) 顺风向平均风速

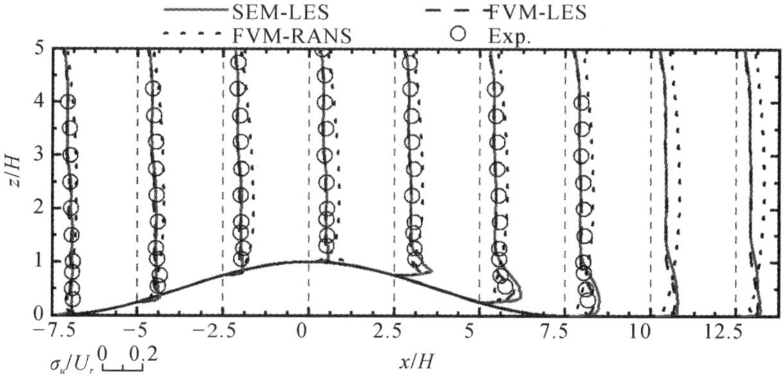

(b) 顺风向脉动风速标准差

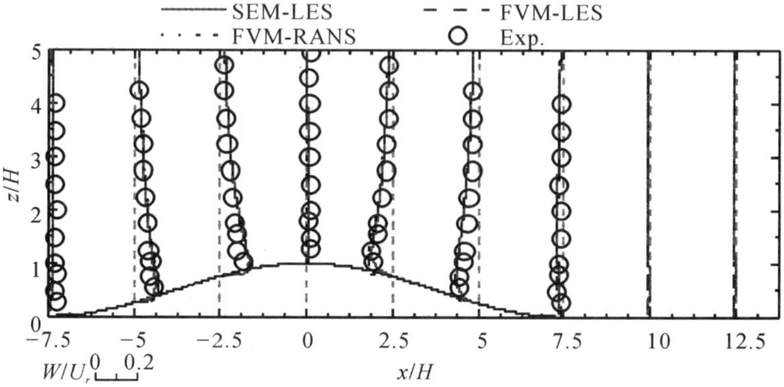

(c) 竖向平均风速

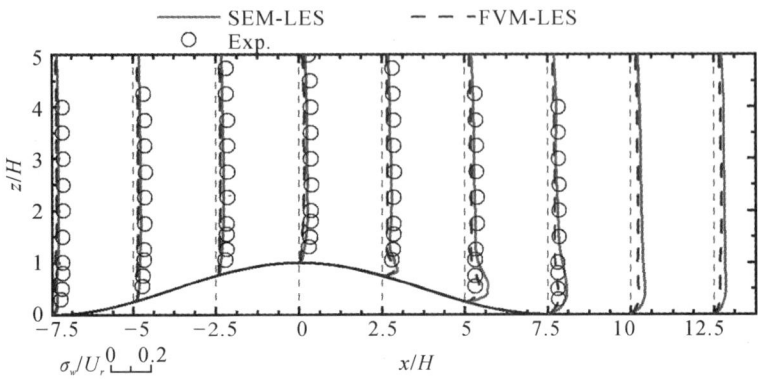

（d）竖向脉动风速标准差

图 3-29 平缓三维山丘在 $y=0$ 切面的风场湍流分布特性

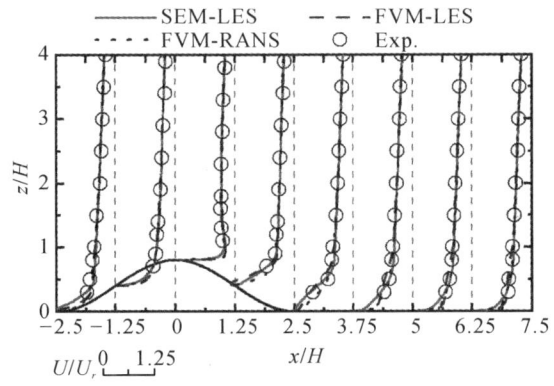

（a）顺风向平均风速

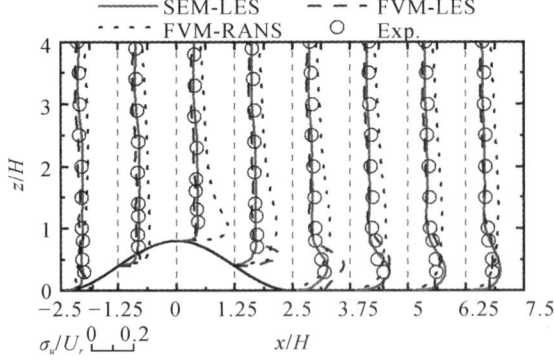

（b）顺风向脉动风速标准差

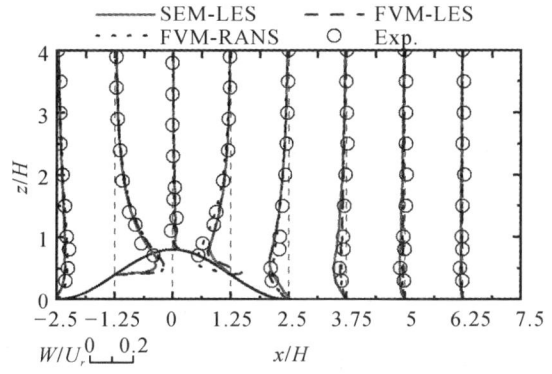

（c）竖向平均风速

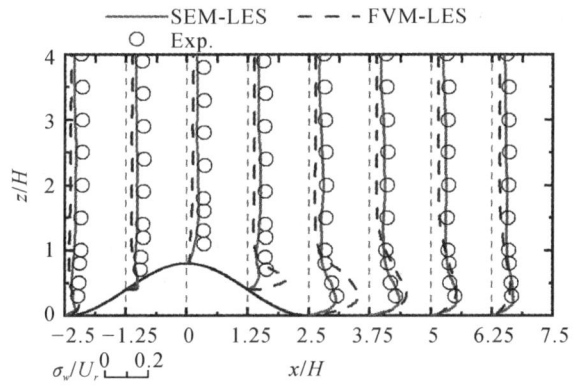

（d）竖向脉动风速标准差

图 3-30　陡峭三维山丘在 $y=0$ 切面的风场湍流分布特性

对于平缓三维山丘地形而言，基于谱元法的大涡模拟、基于有限体积法的大涡模拟以及基于有限体积法的雷诺时均模拟得到的顺风向和竖向平均风速分布均与风洞试验结果较为一致。基于谱元法的大涡模拟和基于有限体积法的大涡模拟得到的顺风向脉动风速标准差分布与风洞试验结果存在较小的差异，且前者在山体背风区的近地面对其存在一定的高估。基于有限体积法的雷诺时均模拟得到的顺风向脉动风速标准差仅在迎风山脚处与风洞试验结果较吻合，其余位置均存在较大的误差。针对竖向的脉动风速标准差分布，基于谱元法的大涡模拟与风洞试验结果较吻合，仅背风区近地面结果稍偏大，基于有限体积法的大涡模拟结果则整体稍偏小，特别是在迎风区，这可能是入口的湍流经过大气边界层发展后发生了耗散所导致的。

对于陡峭三维山丘地形而言，三种数值方法均能较好地预测顺风向和竖向平均风速分布。同样地，基于谱元法的大涡模拟和基于有限体积法的大涡模拟得到的顺风向脉动风速标准差分布与风洞试验结果较为吻合，其中后者在山体背风区的近地面存在一定高估。基于有限体积法的雷诺时均模拟得到的顺风向脉动风速标准差分布整体误差较大，特别是在山顶。基于谱元法的大涡模拟得到的竖向脉动风速标准差与风洞试验结果一致，而基于有限体积法的大涡模拟则整体存在一定的低估，在背风区近地面存在高估。

总体上，两种大涡模拟方法均能较好地预测湍流大气边界层流经三维山丘地形的平均风场和脉动风场分布特性。但二者均稍高估了山体背风区域的脉动风强度，这可能是由于生成的脉动风场与 N-S 方程不兼容，导致在山体背风区近地面的湍流作用被放大了。与大涡模拟相比，雷诺时均模拟能快速准确地预测山体地形的平均风场分布特性，但对于脉动风场的预测结果可能不太合理，特别是在山体迎风区和山顶位置，存在较大的误差。

3.2.4.3　三维山丘地形脉动风速功率谱特性

为了研究三维山丘地形整个区域旋涡运动的动力特性，将风洞试验和大涡模拟的结果与 Karman 脉动风速功率谱进行对比，结果如图 3-31 和图 3-32 所示。

结果表明，两种地形风洞试验的不同位置顺风向脉动风速功率谱与 Karman 谱均较吻合。然而，大涡模拟得到的顺风向脉动风速功率谱仅在频率低于 28 Hz 左右的区域与 Karman 谱较一致，当频率高于 28 Hz 时，大涡模拟对于脉动风速功率谱有一定程度的低估。这可能是因为大涡模型将尺度小于网格的涡过滤了，导致了高频成分的缺失。对于大部分风敏感结构而言，风致响应的主频大多低于 4 Hz，风资源利用对于频率的敏感性更低，因此，这一大涡模拟的结果对于风工程的实际应用是足够的。

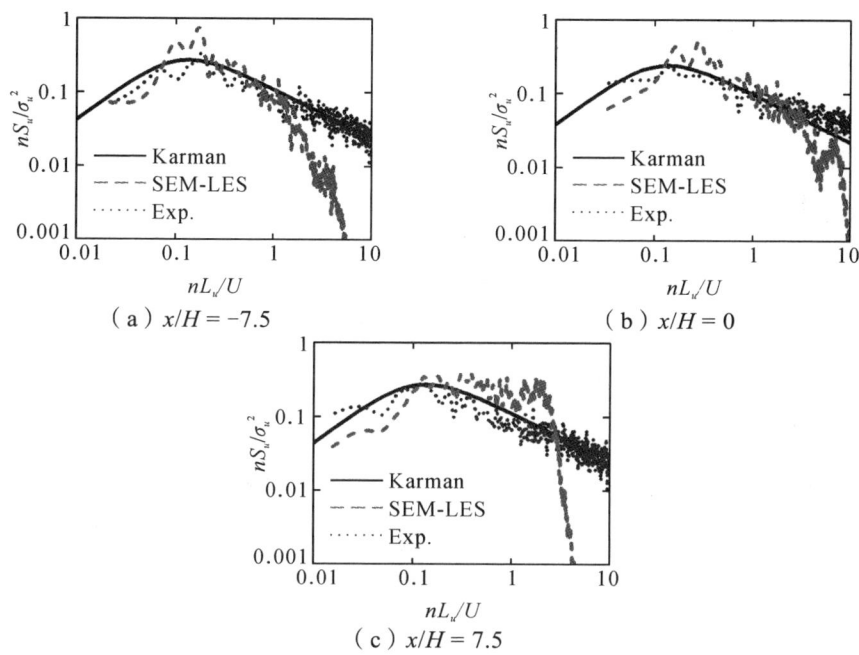

图 3-31 平缓山丘地形在 $y=0$ 切面距离地面 H 高度的不同位置处顺风向脉动风速功率谱

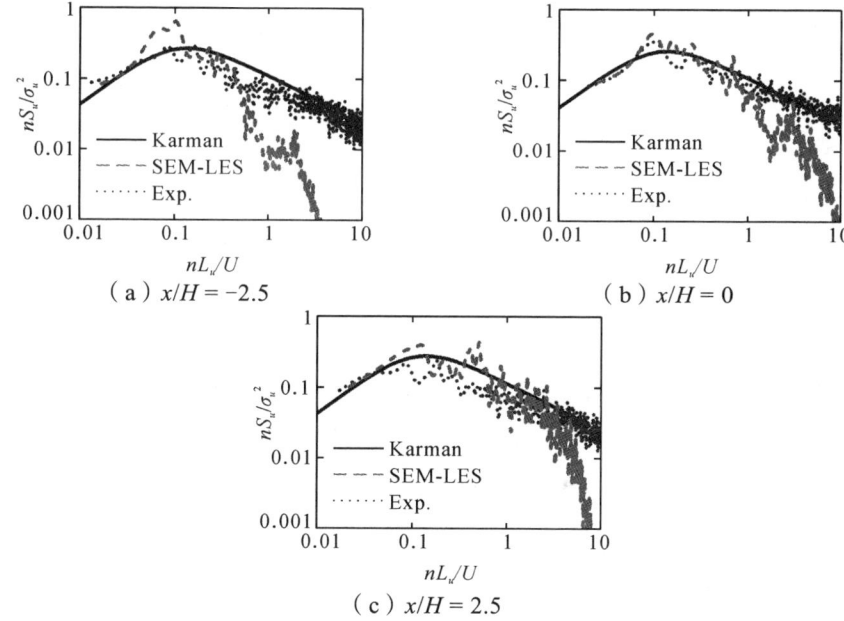

图 3-32 陡峭山丘地形在 $y=0$ 切面距离地面 H 高度的不同位置处顺风向脉动风速功率谱

3.3 实际复杂地形风场湍流特性

3.2 节的结果表明,基于谱元法的大涡模拟方法能够准确、高效地预测湍流大气边界层流经山地地形的风场分布和脉动特性。本节研究重点在于利用该大涡模拟方法研究在湍流大气边界层下复杂地形风场特性,为后续风资源开发利用提供重要依据。

3.3.1 复杂地形的地理位置与气候条件

研究的目标复杂地形位于我国湖南省长沙市坟山坨,其经纬度信息为 (28°02'03"N,112°07'33"E)。选择该区域作为研究目标具有多方面的考虑:

(1) 坟山坨的地形非常复杂,由若干个典型山峰组合而成,并非单独一座山峰,对于复杂地形风场湍流特性的研究具有一定的代表性。

(2) 坟山坨四周区域的地形海拔高度相差不太大,这对于数值建模提供了一定的便利性,可以保证在目标地形区域四周建立的过渡区域坡度较小,这样不容易产生分离再附,能够有效避免过渡段对地形风场数值仿真产生不利的影响。

(3) 坟山坨整体区域较小,仅有 3 km×3 km 共 9 km² 的范围,从而使得地形模型风洞试验成为可能,数值结果验证较方便。

3.3.1.1 复杂地形的地理位置

坟山坨的地理位置如图 3-33 所示,该地形跨度为 2.6 km(南北向)×2.6 km(东西向),且该区域具有多个山丘,海拔高度最低为 149 m,最高为 355 m,这表明该区域可能是长沙市一个潜在风资源可开发利用的地区。

拟利用计算流体动力学仿真方法分析该复杂地形区域的风场湍流特性。为了避免地形边界产生不真实的物理流动现象,在目标区域的边界四周设定了一定的过渡区域(buffering region),通过该区域实现由实际复杂地形边界过渡到统一高度的平面。最终,完整区域的尺度变成 2.9 km(南北向)×2.9 km(东西向)。在进行复杂地形的数值建模时,过渡高度和过渡形式的选择尤其重要。过渡高度通常有两种选择方式,一种为目标地形的最低海拔高度,另一种为目标地形边界海拔高度的平均值。前者可以较好地控制地形的整体高度,保证过渡高度最终为地面,根据该方式制作而成的地形模型可以直接布置在风洞中,非常方便;后者则可以实现较缓和的边界过渡段,从而实现更小的过渡区域长度,减少数值模拟的计算区域和网格量,提高计算效率。为便于验证数值模拟的精度,拟针对复杂地形开展风洞试验研究,因此此处选择第一种过渡高度,即将目标区域统一过渡到最低海拔高度,并将该高度定为地面高度,进行数值建模,建模后的三维地形等高线云图如图 3-34 所示。

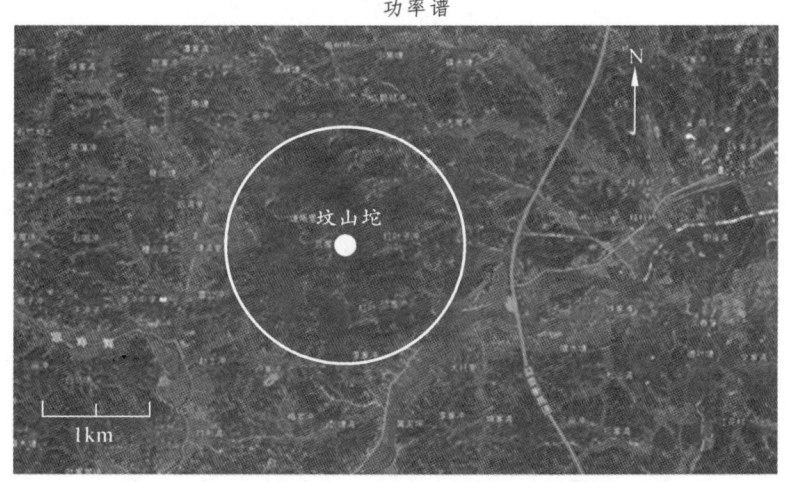

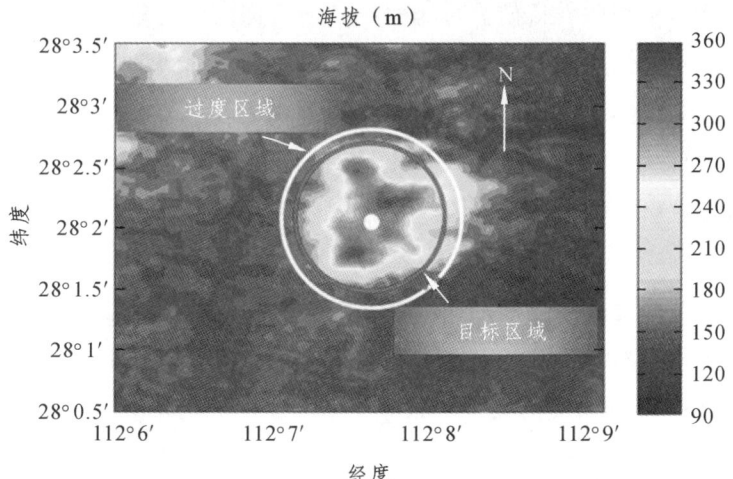

图 3-33 坟山坨的地理位置及海拔高度云图

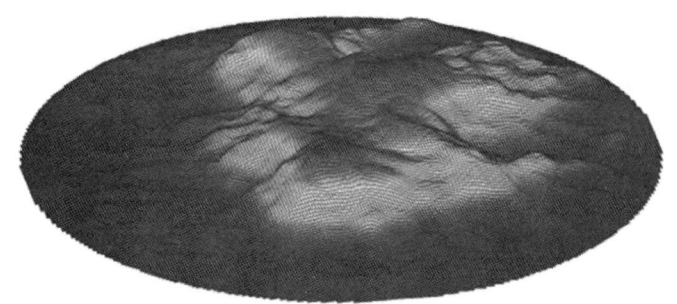

图 3-34 坟山坨地形海拔高度三维云图

过渡段形式的选择对于模拟结果有较大的影响。线性过渡是最简单且应用最广泛的过渡形式，但其可能对于过渡段长度有更为严格的要求，通常要求过渡段坡度不得超过 30°。胡朋等[220]基于理想流体圆柱绕流推导出一类过渡段曲线，以理想二维平台地形为分析模型，采用 CFD 商用软件 Fluent 对比研究了等效效率为 0.58 的曲线过渡段与 30°斜坡过渡段的气流分离特性及过渡后平均风场的分布特性；结果表明，理论曲线过渡段的平稳过渡效果明显优于斜坡过渡形式。Li 等[221]将这一理想曲线过渡形式应用于山谷桥址地区的风洞试验和数值模拟分析，研究了深切峡谷的风场特性。但该理想曲线过渡形式仍存在两个主要问题：第一个问题是理论推导过程中未考虑空气黏性的影响，因此应用于实际地形的数值模拟仍有待研究；第二个问题是理论公式复杂，较难应用于实际工程中。针对第二个问题，Hu 等[164]提出了该理想曲线的简化形式，可更好地服务于实际工程应用。Huang 等[222]基于风洞收缩段的原理，提出了 Witoszynski 曲线的过渡形式，并与胡朋等人提出的理想曲线、双立方过渡曲线和多项式过渡曲线等过渡形式进行了对比，得出结论，参数 $a = 50$ 的 Witoszynski 曲线过渡效果最佳。

由于本节研究的复杂地形边界起伏差异较小，即便线性过渡对于过渡区域长度的要求也不高，所以最终选定线性过渡段形式，将其过渡到 2.9 km（南北向）×2.9 km（东西向）的完整区域。

3.3.1.2 复杂地形的气候条件

实际地形的气候条件是影响风资源开发利用的最关键因素。为研究实际复杂地形的风场特性，需结合气象站实测数据。采用中国气象数据网的全球地面气象站定时观测资料，选定湖南省长沙市气象站，距离目标区域 41 km。虽然距离研究区域较远，但仍具有一定的代表性（若有可用的更近的气象站长期实测资料效果更佳）。风速仪布置在距地面 14 m 高度处，测量范围是 0.3~50 m/s，测量精度是 ±0.3 m/s。下载从 2015 年 12 月 29 日到 2018 年 2 月 28 日的长期实测风速数据，包括平均风速和风向，数据的时间尺度为 3 h。将该组数据按风向等分成 16 个区间，风向包括 0°、22.5°、45°、67.5°、90°、…、337.5°，绘制的风玫瑰图如图 3-35 所示。

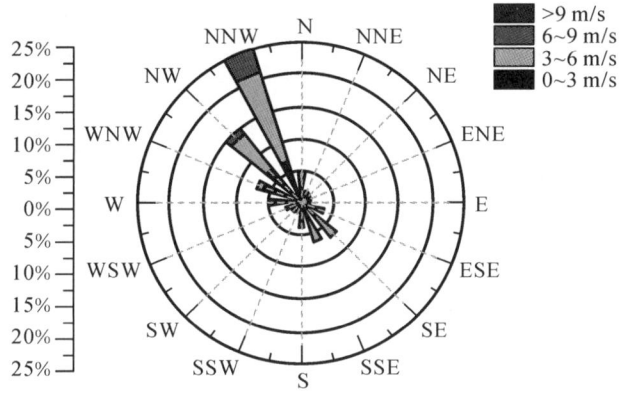

图 3-35　坟山坨地区的风玫瑰图

可以明显看出该地址具有两个主导风向，第一主导风向是 NNW 风向，风频为 25%，第二主导风向为 NW 风向，风频为 15%，其余风向风频均小于 10%。两个主导风向相邻，因而选取第一主导风向 NNW 研究该区域的风场特性具有一定的代表性。

3.3.2　复杂地形风洞试验

风洞试验对于研究边界层风场流经复杂地形的湍流风特性十分有效，也通常被用于验证提出的数值模型的准确性和可靠性[223]。针对坟山坨实际复杂地形进行建模，在北京交通大学 BJ-1 风洞的低速段开展复杂地形模型的风洞试验研究。下面针对复杂地形风洞试验相关内容进行详细介绍。

3.3.2.1 复杂地形的地形模型

针对坟山坨地形模型进行模型制作,考虑风洞实验室的断面尺寸和坟山坨区域的大小,确定模型缩尺比为 1∶1000,模型的直径为 2.9 m,模型高度为 0.21 m,模型效果如图 3-36 所示。与 3.2.2 节类似,将该模型布置在北京交通大学 BJ-1 回流式风洞的低速段中,其试验段横截面尺寸为 5.2 m×2.5 m×14 m(宽×高×长)。复杂地形模型放在一个可以旋转的木盘上,可以通过旋转木盘模仿不同的来流风向。复杂地形模型的最大阻塞率为 2.9%,小于 5%,满足风洞试验阻塞率要求,可以忽略风洞壁面的影响。

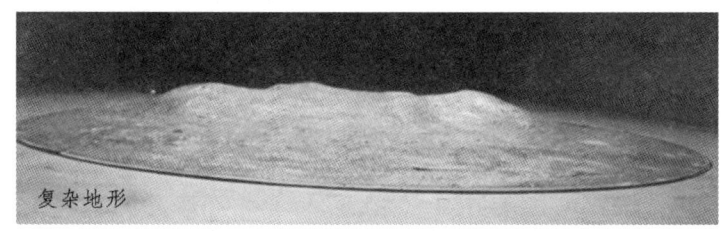

图 3-36　坟山坨地形的风洞模型

3.3.2.2 复杂地形的来流风条件

与 3.2.2.3 节类似,利用尖劈、粗糙元和地毯等,被动模拟得到满足目标湍流大气边界层风特性的来流条件,详细可参见 3.2.2.3 节。

流场的特征长度为地形模型的最高高度 0.21 m,对应的雷诺数 $Re=UL/\nu$ =3.21×0.21/1.4607×10^{-5} = 4.6×10^4。同样地,该流场状态的湍流特征非常显著。

3.3.2.3 复杂地形的测点布置

本次风洞试验布置 A、B、C、D、E 和 F 共 6 个测点,如图 3-37 所示。按照风玫瑰图每隔 22.5°来流风向测量一次所有测点沿不同高度变化的风速时程数据,共测量 16 组,其中 E 和 F 两个测点仅针对主导风向 NNW,布置在模型迎风边缘处和迎风区山顶。该复杂地形模型的最大坡度为 35°,过渡段区域最大坡度为 25°,满足各项基本要求,能够有效避免边界过渡区域引起的非真实流动问题。

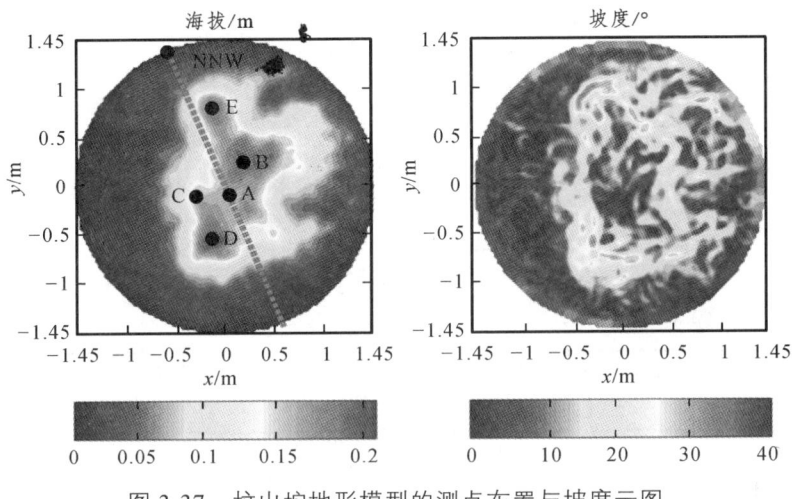

图 3-37 坟山坨地形模型的测点布置与坡度云图

3.3.3 复杂地形风场大涡模拟

根据 3.2 节的分析可知,基于谱元法的大涡模拟和基于有限体积法的大涡模拟均能较好地预测山地地形风场的湍流特性,其中前者在计算效率和精度上均较后者具有一定的优势。因此,本节基于谱元法大涡模拟技术对实际复杂地形的风场进行数值模拟,研究的目标区域选定为湖南省长沙市的坟山坨。该目标区域具有典型的第一主导风向 NNW,因此仅针对主导风向 NNW 下该复杂地形的大气边界层风场进行大涡数值模拟及风场湍流特性分析研究。

3.3.3.1 复杂地形的数值建模流程

对于真实的复杂地形数值建模,可采用中国科学院计算机网络信息中心地理空间数据云平台的 ASTER GDEM V2 地形数据,数据的水平分辨率为 30 m,可据此完成实际复杂地形的网格建模。基于有限体积法和谱元法的地形建模方式存在一定差异,地形建模的详细流程如图 3-38 所示。其中,有限体积法和谱元法的数值模拟分别基于商用软件 Fluent 和开源平台 Nek5000。特别地,针对开源平台 Nek5000 进行了二次开发,实现了复杂地形贴体网格的自动化生成,可以根据三维长方体网格直接变换得到复杂地形的贴体网格。下面针对两种建模方式进行详细介绍。

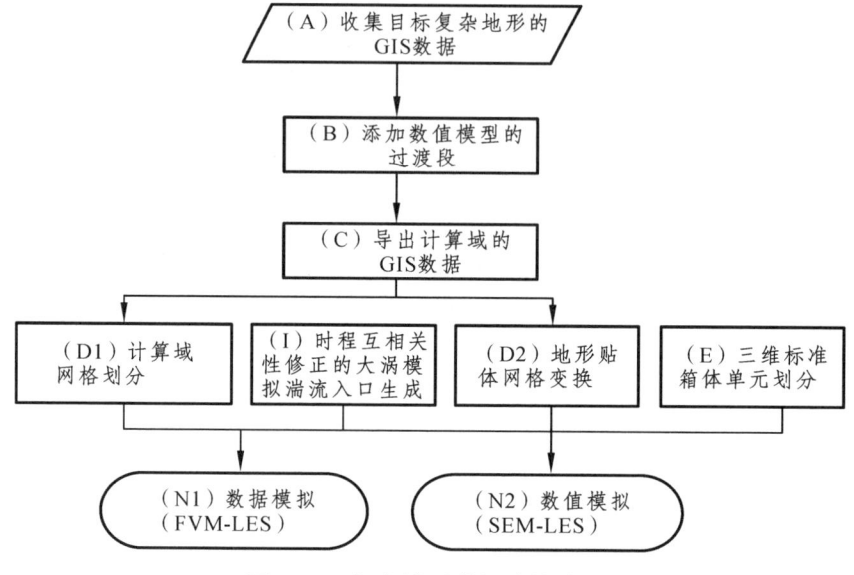

图3-38 复杂地形数值建模流程

1）步骤A：收集目标复杂地形的GIS数据

首先，根据数值模拟需求，在地理空间数据云平台下载相应区域的地形数据，其数据类型为dem，数据格式为tif，利用Globalmapper软件打开该地形数据文件。如果目标区域横跨两个扇区，则需下载两个或多个tif地形数据，然后利用Globalmapper软件进行拼接。为便于模拟，还需将经纬度数据转换为大地坐标系。在软件中设置投影方式为"Transverse Mercator"，数据库选择为1954北京坐标系、1980西安坐标系或其他坐标系。在参数设定中，选择中央子午带，可根据3度带或6度带进行确定，同时设定坐标向东偏移500 000 m。其次，在软件中框选目标区域，然后将数据导出保存为 xyz 格式的三维地形海拔高度坐标，即可获取目标区域的地形海拔高度云图数据。

2）步骤B：添加数值模拟的过渡段

由于导出的指定区域地形边界的海拔高度不统一，甚至可能相差极大，为了尽量减小地形边界对数值模拟的影响，需要对四个边界添加一定长度的过渡段。利用Matlab软件，将地形数据向外扩展一定长度，保证新的地形区域边界的海拔高度为区域的最低海拔高度或地形边界的平均海拔高度,要求过渡区域的坡度不得高于30°且过渡段长度尽可能短。过渡段形式可选择线性、理想曲线、Witoszynski 曲线等。

3)步骤 C:导出计算域的 GIS 数据

利用 Matlab 软件,根据风向对地形数据进行旋转,导出指定分辨率的地形模型区域的地形海拔高度,为便于处理,通常导出均匀间距的.dat 格式地形海拔高度数据,常用地形数据分辨率为 1 m、2 m、5 m、10 m、20 m、50 m 和 100 m 等。地形分辨率的选择应该同时考虑地形的复杂程度和目标区域的大小,以此初步判断模拟的计算量。

至此,获取了数值模拟所需的复杂地形海拔高度数据格式文件。后续复杂地形的数值建模方法根据所选用的模拟方法有所不同。

对于有限体积法,首先,可利用 Imageware 软件读取上述生成的海拔高度数据格式文件,对点云进行光顺处理后,生成 2.5D 网格,导出 igs 格式文件;也可以对光顺处理后的点云进行自由曲面拟合,然后导出 igs 格式文件,前提是自由曲面拟合精度满足要求。然后,利用 Gambit 或 ICEM 软件,导入 igs 格式文件,根据主计算域的地形特点,在四周添加一定长度发展区域后,进行网格划分,生成 msh 格式的网格文件。最后,利用 Fluent 商用软件或 OpenFOAM 开源平台读取.msh 文件,进行数值模拟。

对于谱元法,基于 Nek5000 开源平台生成规则的长方体区域的六面体单元,然后编写子函数,读取上述生成的海拔高度数据格式文件,将规则的长方体区域的六面体单元通过一定规则变形到目标地形海拔高度,从而实现贴体网格的生成。编译并运行 Nek5000 程序,校对生成的贴体网格的质量,并将网格信息导出,核实地形海拔数据,确定无误后方可进行下一步的模拟。

上述方法建立的复杂地形数值模型,再结合大涡模拟所需的脉动风速入口时程数据,编写相应的 UDF 或子程序,即可实现实际复杂地形风场的大涡模拟。

3.3.3.2 复杂地形数值模拟的计算域

为便于与复杂地形风洞试验结果进行对比,坟山坨地形数值模拟的计算域设置与风洞试验一致,采用 1∶1000 缩尺模拟,计算域为 5.2 m(宽)×2.5 m(高),如图 3-39 所示。为避免数值入口和出口边界对数值模拟结果的影响,在主计算域的迎风区域和背风区域分别布置了 1.0 m 和 2.5 m 的发展区域。因此,计算域的长度最终变成 6.4 m。

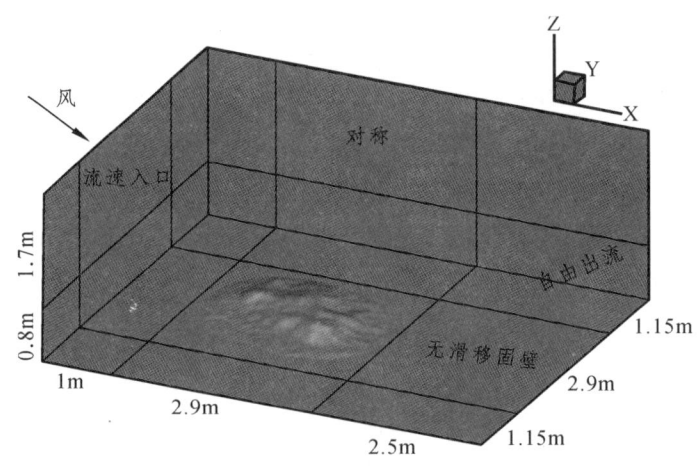

图 3-39　复杂地形数值模拟计算域示意

3.3.3.3　复杂地形数值模拟的网格划分

针对谱元法开源平台 Nek5000 进行二次开发,针对坟山坨地形进行数值网格的划分,将整个区域划分为 8 320 个单元,单元内阶数 P 为 5。将模型的中心设置为坐标原点。在顺风向 x 方向,将[−2.45 m, −1.45 m]、[−1.45 m, 1.45 m]、[1.45 m, 3.95 m]区域分别划分为 4 个、16 个、6 个单元,单元的渐变率分别为 1/1.2、1、1.25。在横风向 y 方向,将[−2.6 m, −1.45 m]、[−1.45 m, 1.45 m]、[1.45 m, 2.6 m]区域分别划分为 3 个、14 个、3 个单元,单元的渐变率分别为 1/1.1、1、1.1。在竖向 z 方向,将[0 m, 0.8 m]、[0.8 m, 2.5 m]区域分别划分为 12 个、4 个单元,单元的渐变率分别为 1.16、2.5。另外,采用了顺风向、横风向、竖向的单元数量为 32×22×16 且阶数 P 为 5 的网格划分方案,验证了网格无关性。

3.3.3.4　复杂地形风场数值模拟参数设定

数值模拟的边界条件设定与 3.2.3.4 节完全一致。经过对出口的脉动风速进行监测分析发现，流场经过 10 s 后达到稳定状态，选取后面的 10 s 进行统计分析，研究复杂地形的风场湍流特性。基于谱元法的大涡模拟其他参数与 3.2.3.4 节基本相同，此处不再赘述。

3.3.4 复杂地形风场湍流特性分析

基于谱元法开源平台 Nek5000，针对坟山坨复杂地形进行风场大涡模拟，分析大气边界层下该地形的风场湍流分布特性。本次模拟在 16 核服务器上并行运行，处理器 3.1 GHz，整个模拟过程耗时 24.3 h。

3.3.4.1 复杂地形数值模拟结果可靠性验证

将复杂地形风场大涡数值模拟结果与风洞试验结果进行对比，验证数值方法的合理性与准确性。表 3-3 展示了 6 个测点处的顺风向无量纲平均风剖面和顺风向无量纲脉动风剖面在近地面 30 m 以上的风场大涡模拟与风洞试验结果的误差。图 3-40 展示了大涡模拟与风洞试验的平均风速和脉动风速剖面的对比结果。

表 3-3　复杂地形风场预测的平均风速和脉动风速误差统计

测点	U/U_r			σ_u/U_r		
	RMSE	MAE	最大误差	RMSE	MAE	最大误差
A	0.0392	0.0375	0.0694	0.0107	0.0093	0.0222
B	0.0274	0.0257	0.0612	0.0176	0.0168	0.0245
C	0.0432	0.0408	0.0686	0.0119	0.0110	0.0231
D	0.0312	0.0289	0.0487	0.0138	0.0127	0.0203
E	0.0149	0.0136	0.0290	0.0166	0.0155	0.0256
F	0.0359	0.0239	0.0681	0.0124	0.0101	0.0239
总体	0.0331	0.0281	0.0694	0.0141	0.0125	0.0256

可以发现，大涡模拟得到的平均风速分布与风洞试验的结果较为吻合，其均方根误差（root mean square error，RMSE）为 $0.0331U_r$，平均绝对误差（mean absolute error，MAE）为 $0.0281U_r$，最大误差为 $0.0694U_r$。在近地面 30 m 以下，

大涡数值模拟对平均风速分布的预测结果整体偏小，这可能是因为采用了 Dyanmic Smagorinsky Lilly 亚格子算法，而近地面的网格分辨率又无法严格达到大涡模拟所需的 $y^+ = 1$ 要求，导致对近地面细小旋涡结构捕捉能力不足，对旋涡强度的预测结果偏小。由于实际工程使用的各种风机类型的轮毂高度通常高于 70 m，该数值结果可较好地评估风机轮毂高度处的风场湍流特性。

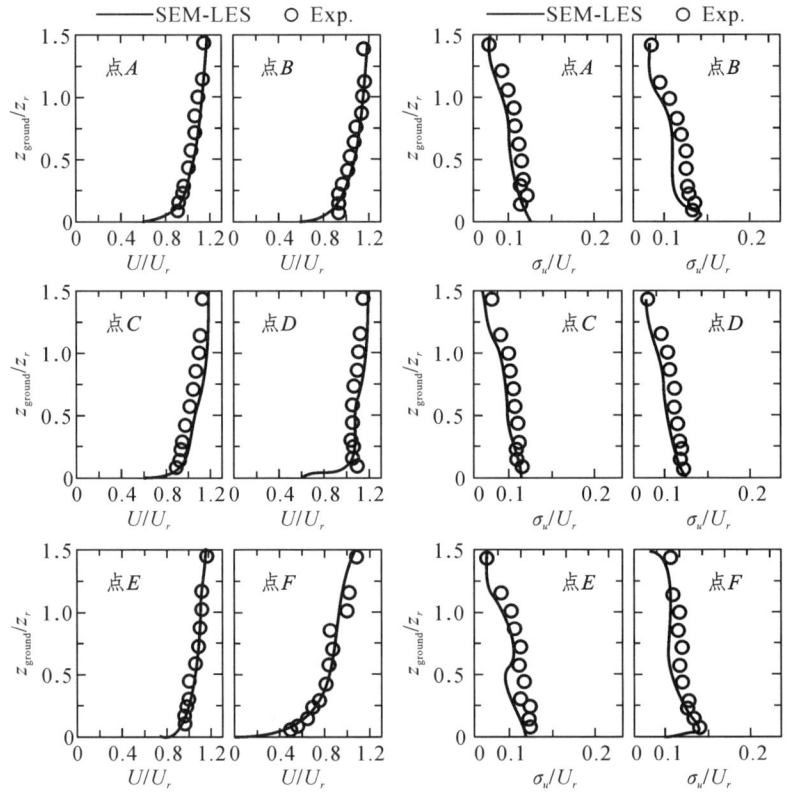

图 3-40　复杂地形风场平均风速和脉动风速剖面对比

对于脉动风速分布而言，大涡模拟结果与风洞试验结果吻合较好，其均方根误差为 $0.0141U_r$，平均绝对误差为 $0.0125U_r$，最大误差为 $0.0256U_r$。整体而言，大涡模拟预测结果整体比风洞试验的结果偏小，这主要是因为入口脉动风速没有严格满足无散度条件，且湍流经过边界层发展后发生了数值耗散，导致旋涡强度一定程度上降低了。

总体来说，基于谱元法的大涡模拟结果能够较好地预测大气边界层流经实际复杂地形后的风场湍流分布特性，这为后续复杂地形风资源评估和开发利用提供了有力的保障。

3.3.4.2 复杂地形平均风场特性

常用的几种风机类型的轮毂高度通常是 70~150 m，因此通常需分析该高度范围内的地形风场特性，主要包括平均风速和湍流强度。本节详细研究 70 m 和 150 m 高度的平均风速分布特性。

图 3-41 为 70 m 和 150 m 地面高度的地形加速效应预测结果。从地形来看，该区域具有三座主峰，分别命名为山峰 A、山峰 B 和山峰 C，其海拔高度相差不大，均在 320 m 以上。山峰 A 和 B 的连线方向与来流方向 NNW 基本一致，山峰 B 和 C 的连线方向与来流方向 NNW 成一定角度，约 45°。

从 70 m 高度地形加速比云图来看，山峰 B 和 C 的山顶加速效应最大，加速比大于 1.3，山峰 A 的山顶加速效应则稍小于前二者，加速比约为 1.2。这是因为山峰 A 的海拔高度稍小于山峰 B 和 C，且山峰 A 和山峰 B 形成了连续山峰，这样的地形会导致削弱第一个山峰山顶处的风速加速效应，使得山峰 A 处的加速效应减小，而山峰 C 处迎风区域并无其他山体，加速效应达到最大。山峰 A 和山峰 B 之间的地形由于处在两座山峰之间，地势相对较低，山峰 A 的背风区回流及山峰 A 的迎风区阻挡效应，使得风速较小；山峰 B 和山峰 C 之间为山坡地形，迎风区域并无遮挡物，因此加速效应也较明显，加速比达到 1.2。山峰 B 和山峰 C 的尾流区则由于旋涡的分离再附效应，加速比远小于 1，最小达到 0.4。

从 150 m 高度地形加速比云图来看，其分布形式与 70 m 高度结果基本一致，但整体分布更均匀和光滑，说明地形加速效应受到局部地形的影响减小了。山峰 B 和 C 的山顶加速效应最大，加速比大于 1.2，其尾流区的加速比最小为 0.8，比 70 m 高度结果的 0.4 大了近 1 倍，说明尾流区受到分离再附的影响减小了。

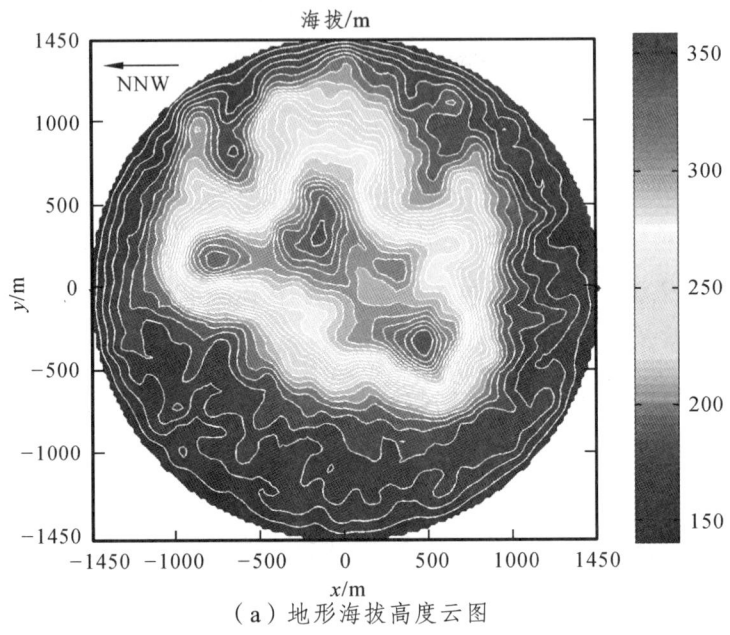

(a)地形海拔高度云图

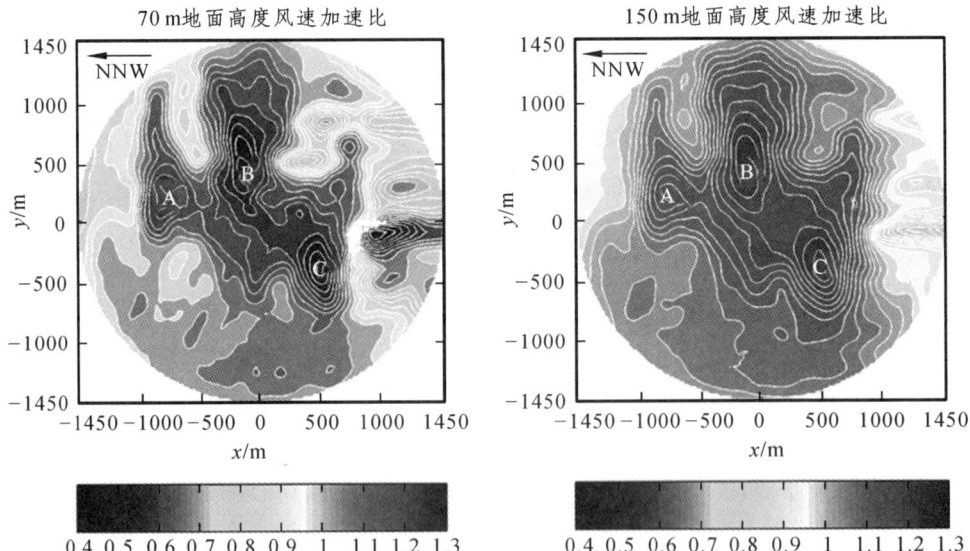

(b) 70 m 和 150 m 地面高度风速加速比分布云图

图 3-41 复杂地形海拔高度和地形加速比分布云图

3.3.4.3 复杂地形湍流风特性

湍流强度分为来流湍流强度与特征湍流强度。来流湍流强度指脉动风速受入口条件影响的成分。特征湍流强度指脉动风速受地形或建筑物影响的成分。在相同的来流条件下，湍流强度越大，说明特征湍流强度越大，即风速受到地形影响成分越大。图 3-42 为 70 m 和 150 m 地面高度的湍流强度预测结果。从 70 m 地面高度结果来看，山峰 C 的迎风区由于没有明显地形遮挡，湍流强度最小，为 25%左右，山峰 A 和山峰 B 的湍流强度稍大，为 30%左右，山峰 B 和山峰 C 的尾流区由于旋涡分离再附现象，风速剧烈变化，湍流强度远超 50%，最高达到 80%。

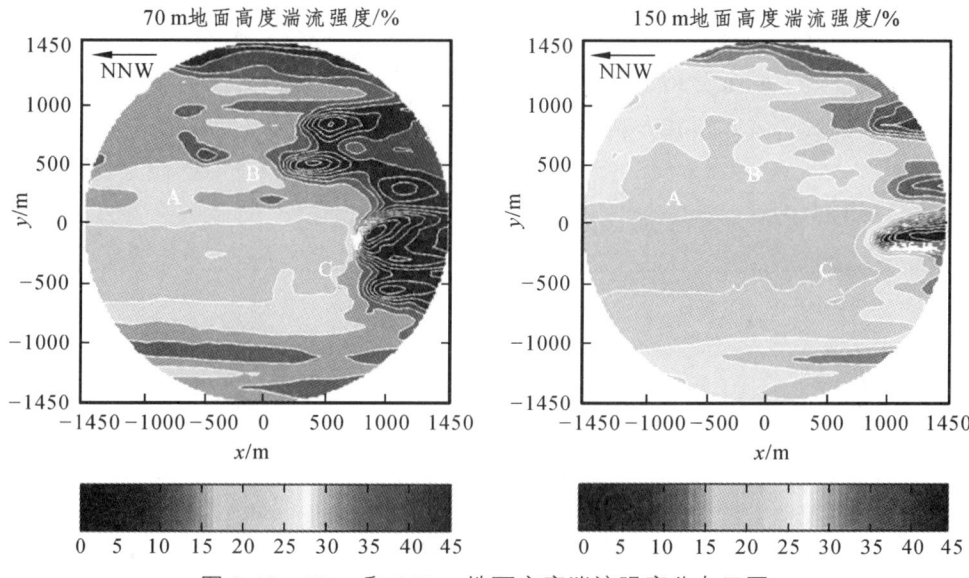

图 3-42　70 m 和 150 m 地面高度湍流强度分布云图

从 150 m 地面高度结果来看，其分布形式仍与 70 m 结果较一致，只是受影响的尾流区范围变小了很多，且山峰 A 和山峰 B 的脉动风速受地形影响的程度变小了，湍流强度为 27%左右。

结合地形加速比云图和湍流强度云图来看，山峰 C 的山顶处为最佳风机布置位置，其地形加速效应最大，且受地形影响的特征湍流强度最小，其次为山峰 B 的山顶处，其地形加速效应最大，且受到地形影响的特征湍流强度较小。

3.4 本章小结

本章围绕复杂地形的风场湍流特性分析方法展开了详细阐述，具体包括以下几方面的内容：

（1）介绍了四种大涡模拟所需的湍流入口生成方法，并据此生成了四类标准地貌条件下的大气边界层湍流风场，详细对比了几种方法的优劣。

（2）针对两种不同坡度的三维山丘地形，展开了风洞试验和大涡模拟研究，验证了大涡模拟方法的准确性，分析了三维山丘地形的风场湍流特性。

（3）围绕实际复杂地形展开了湍流大气边界层风场大涡数值模拟，并利用风洞试验进行了验证分析，研究了大气边界层下复杂地形的风场湍流特性，为实际复杂地形的风资源开发利用研究奠定了良好的基础。

第4章
PART FOUR

复杂地形潜在风资源评估

针对目标区域进行潜在风资源评估,能够初步判断目标区域开发风资源的可能性,并为风电场建设宏观选址提供有力支撑。本章首先以湖南省长沙市坟山坨实际复杂地形为例,对该区域的风场进行全风向数值模拟,并与风洞试验结果进行对比,验证数值模拟的可靠性。其次,结合全风向数值模拟结果和气象站长期观测风资料,对该区域进行风能资源评估,得到潜在风能资源的分布云图,为复杂地形风电场的宏观选址和微观选址提供科学依据。

4.1 复杂地形潜在风资源评估方法

准确评估实际复杂地形潜在风资源的分布需要同时考虑中尺度气象效应和微尺度局部地形效应。1.2.1节中总结了国内外关于复杂地形风能资源评估的研究,将评估方法分为现场观测资料、风洞试验、理论模型以及数值模拟技术四类。通过对比分析,发现数值模拟方法中的微尺度CFD模型能够非常准确、有效地考虑局部地形对整个边界层风场的影响,因而可以考虑风资源评估中的微尺度效应问题,这是其他模型所欠缺的。但仅仅依赖微尺度CFD模型是远远不够的,这样无法考虑更大尺度的气象效应对整个风场的影响。为此,可在微尺度CFD模型的基础上,引入长期现场观测风资料,如气象站、测风塔或激光雷达等。由此,可构建同时考虑中大尺度气象效应和微尺度局部地形效应的耦合模型,同时能够极大程度避免中大尺度数值模型产生的系统误差,而且能大幅缩减计算所需的成本和耗时。本节将详细介绍这一结合微尺度CFD模型与现场实测数据的复杂地形潜在风资源评估方法。

4.1.1 复杂地形潜在风资源评估流程

根据 Powell 等[224]的研究发现，如果直接使用气象站或测风塔实测数据会对地面最大风速有 20%~40%的高估，建议应当将现场长期观测风资料中受局部地形影响的成分进行剔除，将观测数据转换为广义风气候（generalized wind climate，GWC）。相关的地面实测风速变换方法的研究已有不少[225-227]，本节结合 Powell 等[224]和 Hu 等[228]的研究，提出结合微尺度 CFD 模型与现场实测数据的复杂地形潜在风能资源评估方法，其详细流程如图 4-1 所示。

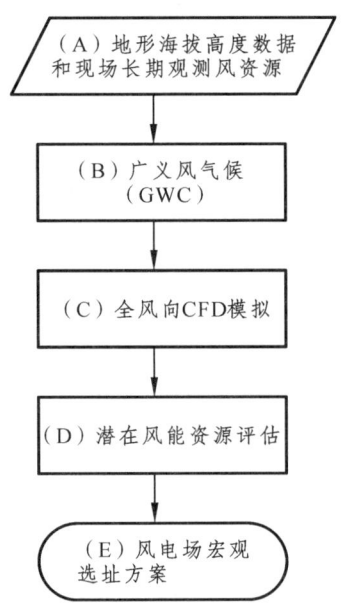

图 4-1　复杂地形潜在风能资源评估流程

结合微尺度 CFD 模型与现场实测数据的复杂地形潜在风能资源评估方法可以分为以下 5 步：

步骤 1：地形海拔高度数据和现场长期观测风资料。

首先确定研究目标区域的地形条件，包括地形海拔高度数据和地面粗糙度信息等，同时收集目标区域邻近的长期观测气象站或测风塔的风速和风向资料。

步骤 2：广义风气候。

为考虑局部地形对现场长期观测数据产生的影响，将气象站或测风塔的实测风资料转换为广义风气候数据（如图4-2）。世界气象组织（world meteorological organization，WMO）建议关于气象站应用的离地高度取为10 m。因此，在中性层结稳定的假定条件下，可根据下式将长期观测风速 U_s 转换为开敞地形条件下的离地10 m高度的风速值，记为 $U_{10,\text{open}}$。

$$U_{10,\text{open}} = U_{\text{station}} \left(\frac{0.03}{z_{0,\text{station}}}\right)^{0.0706} \ln\left(\frac{10}{0.03}\right) \Big/ \ln\left(\frac{z_{\text{station}} - z_{d,\text{station}}}{z_{0,\text{station}}}\right)$$

(4-1)

式中，$U_{10,\text{open}}$ 表示开敞地形条件下离地10 m高度的风速大小；U_{station} 表示气象站或测风塔长期观测风速大小；z_{station} 表示气象站或测风塔的观测离地高度；$z_{d,\text{station}}$ 表示观测位置的零平面位移；$z_{0,\text{station}}$ 表示观测位置的粗糙长度。

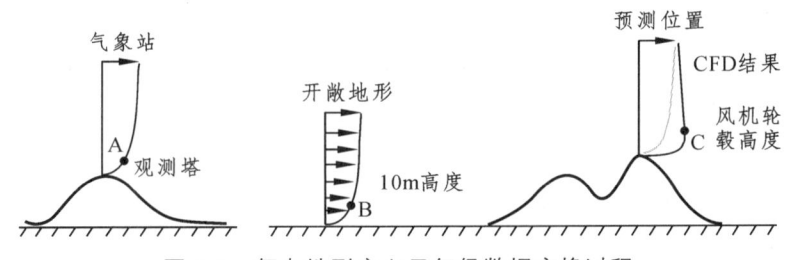

图4-2 复杂地形广义风气候数据变换过程

步骤3：全风向CFD模拟。

不同风向下地形的阻挡效应可能存在较大差异，因此需要针对复杂地形不同来流风向分别进行大气边界层下的风场大涡模拟。风向区间设置得越细，计算效率越受影响，常用的风向区间为12个、16个、24个、32个，分别对应的风向角为30°、22.5°、15°、11.25°。已有研究表明，将风向区间由16个增加到32个并不会显著改变模拟结果[229]。因此，建议利用CFD模拟间隔22.5°的16个风向角下大气边界层下目标区域风场，数值模拟的详细流程参见图3-38。

步骤4：潜在风能资源评估。

潜在风能资源评估在风电场微观选址中作用重大。通常，区域的风功率密度可以用于评估在该位置安装风机是否适合。结合开敞地形的广义风气候数据

（即风速和风向）以及 CFD 全风向模拟结果，计算区域的潜在风能分布 $W(\boldsymbol{x})$：

$$W(\boldsymbol{x}) = \frac{\rho}{2N} \sum_{i=1}^{N} U^3(\boldsymbol{x}, i) \quad (4\text{-}2)$$

$$U(\boldsymbol{x}, i) = \frac{U_{10,\text{open}}(i)}{U_{10,\text{in}}} U_{\text{CFD}}(\boldsymbol{x}, \theta_i) \quad (4\text{-}3)$$

式中，$W(\boldsymbol{x})$ 表示空间 $\boldsymbol{x}$ 处的平均风功率密度；$\boldsymbol{x}$ 表示空间向量坐标；ρ 表示空气密度；N 表示风速时程样本长度；$U(\boldsymbol{x},i)$ 表示空间 $\boldsymbol{x}$ 处的第 i 个样本风速；$U_{10,\text{in}}$ 表示 CFD 模拟中入口 10 m 高度处的平均风速；$U_{10,\text{open}}(i)$ 表示开敞地形 10 m 高度的第 i 个样本风速；θ_i 表示开敞地形 10 m 高度的第 i 个样本风向角；$U_{\text{CFD}}(\boldsymbol{x}, \theta_i)$ 表示 θ_i 风向角 CFD 模拟在空间 $\boldsymbol{x}$ 处的平均风速。

步骤 5：风电场宏观选址方案。

基于上述内容，可以绘制目标区域的平均风功率密度分布云图，从而初步判别风电场的宏观选址区域。同时，还可以对比不同风机轮毂高度的风资源分布云图，以此作为风机选型的一个重要依据。需要特别注意的是，此处的平均风功率密度仅考虑了风速和风向，完全忽略了风机型号和发电的情况，而且没有考虑风机与风机之间的相互干扰效应。因此，这部分的内容仅能够作为风电场宏观选址的参考依据。

4.1.2 复杂地形全风向角风场数值模拟

实际复杂地形全风向风场数值模拟的详细流程可参见图 3-38。由于潜在风资源评估仅需考虑区域的平均风速分布，忽略了脉动风速的影响，所以只需准确预测大气边界层下复杂地形的平均风场特性。根据 3.2 节的内容可知，与大涡模拟方法相比，雷诺时均模拟法能够更高效地预测山地风场的风速分布。因此，建议采用雷诺时均法针对复杂地形进行全风向角风场数值模拟。

4.1.3 风速概率分布

常用的描述平均风速概率密度分布的函数包括韦伯分布（Weibull

distribution)、瑞利分布（rayleigh distribution）、伽玛分布（gamma distribution）和对数正态分布（lognormal distributon）。下面针对这几种风速概率分布函数进行介绍。

4.1.3.1 韦伯分布

韦伯分布函数的参数有两个，即无量纲形状参数 k 和尺度参数 c，最常被用来描述平均风速的概率密度分布形式。韦伯分布描述的概率密度分布函数 $f(u)$ 和累积分布函数 $F(u)$ 如下：

$$f(u) = \left(\frac{k}{c}\right)\left(\frac{u}{c}\right)^{k-1} \exp\left(-\left(\frac{u}{c}\right)^k\right), \quad u>0 \tag{4-4}$$

$$F(u) = 1 - \exp\left(-\left(\frac{u}{c}\right)^k\right) \tag{4-5}$$

式中，$f(u)$ 表示实测风速 u 的概率密度；$F(u)$ 表示实测风速 u 的累积分布密度。

评估韦伯分布的两个参数 k 和 c 的方法有很多[230,231]。经验法（empirical method，EM）由于形式简单，其应用最为广泛，相关计算公式如下：

$$k = (\sigma/U_m)^{-1.086}, \quad 1 \leqslant k \leqslant 10 \tag{4-6}$$

$$c = \frac{U_m}{\Gamma(1+1/k)} \tag{4-7}$$

式中，U_m 表示平均风速大小；σ 表示脉动风速的标准差；Γ 表示伽马函数（gamma function），其表达式为

$$\Gamma(x) = \int_0^\infty t^{x-1} e^{-t} dt \tag{4-8}$$

此外，极大似然法（maximum likelihood method，MLM）对于韦伯分布两个参数 k 和 c 的评估效果通常最好，其计算公式如下：

$$k = \left(\frac{\sum_{i=1}^{n} u_i^k \ln(u_i)}{\sum_{i=1}^{n} u_i^k} - \frac{\sum_{i=1}^{n} \ln(u_i)}{n} \right)^{-1} \quad (4\text{-}9)$$

$$c = \left(\frac{1}{n} \sum_{i=1}^{n} u_i^k \right)^{1/k} \quad (4\text{-}10)$$

式中，u_i 表示第 i 个时间步的风速大小；n 表示非零风速时程的样本长度。

容易推导得到，韦伯分布的期望和标准差如下：

$$E(u) = c\Gamma\left(1 + \frac{1}{k}\right) \quad (4\text{-}11)$$

$$\mathrm{Std}(u) = c\sqrt{\Gamma\left(1 + \frac{2}{k}\right) - \left(\Gamma\left(1 + \frac{1}{k}\right)\right)^2} \quad (4\text{-}12)$$

4.1.3.2 瑞利分布

瑞利分布是描述平坦衰落信号接收包络或独立多径分量接受包络统计时变特性的最常见的一种分布类型，两个正交高斯噪声信号之和的包络服从瑞利分布。瑞利分布的概率密度函数 $f(u)$ 和累积分布函数 $F(u)$ 的表达式如下：

$$f(u) = \frac{u}{\sigma^2} \exp\left(-\frac{u^2}{2\sigma^2}\right), \quad u > 0 \quad (4\text{-}13)$$

$$F(u) = 1 - \exp\left(-\frac{u^2}{2\sigma^2}\right) \quad (4\text{-}14)$$

容易推导得到，瑞利分布的期望和标准差如下：

$$E(u) = \sqrt{\frac{\pi}{2}}\sigma \quad (4\text{-}15)$$

$$\mathrm{Std}(u) = \sqrt{\frac{4-\pi}{2}}\sigma \quad (4\text{-}16)$$

4.1.3.3 伽玛分布

伽玛分布的概率密度函数 $f(u)$ 和累积分布函数 $F(u)$ 的表达式如下：

$$f(u) = \frac{\beta^\alpha}{\Gamma(\alpha)} u^{\alpha-1} \exp(-\beta u), u>0 \tag{4-17}$$

$$F(u) = 1 - \exp\left(-\frac{u^2}{2\sigma^2}\right) \tag{4-18}$$

容易推导得到，伽玛分布的期望和标准差如下：

$$E(u) = \frac{\alpha}{\beta} \tag{4-19}$$

$$\mathrm{Std}(u) = \frac{\sqrt{\alpha}}{\beta} \tag{4-20}$$

4.1.3.4 对数正态分布

风速的分布显然不会是对称的，因为风速大小为非负。尽管大部分数据可能服从正态（高斯）分布，但这种非对称性数据无法直接用正态分布函数进行描述。此时，可以引入对数正态分布函数，针对原始数据取对数，假定变换后的数据服从正态分布，这样可以将其扩展到不对称的变量。对数正态分布的概率密度函数 $f(u)$ 的表达式如下：

$$f(u) = \frac{1}{u\sigma\sqrt{2\pi}} \exp\left(-\frac{(\ln u - \mu)^2}{2\sigma^2}\right), u>0 \tag{4-21}$$

式中，假定 $\ln u \sim N(\mu, \sigma^2)$，$\mu$ 和 σ 分别表示均值和标准方差。

容易推导得到，对数正态分布的期望和标准差如下：

$$E(u) = \exp\left(\mu + \frac{\sigma^2}{2}\right) \tag{4-22}$$

$$\mathrm{Std}(u) = \sqrt{(\exp(\sigma^2) - 1) \exp\left(\mu + \frac{\sigma^2}{2}\right)} \tag{4-23}$$

上述为常用于描述平均风速分布的几种函数形式,以韦伯分布使用最为广泛。描述风速极值分布形式的几种函数主要包括极值Ⅰ型(Gumbel)、极值Ⅱ型(Frechet)和极值Ⅲ型(reverse Weibull)。由于极值风速仅在风机荷载响应分析中需考虑,在风资源评估中没有涉及,所以此处不介绍风速极值的这几种分布形式。

4.1.4 风机功率曲线

4.1.1节提供的风资源评估流程中,直接利用已有的实测数据风速的三次方进行求和,从而计算得到区域的潜在风能大小。实际上,并非所有的风速都能有利用价值。例如,当风速太小时,风力发电机组发电获取的收益将小于风力发电机组运行的成本,在这样的情况下,风力发电机组将不会运行,此即风力发电机组的切入风速,主要针对并网型风力发电机组而言,指保证风力发电机组达到并网条件的最小风速。当风力发电机组所处地理位置的风速过大时,如发生强台风,此时出于风力发电机组和电网安全的考虑,将强行让风力发电机组退出工作,此即风力发电机组的切出风速,指风力发电机组并网发电的最大风速,超过此风速风力发电机组将切出电网。

除了切入风速和切出风速,风力发电机组还有一个关键的风速参数,即额定风速。所谓额定风速,是风机在匹配的动力带动下正常工作,以最佳效率运行时所产生的风速。风力发电机组的额定风速是计算风力发电机组额定功率的依据,它决定了风轮直径等主要部件的几何结构尺寸,并将影响风机的制造成本和风力发电机组的整体性能。若该数值过大,机组将很少达到额定功率,降低了发电机的效率,提高了能量成本;若该数值过小,将增大风轮直径,使得风轮及其辅助成本偏高。

为便于评估风力发电机组的发电效率,风机厂商通常会对风力发电机组进行测试,从而获取风力发电机组输出功率和风速的对应曲线,称为风机功率曲线。因此,风力发电机组的风力发电量可以结合风机功率曲线和风机轮毂高度位置的平均风速计算得到[232]。图4-3为风机功率曲线示意图,其中u_{cut-in}表示风机的切入风速,$u_{cut-out}$表示风机的切出风速,u_{rated}表示风机的额定风速。

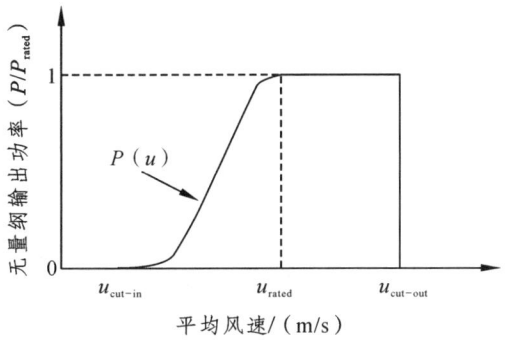

图 4-3 风机功率曲线示意图

可以看出,当风速低于切入风速时,风力发电机组的输出功率为零。随着风速的增大,风力发电机组的输出功率逐渐增加,直至风速达到额定风速时,风力发电机组的输出功率保持不变。当风速大于切出风速时,风力发电机组停止工作,其输出功率变为零。

为较准确评估区域潜在风能利用率,应当初步选定风力发电机组的型号,确定风机功率曲线,然后利用实测风速确定风速概率分布函数,从而评估在区间范围内的潜在风力发电量。

此处以金风科技 GW 1.5MW 82/1500 型风机为例,其风机轮毂高度 h_{hub} 为 70 m,风机功率曲线如图 4-4 所示。该风机的额定功率 P_{rated} 为 1.5 MW,额定风速为 12 m/s,切入风速为 3 m/s,切出风速为 22 m/s。

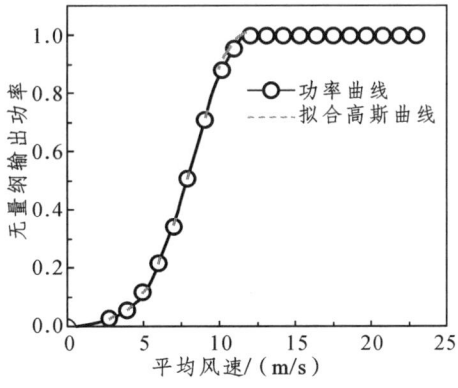

图 4-4 金风科技 GW 1.5MW 82/1500 风机功率曲线

根据风机功率曲线特点，针对切入风速和额定风速范围，采用高斯函数进行拟合，其表达式为

$$P(u) = a_1 \exp\left(-\left(\frac{u-a_2}{a_3}\right)^2\right) \quad \text{for} \quad u_{\text{cut-in}} \leq u \leq u_{\text{rated}} \quad (4\text{-}24)$$

式中，a_1，a_2 和 G_{ij} 表示高斯函数的拟合系数，对于金风科技 GW 1.5MW 82/1500 型号风机而言分别为 1.0030、11.6469 和 4.5000。

4.1.5 复杂地形潜在年发电量评估

风力发电机组的潜在年发电量可以基于时程变换法（time-history transform method, TTM）直接由风速时程序列和风机功率曲线计算得到，其计算公式如下：

$$W_{\text{pred}} = \sum_{i=1}^{N} P(U(\boldsymbol{x}_{\text{turbine}}, i)) \times P_{\text{rated}} \times N_h / N \quad (4\text{-}25)$$

式中，j 表示年小时数，为 8760；$U(\boldsymbol{x}_{\text{turbine}}, i)$ 表示在 $\boldsymbol{x}_{\text{turbine}}$ 风机轮毂高度处的第 D 个风速序列。

同时，风力发电机组的年发电量可以写成式（4-26）的积分形式，分割成两项。当风速拟合为韦伯分布函数时，第二项变成式（4-27）。当风功率曲线 D 拟合成高斯函数时，第一项变成式（4-28）。因此，可以得到风力发电机组年发电量的半解析表达式如下：

$$\begin{aligned} W_{\text{pred}} &= \int_{u_{\text{cut-in}}}^{u_{\text{cut-out}}} f(u) P(u) \mathrm{d}u \times P_{\text{rated}} \times N_h \\ &= N_h P_{\text{rated}} \left(\int_{u_{\text{cut-in}}}^{u_{\text{rated}}} f(u) P(u) \mathrm{d}u + \int_{u_{\text{rated}}}^{u_{\text{cut-out}}} f(u) P(u) \mathrm{d}u \right) \end{aligned} \quad (4\text{-}26)$$

$$\begin{aligned} &\int_{u_{\text{rated}}}^{u_{\text{cut-out}}} f(u) P(u) \mathrm{d}u \\ &= (u_{\text{cut-out}} - u_{\text{rated}}) \times \left(\exp\left(-\left(\frac{u_{\text{rated}}}{c}\right)^k\right) - \exp\left(-\left(\frac{u_{\text{cut-out}}}{c}\right)^k\right) \right) \end{aligned} \quad (4\text{-}27)$$

第4章 复杂地形潜在风资源评估

$$= \int_{u_{\text{cut-in}}}^{u_{\text{rated}}} f(u)P(u)\mathrm{d}u$$

$$= \int_{u_{\text{cut-in}}}^{u_{\text{rated}}} \left(\frac{k}{c}\right)\left(\frac{u}{c}\right)^{k-1}\exp\left(-\left(\frac{u}{c}\right)^k\right)a_1\exp\left(-\left(\frac{u-a_2}{a_3}\right)^2\right)\mathrm{d}u \qquad (4\text{-}28)$$

与4.1.1节中得到的风功率密度相比，风力发电机组的年发电量更具有代表性，能够真实反映区域安装单台风机时的年发电量。需要特别注意的是，此处完全忽略了风电机组之间相互干扰产生的尾流效应。研究结果显示，风机尾流可能导致风电场的发电量减少10%~30%。因此，本节提供的这一方法仅可作为复杂地形区域潜在年风力发电量的初步评估方法，当需要针对风电场进行微观选址、确定风力发电机组的最佳排布方案时，必须考虑机群的尾流折减效应。

4.2 复杂地形潜在风资源评估案例分析

以湖南省长沙市坟山坨实际复杂地形为研究对象，其经纬度信息为（28°02'03"N，112°07'33"E），针对该复杂地形进行潜在风资源评估，为其他复杂地形区域的风资源评估提供参考，同时为风电场微观选址提供有力支撑。

4.2.1 复杂地形地理位置与气候条件

湖南省长沙市坟山坨的区域范围较小，选取目标研究区域为2.6 km×2.6 km，其邻近气象站为湖南省长沙市气象站。下载该气象站的风速风向数据，包括从2015年12月29日到2018年2月28日的长期实测风速数据。根据分析，该区域的主导风向为NNW风向，风频为25%。详细地形数据信息和气象资料可见3.3节。该区域的地面粗糙长度 $z_{0,\text{turbine}}$ 为0.2 m，气象站的地面粗糙长度 $z_{0,\text{station}}$ 为0.2 m，气象站的零平面位移 $z_{d,\text{station}}$ 为0，气象站观测点的离地高度 z_{station} 为14 m。

4.2.2 复杂地形全风向角风洞试验

本次风洞试验在北京交通大学BJ-1回流风洞的低速试验段中进行，详细风洞试验信息参见3.3节。需要注意的是，试验共布置了A、B、C、D、E、F六个测点，其中A、B、C、D四个测点是针对16个风向角均测量了风剖面信息，

而 E、F 两个测点仅针对主导风向 NNW 进行了测量。

4.2.3 复杂地形全风向角风场数值模拟

4.2.3.1 计算域与网格划分

由于风能评估对于脉动风速并不敏感，只需准确评估区域的平均风速分布，所以采用雷诺时均模拟法针对坟山坨实际复杂地形进行全风向数值模拟。该复杂地形数值计算区域的设定同 3.3.3.2 节，计算域为 6.4 m(x)×5.2 m(y)×2.5 m(z)，其中模型直径为 2.9 m，模型迎风前缘长度为 1 m，模型尾流区发展长度为 2.5 m，模型两侧长度为 1.15 m。将整个区域划分为 125(x)×90(y)×65(z)共 73 万个网格，划分原则基本同 3.3.3.3 节，如图 4-5 所示。针对地形区域进行网格加密，其余区域设定一定渐变率。为保证近地面风场特征捕捉的精度，在近地面区域进行网格加密。

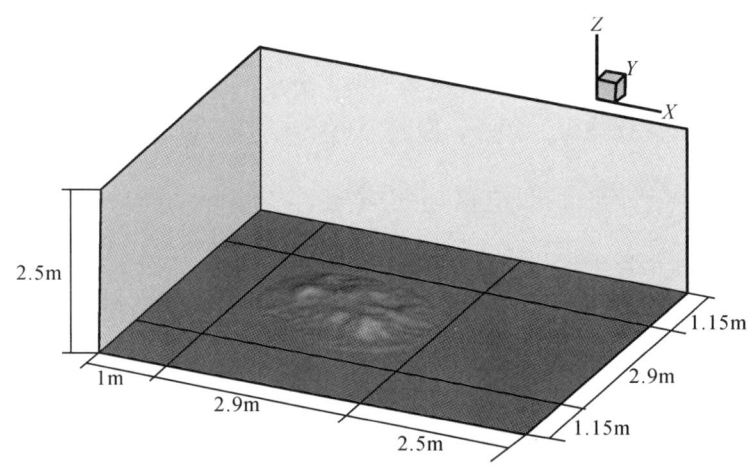

图 4-5 复杂地形风场数值模拟的计算域和网格划分示意图

Yazid 等[233]对比了标准 k-ε 模型、RNG k-ε 模型和 Realizable k-ε 模型这 3 种模型，发现 Realizable k-ε 模型的模拟效果最佳。此处采用 Realizable k-ε 模型进行复杂地形的风场数值模拟。为保证壁面函数有效，近壁面的无量纲网格单位 y^+ 应当保证在 [30,100]。因此，网格的第一个壁面单元网格距离均设置为 0.003 m。近壁面的无量纲网格单位 y^+ 的公式如下：

$$y^+ = yu^*_{ABL}/\nu \quad (4\text{-}29)$$

式中，u^*_{ABL} 表示地面摩擦速度（m/s）；y 表示近地面最小网格距离（m）。

为验证网格无关性，另外增加了两套加密网格，详细参数见表 4-1。

表 4-1 三套网格划分参数

方案	网格数	x 分辨率	y 分辨率	z 分辨率
网格 1	125(x)×90(y)×65(z)	0.036 m	0.048 m	0.003 m
网格 2	180(x)×130(y)×80(z)	0.024 m	0.032 m	0.003 m
网格 3	255(x)×185(y)×100(z)	0.016 m	0.021 m	0.003 m

4.2.3.2 边界条件

准确的边界条件设置能有效减少网格划分并提高模拟精度。入口边界条件[234,235]如下：

$$U(z) = U_r (z/z_r)^\alpha \quad (4\text{-}30)$$

$$I_u(z) = I_r (z/z'_r)^\beta \quad (4\text{-}31)$$

$$k(z) = \gamma (U(z)I_u(z))^2 \quad (4\text{-}32)$$

$$\varepsilon(z) = \frac{(u^*_{ABL})^3}{\kappa(z+z_0)} \quad (4\text{-}33)$$

式中，z_r 和 z'_r 分别表示平均风速 $U(z)$ 和湍流强度 $I_u(z)$ 的参考高度；U_r 表示参考高度 z_r 的平均风速；I_r 表示参考高度 z'_r 的湍流强度；α 和 β 表示指数律系数；γ 表示介于 0.5 和 1.5 之间的常数；κ 表示卡门常数。

本次模拟的参数取自风洞试验，包括：$z_r = 0.35$ m，$z'_r = 0.01$ m，$U_r = 3.874$ m/s，$I_r = 0.14$，$\alpha = 0.15$，$\beta = -0.15$，$\gamma = 1.0$，$\kappa = 0.42$，$z_0 = 0.037$ mm，$u^*_{ABL} = 0.1770$ m/s。

地面为无滑移固壁，壁面函数采用标准壁面函数。沙地粗糙高度 k_s 和粗糙常数 C_s 由下式确定：

$$k_s = 9.793 z_0 / C_s \quad (4\text{-}34)$$

式中，$C_s = 0.874$。

一般来说，应该考虑每个来流风向的粗糙度长度的区别，每个风向下的地形可以用一个粗糙度长度近似表示[236]。对于本研究中的目标复杂地形，不同风向的粗糙度长度变化不大。因此，所有风向下的地形均用相同的粗糙度长度表示。

出口设置为自由出流（Outflow），顶部和两侧均设置为对称边界（Symmtry）。同时，对平地空风场进行了数值模拟，用于评估边界层平均风速和湍流强度剖面的发展情况。模拟采用了 3 种不同的网格，即 12 万、24 万和 73.1 万。三者的模拟结果几乎相同。图 4-6 展示了 12 万网格在入口和模型位置的平均风剖面、湍动能剖面和湍动能耗散率剖面的模拟结果，其中"IN"表示入口，"MC"表示模型中心。结果表明，模拟中各参数的顺风向梯度较小，这是模拟质量的一个重要评价标准。

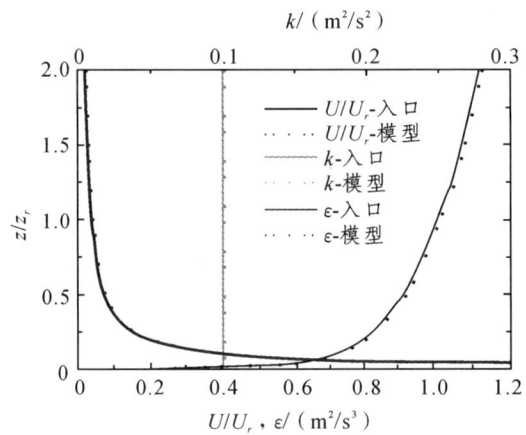

图 4-6　空风场中入口处和模型位置的无量纲平均风速、
湍动能和湍动能耗散率对比结果

值得注意的是，由风洞试验确定的粗糙度长度与目标场地不同。如 Physick 等[237]所述，忽略壁面粗糙度的影响会导致对风速结果最大仅有 7%的低估。从这个意义上说，基于风洞试验得到的粗糙度长度的模拟结果是可以接受的，它们可以应用于目标地形。

4.2.3.3 求解器与参数设定

本次模拟在 Ansys 14.5 平台的 Fluent 软件上运行[59]，采用稳态、双精度和基于压力的求解器。采用 Realizable k-ε 湍流模型，标准壁面函数处理方式，SIMPLE 算法，二阶迎风格式离散动量方程。连续性和速度的收敛准则为 10^{-6}，最大迭代步为 3 000 步，同时监测出口一定高度的顺风向风速，用于判断流场是否达到稳定状态。

4.2.4 复杂地形潜在风资源评估

4.2.4.1 复杂地形数值模拟可靠性验证

将复杂地形风场模拟结果与风洞试验结果进行对比，用于验证数值模拟的准确性与可靠性。首先对数值模拟进行网格无关性验证，本次验证仅针对主导风向 NNW 结果。对比 3 套网格在 6 个测点 A、B、C、D、E、F 处的地面高度 10 m 以上的无量纲顺风向平均风剖面，发现网格 2 和网格 1 最大误差仅相差 1.4%，而网格 3 和网格 1 最大误差仅相差 2.2%。图 4-7 展示了 3 套网格方案在点 F 处的无量纲顺风向平均风剖面对比结果，表明网格 1 能够准确预测该复杂地形的风场风速分布。因此，后续复杂地形全风向风场数值模拟均基于网格 1 进行。

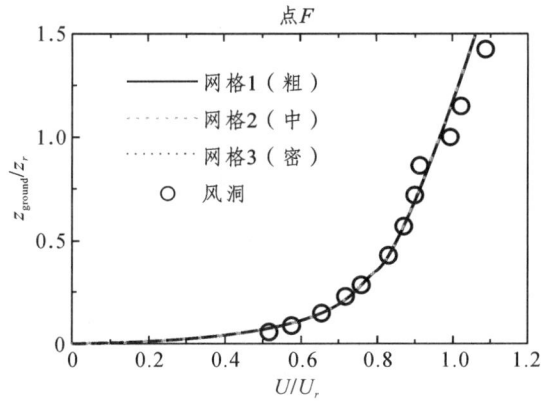

图 4-7　3 套网格方案在主导风向 NNW 下点 F 处的无量纲顺风向平均风剖面对比

将主导风向 NNW 下 6 个测点位置无量纲化平均风速剖面的数值模拟结果与风洞试验进行了对比,以此全面验证网格 1 方案数值模拟结果的准确性,如图 4-8 所示。由图可以发现,数值模拟的结果与风洞试验数据有很好的一致性。此外,可以基于此计算每个测点的模拟预测误差,进而展开误差分析。

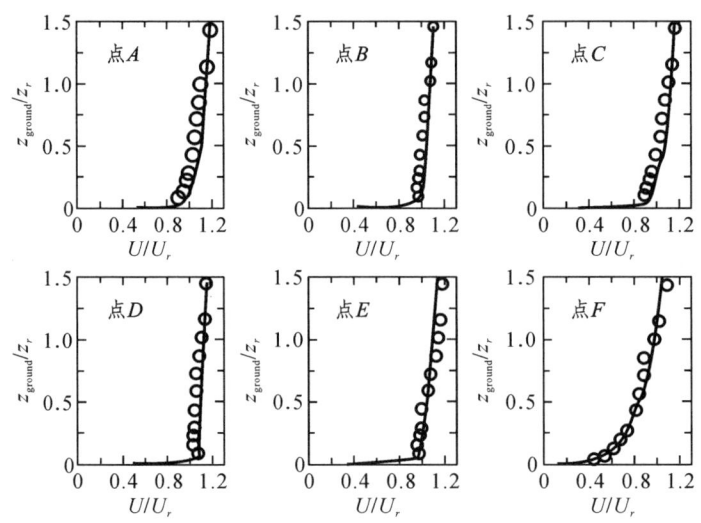

图 4-8　主导风向 NNW 下顺风向无量纲平均风速剖面对比——网格 1

类似地,计算所有风向下不同测点位置的数值模拟预测误差,绘制误差棒如图 4-9 所示。由图可以看出,整体的预测误差均较小。从平均误差来看,测点 A 的平均误差最大,为 2.6%,而测点 F 的平均误差最小,为 1.2%。综合 6 个测点,其平均误差约为 2.4%。从误差的波动性来看,测点 A 和 D 的波动性最大,而测点 F 的波动性最小。整体而言,测点 F 的预测效果最佳,这可能是因为该测点只模拟了主导风向 NNW,而该风向下测点 F 处于复杂地形的最前缘位置,受到地形干扰最小。

表 4-2 展示了不同风向下不同测点位置的数值模拟最大预测误差。由表可知,SE 风向下的预测误差最大,为 6.0%。测点 A、B、C、D、E、F 的最大预测误差分别为 6.0%、5.6%、5.9%、5.6%、3.2% 和 2.4%。

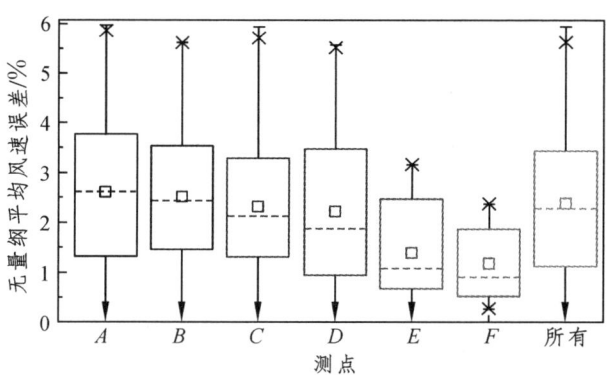

图 4-9 数值模拟与风洞试验的顺风向无量纲平均风速误差棒——网格 1

表 4-2 不同风向下顺风向无量纲平均风速剖面最大预测误差——网格 1

风向	测点 A /%	测点 B /%	测点 C /%	测点 D /%	测点 E /%	测点 F /%
N	3.1	2.8	2.6	2.7	—	—
NNE	5.7	3.4	3.8	2.7	—	—
NE	4.1	3.1	5.9	1.5	—	—
ENE	3.5	3.6	2.5	5.1	—	—
E	4.8	5.5	3.7	4.1	—	—
ESE	5.3	5.2	3.8	4.9	—	—
SE	6.0	5.1	4.6	5.0	—	—
SSE	4.0	4.4	3.3	5.6	—	—
S	3.6	4.5	3.5	2.9	—	—
SSW	5.7	4.9	5.5	4.6	—	—
SW	5.9	5.6	5.7	5.3	—	—
WSW	5.1	5.3	5.6	5.3	—	—
W	4.7	4.4	3.6	3.4	—	—
WNW	4.0	2.6	2.3	1.9	—	—
NW	5.5	3.7	3.2	2.4	—	—
NNW	4.4	5.6	4.6	3.8	3.2	2.4

综上所述，针对该实际复杂地形的全风向数值模拟得到的无量纲顺风向平均风速最大误差为 6.0%。因此，采用的具有 Realizable k-ε 湍流模型的数值模拟能够准确预测大气边界层下复杂地形的平均风场分布，该模拟结果可用于实际复杂地形潜在风资源评估研究中。

4.2.4.2 复杂地形平均风功率密度分布

基于全风向数值模拟的结果，结合气象站长期观测实测数据，即可根据 4.1 节的内容计算实际复杂地形的平均风功率密度分布情况，从而为风电场的微观选址提供参考。图 4-10 为 70 m 和 150 m 两种不同地面高度的区域平均风功率密度分布云图。

由图可以看出，该区域 3 处位置具有极值潜在风功率密度，即点 M、N 和 P，其 70 m 地面高度的平均风功率密度分别为 366 W/m^2、368 W/m^2 和 291 W/m^2，150 m 地面高度的平均风功率密度则分别为 372 W/m^2、367 W/m^2 和 314 W/m^2。由此可见，70 m 和 150 m 地面高度的极值平均风功率密度相差不大。点 N 处的 150 m 高度的风功率密度反而小于 70 m 高度，这是由局部地形加速效应导致的。因此，在考虑风电场风力发电效率和风机建设成本的前提下，70 m 轮毂高度的风机比 150 m 的更经济、更合理。

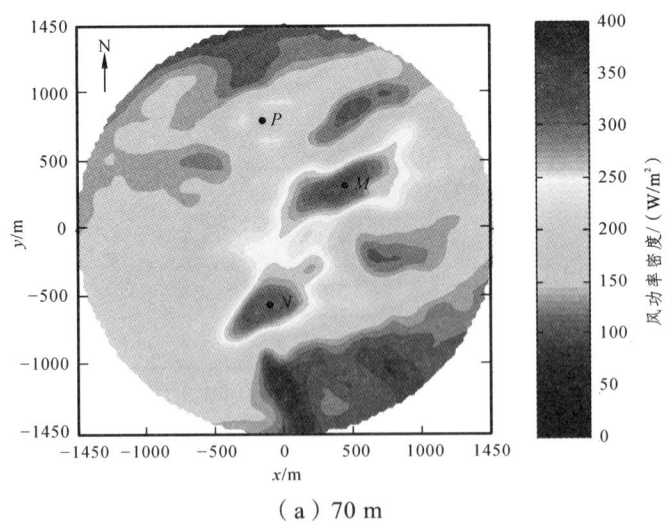

（a）70 m

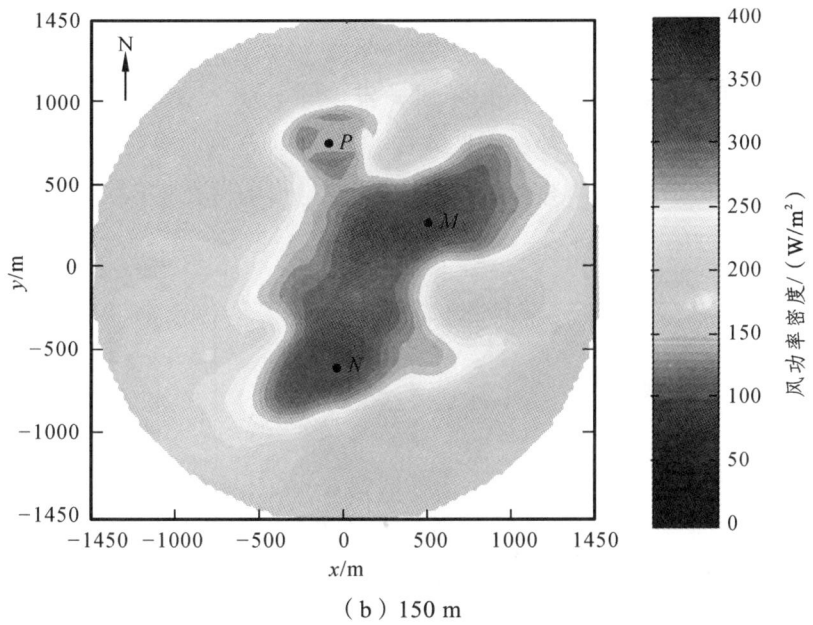

(b) 150 m

图 4-10　不同地面高度的平均风功率密度分布云图

图 4-11 为过 M 点沿主导风向 NNW 下区域的无量纲水平平均风速切片云图。由图可以明显看出，该地形具有 3 座连续的山峰，平均风功率密度最大位置 M 位于第二个山峰的山顶附近。这是因为第二个山峰较其他两个山峰而言具有最高的海拔高度，且第二个山峰的山顶处地形加速效应最明显。

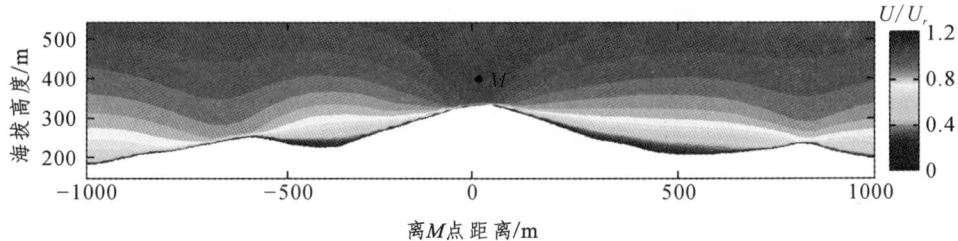

图 4-11　过 M 点沿主导风向 NNW 的水平平均风速竖向切片云图

需要注意的是，本节的平均风功率密度仅考虑了风速的大小，没有将风机型号和风机各项参数考虑在内。

4.2.4.3 复杂地形潜在风力发电量

为评估实际复杂地形的潜在年风力发电量,引入金风科技 GW 1.5MW 82/1500 型号风机,其相关参数详见 4.1.4 节。结合全风向数值模拟、长期观测数据以及风机功率曲线等信息,计算实际复杂地形的潜在年风力发电量,并绘制分布云图,如图 4-12 所示。

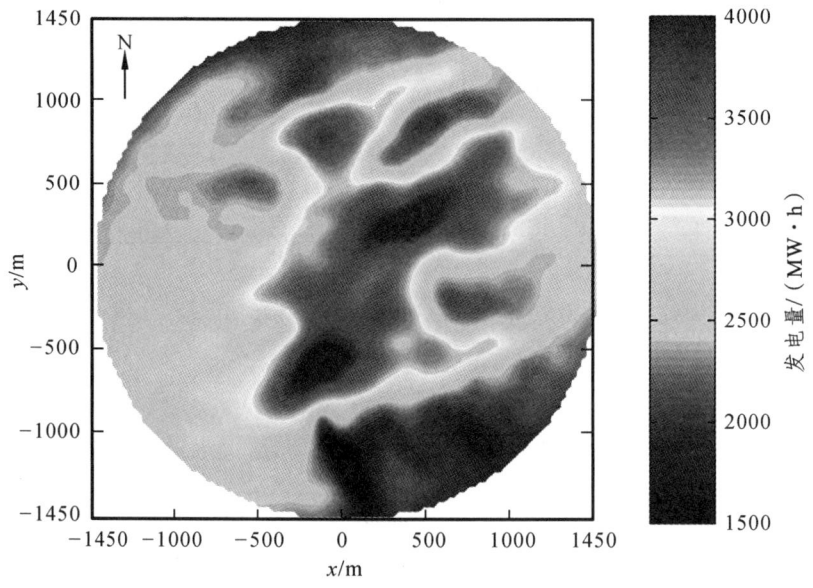

图 4-12 潜在年风力发电量分布云图

由图 4-12 可以发现,潜在年风力发电量的分布形式与图 4-10 中的平均风功率密度分布云图较为类似,但仍存在一定区别。这是因为风机的风力发电量基本与风速的三次方成正比,但当风速低于风机的切入风速或超出风速的切出风速时,风机发电量为零;而且,当风速介于额定风速与切出风速之间时,风力发电量为定值。根据图 4-12 可知,M 点和 N 点附近的潜在年风力发电量最大,超过了 4000 MW·h。然而,此处的风力发电量可以视为单机的年风力发电量值,完全没有考虑风电场建成后风力发电机组群之间的尾流效应,因此单机风力发电量的计算值整体将偏大。

4.3 本章小结

本章围绕复杂地形的潜在风资源评估展开了详细阐述,具体包括以下方面的内容:

(1)介绍了复杂地形潜在风资源评估的详细流程以及相关重要知识点,包括风速概率分布和风机功率曲线等。

(2)针对实际复杂地形开展了全风向风场数值模拟,结合长期观测实测风资料评估了复杂地形的平均风功率密度分布情况。

(3)结合全风向风场数值模拟、长期观测实测风资料以及风机功率曲线,计算了复杂地形的潜在年风力发电量分布,为后续复杂地形风电场的微观选址研究奠定了基础。

… 第 5 章
PART FIVE

复杂地形风电场微观选址

复杂地形潜在风资源的评估结果可以作为风电场微观选址的参考，但由于未考虑风机之间的尾流相互干扰效应，得到的风机年风力发电量只是理想值而并非真实值。本章将以湖南省长沙市坛山坨实际复杂地形为例，在风场全风向数值模拟和气象站长期观测数据的基础上，对比分析不同风机尾流模型、风电场优化目标函数以及风机排布方案优化算法下，得到的风电场微观选址方案，评估微观选址方案的各项指标。

5.1 复杂地形风电场微观选址方法

由于风电场的微观选址是一个多变量问题，即使小于 30 台风机也可能导致超过 10^{44} 种可行的风机排布方案。同时，风电场微观选址还是一个非凸问题，因而在风机排布方案优化过程中很容易陷入局部最优解。其中，风电场风力发电机组群之间的相互干扰效应的复杂性是造成风机排布优化难的最重要因素。当风电场建设在实际复杂地形上时，风机尾流与实际地形之间相互作用将极大程度增加寻找风机排布优化解的复杂程度。此外，合理评估风机排布方案的优劣同样非常重要。因此，本节重点介绍复杂地形风电场微观选址的常用方法，涉及重要知识点包括风机尾流效应和风机排布方案优化的目标函数，对比的风机排布优化算法包括贪婪算法、遗传算法以及改进遗传算法。

5.1.1 风机尾流效应

随着风力发电技术的不断进步，风力发电机组的单机容量不断增加，与此同时风机的叶片直径也不断变大，目前已超过百米。在一个较大型的风电场内，为了尽可能提高土地的利用率，其目标是在有限的土地上安装尽可能多的风力发电机组，从而获得尽可能多的发电量。这一目标同样适用于海上风电场的建设。此时，必须考虑不同位置的风资源以及风力发电机组之间的距离。众所周知，当自然风吹过风力发电机组时，风机会吸取风的部分能量使其速度降低，同时风机的阻挡和叶轮的转动会导致风的湍流强度有所增强，从而导致下游风力发电机组的发电功率大幅下降。除此之外，湍流强度的增大还会导致下游风力发电机组发生更为显著的结构疲劳，最终导致风力发电机组的使用寿命大大缩减。研究表明，当风力发电机组完全处在尾流区域运行时，其发电功率损失可达30%~40%。因此，必须合理评估风力发电机组群之间的尾流干扰效应，才能计算风电场的发电量，从而选择最优的风机排布方案。

5.1.1.1 Jensen 尾流模型

Jensen[141]最早提出一种线性尾流模型，目前已得到广泛应用并嵌入常用的风能资源评估商用软件中，如 WAsP 和 WT。Jensen 尾流模型中假定风力发电机组的尾流速度是线性衰减的，其示意图如图 5-1 所示。假定风力发电机的尾流有一个等于风机直径 D 的初始长度，然后尾流影响的长度随下游距离呈线性增加。

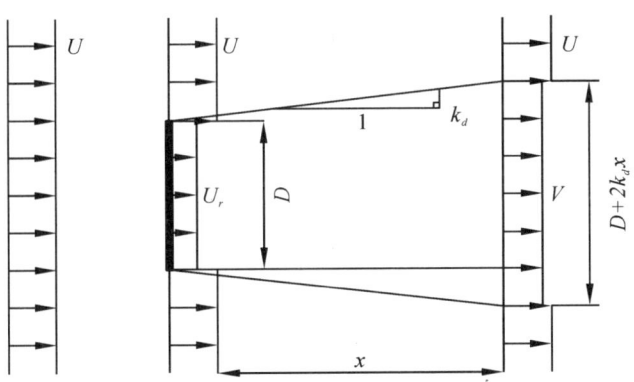

图 5-1 Jensen 尾流模型示意图

风力发电机下游 x 处的风速损失由下式得到：

$$\frac{V}{U}=1-\frac{1-\sqrt{1-C_t}}{\left(1+\dfrac{2k_d x}{D}\right)^2} \qquad (5\text{-}1)$$

式中，U 表示上游的自由风速；V 表示风力发电机下游的风速；D 表示风力发电机的叶轮直径；x 表示下游风力发电机距离上游风力发电机的顺风向水平距离；C_t 表示风力发电机的推力系数，与风力发电机轮毂高度处的风速有关，通常由风力发电机的厂商提供；k_d 表示风力发电机尾流衰减的扩散系数，其表达式为

$$k_d = \frac{0.5}{\ln(H_{\text{hub}}/z_{0,\text{turbine}})} \qquad (5\text{-}2)$$

式中，H_{hub} 表示风力发电机的轮毂高度；$z_{0,\text{turbine}}$ 表示风力发电机位置处的地面粗糙长度。

以金风科技 GW 1.5MW 82/1500 型号风机为例，其风机功率曲线与推力系数如图 5-2 所示。由图可以看出，风速越大，风机推力系数越小，其值由 1 逐渐趋近于 0。

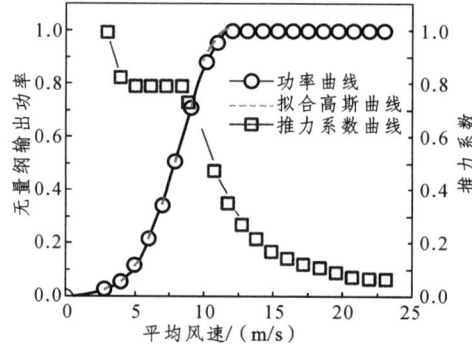

图 5-2　金风科技 GW 1.5MW 82/1500 风机的风机功率曲线和风机推力系数曲线

风力发电机组的尾流效应可以根据动能损失平衡计算得到。假定风力发电机组下游某处损失的动能等于每台风力发电机在该处损失能量之和，则风力发电机尾流风速为

$$(U_j - U_{jw})^2 = \sum_{\substack{i=1,\\ i\neq j}}^{N_{\text{tur}}} (U_i - U_{ij})^2,\ j=1,2,\cdots,N_{\text{tur}} \qquad (5\text{-}3)$$

$$\frac{U_{ij}}{U_i} = 1 - \frac{(1-\sqrt{1-C_t})}{(1+2k_d x/D)^2}\sqrt{\frac{A_{\text{overlap},ij}}{0.25\pi D^2}},\ i=1,2,\cdots,j-1,j+1,\cdots,N_{\text{tur}}$$

$$(5\text{-}4)$$

式中，N_{tur} 表示风力发电机的数量；U_i 表示第 i 台风力发电机的轮毂高度处的风速；U_{jw} 表示风力发电机组在第 j 台风力发电机处的尾流风速；U_{ij} 表示第 i 台风力发电机在第 j 台风力发电机处的尾流风速；$A_{\text{overlap},ij}$ 表示第 i 台风力发电机在第 j 台风力发电机位置产生尾流的重叠面积，如图 5-3 所示。

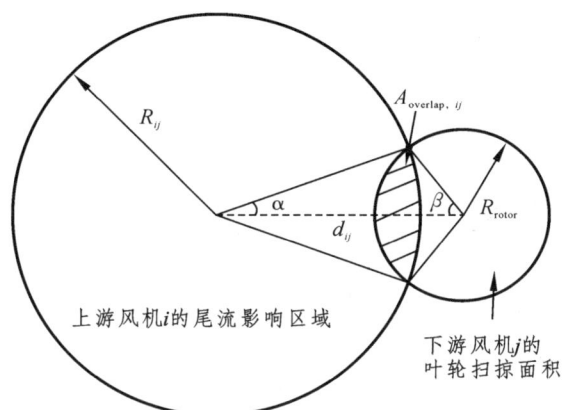

图 5-3　上游风机尾流与下游风机重叠面积示意图

重叠面积 $A_{\text{overlap},ij}$ 的计算可以分为以下 3 种情况：

$$A_{\text{overlap},ij} = \begin{cases} 0, & d_{ij} \geqslant R_{ij} + R_{\text{rotor}} \\ 0.25\pi D^2, & d_{ij} \leqslant R_{ij} - R_{\text{rotor}} \\ R_{ij}^2(\alpha - 0.5\sin(2\alpha)) + R_{\text{rotor}}^2(\beta - 0.5\sin(2\beta)), & \text{otherwise} \end{cases}$$

（5-5）

$$\alpha = \cos^{-1}\left(\frac{R_{ij}^2 + d_{ij}^2 - R_{\text{rotor}}^2}{2R_{ij}d_{ij}}\right) \tag{5-6}$$

$$\beta = \cos^{-1}\left(\frac{R_{\text{rotor}}^2 + d_{ij}^2 - R_{ij}^2}{2R_{\text{rotor}}d_{ij}}\right) \tag{5-7}$$

式中，R_{rotor} 表示风力发电机的叶轮半径；d_{ij} 表示第 i 台和第 j 台风力发电机叶轮中心的横风向距离；R_{ij} 表示第 i 台风力发电机在第 j 台风力发电机位置的尾流影响半径。

然而，上述提到的 Jensen 尾流模型假定目标地形为平坦，而且忽略了风力发电机组尾流与局部地形之间的相互作用。Feng 等[146]提出了一种适用于复杂地形的自适应 Jensen 尾流模型，该模型假定风力发电机组尾流影响区域的中心线距离地面高度为风力发电机的轮毂高度[148]，其效果示意图如图 5-4 所示。

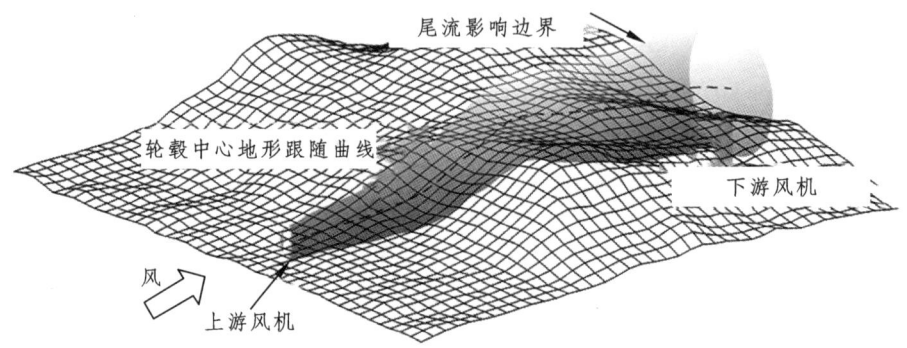

图 5-4　复杂地形风力发电机组尾流效应示意图

5.1.1.2　高斯型尾流模型

Brogna 等[148]提出了一种高斯型尾流模型，它能够高效、准确地评估复杂地形中风力发电机组之间的尾流干扰效应。该高斯型尾流模型与 Jensen 模型的形式较为相似，但考虑了尾流影响范围内的不均匀性变化特征，其尾流损失计算公式如下：

$$\frac{V}{U} = 1 - \left[1 - \sqrt{1 - \frac{C_t}{8(k_G s/D + \varepsilon_G)^2}} \right] \cdot \exp\left(-\frac{(r/D)^2}{2(k_G s/D + \varepsilon_G)^2} \right) \quad (5\text{-}8)$$

式中，r 表示尾流中心线与下游风力发电机叶轮中心的距离；s 表示沿尾流中心线与下游风机的顺风向距离；k_G 表示尾流扩散增长率，与地面粗糙长度有关[238]；ε_G 为模型参数，其表达式为

$$\varepsilon_G = 0.2 \sqrt{\frac{1+\sqrt{1-C_t}}{2\sqrt{1-C_t}}} \quad (5\text{-}9)$$

与 Jensen 尾流模型相比，高斯型尾流模型的尾流损失在下游风力发电机叶

片扫过面积的不同位置有很大区别。例如，风力发电机叶片的尖端尾流损失趋近于零，而在叶片中心的尾流损失达到最大。因此，可通过在尾流重叠面积 $A_{\text{overlap},ij}$ 内针对尾流损失后的风速进行积分，计算考虑尾流效应后的平均尾流风速。相关计算公式如下：

$$\frac{V_{\text{avg}}}{U} = \frac{1}{A}\int_A \frac{V}{U}\mathrm{d}A \tag{5-10}$$

式中，V_{avg} 表示平均尾流风速。

5.1.2 风机排布方案优化目标函数

即便能够准确计算得到指定风机排布方案的风力发电量，不同的方案评价标准也必然导致不同的风电场微观选址结果。如何合理地制定风机排布方案的优化目标函数，科学地评估风机排布方案的优劣，是风电场微观选址中非常重要的环节。

5.1.2.1 AEP 成本模型

评估风机排布方案优劣的常用简单方法为 AEP（annual energy production）成本模型，它直接表示了风电场建设后的总体年风力发电量。其计算思路与 4.1.5 节基本类似，区别仅在于需要考虑风力发电机组之间的尾流折减效应，并将每台风力发电机的年发电量进行累加。

这种模型的优点在于能够直观表示风电场的发电效益，但缺点也十分明显。它仅仅考虑了风电场发电量的多少，完全忽略了风电场建设过程的各项成本，得出的风机排布最优方案可能导致风电场的投资远超过预期，甚至超过发电量带来的收益。

5.1.2.2 COE 成本模型

Mosseti[127]提出一个模型用于评估风电场的建设费用，便于风机排布最优化方案的选择。该模型的相关计算公式如下：

$$\text{Fitness} = 1/\text{objective} \tag{5-11}$$

$$\text{objective} = \frac{1}{\text{AEP}}\omega_1 + \frac{\text{cost}}{\text{AEP}}\omega_2, \ \omega_1 + \omega_2 = 1 \tag{5-12}$$

$$\text{cost} = N_{\text{tur}}\left(\frac{2}{3} + \frac{1}{3}\exp(-0.001\,74 N_{\text{tur}}^2)\right) \tag{5-13}$$

式中，Fitness 表示适应度函数，它决定了风机排布方案的质量，其值越大表示排布方案越好；objective 表示评估风电场发电效益的参数，它通过权重系数考虑了风电场单位发电量的建设成本，其值越小表示风电场发电效益越好；cost 表示风电场的建设成本，只与风电场的风力发电机安装数量有关；ω_1 和 ω_2 是任意选择的权重系数[143]，其值在 0 与 1 之间，且二者之和为 1。

显然，Mosseti 提出的风电场建设是典型的 COE（cost of energy）成本模型，它的目标在于找到某种风机排布方案使得风电场单位发电量的成本最低。然而，Mosseti 提出的成本模型过于理想化。风电场的建设成本不仅包括风力发电机的安装，还应当包括线路安装和维护成本等。

5.1.2.3 LCOE 成本模型

为综合考虑风电场整个运营期内的各项成本和收益，学者提出了平准化（levelized cost of energy，LCOE）成本模型。Chen 等[239]将国家新能源实验室（national renewable energy laboratory，NREL）提出的风机成本模型应用于风电场微观选址研究中，模型同时包含了风力发电机组的设施费用和维护费用。该 LCOE 成本模型的相关计算公式如下：

$$\text{objective} = \text{cost} / \text{AEP} \tag{5-14}$$

$$\text{cost} = \text{FCR} \times \text{ICC} + \text{AOE} \tag{5-15}$$

$$\text{FCR} = (A/P, i, n) = \frac{i(1+i)^n}{(1+i)^n - 1} \tag{5-16}$$

式中，cost 表示考虑风电场建设的资金等值年度成本，可根据 NREL 风电场成本模型计算得到[239]；ICC 表示风电场建设的初始投资成本；AOE 表示风电场的年度运维费用；FCR 表示资金等值换算系数，可将初始投资折算到每年的成本，在经济学中用 $(A/P, i, n)$ 表示；n 表示风力发电机组的运营寿命期；i 表示基准收益率。对于大部分风电场，运营寿命期 n 为 20 年，基准收益率 i 可取为 10%。

在 NREL 风电场成本模型中,将风电场的成本分为风机初始建设投资(ICC)和风机年运行成本(AOE)两部分,详细可见表 5-1。

表 5-1　NREL 风电场成本模型　　　　　　　　　　单位：美元

类型	性质	明细	成本模型
风机系统成本	机械系统	叶片	$(0.4019R^3 - 955.24 + 2.7445R^{2.5025})/0.72$
		变速器	$16.45 \times (0.001 P_r)^{1.249}$
		低速轴	$0.1 \times (2R)^{2.887}$
		主轴承	$(0.647\,68R/75 - 0.010\,686\,72) \times (2R)^{2.5}$
		机械制动	$1.9894 \times 10^{-3} P_r - 0.1141$
	电力系统	发电机	$0.065 P_r$
		变速电子装置	$0.079 P_r$
		电气连接	$0.04 P_r$
	控制系统	偏航系统	$0.480\,168 \times (2R)^{2.6578}$
		仰角系统	$0.0678 \times (2R)^{2.964}$
		控制和安全系统	35 000
	辅助系统	水力和冷却系统	$0.012 P_r$
		轮毂	$2.006\,166\,6R^{2.53} + 24\,141.275$
		机头鼻锥	$206.69R - 2899.185$
		主机	$11.917\,387\,5 \times (2R)^{1.953}$
		机舱盖	$1.1537 \times 10^{-2} P_r + 3849.7$
		塔架	$0.595\,95\pi R^2 H - 2121$
安装建设成本	基础设施	基础	$303.24 \times (\pi R^2 H)^{0.4037}$
		道路和土建工程	$2.17 \times 10^{-15} P_r^3 - 1.45 \times 10^{-8} P_r^2 + 0.0694 P_r$
		电气接口/连接	$3.49 \times 10^{-15} P_r^3 - 2.21 \times 10^{-8} P_r^2 + 0.1097 P_r$
		工程和许可	$9.94 \times 10^{-10} P_r^2 + 0.020\,31 P_r$
	安装和运输	运输	$9.94 \times 10^{-10} P_r^2 + 0.020\,31 P_r$
		安装	$1.965 \times (2HR)^{1.1736}$
年度成本	年度运行成本	平准化替换成本	$0.001\,07 P_r$
		平准化运行和维护成本	$7 \times 10^{-6} \text{AEP}$
		土地租赁成本	$1.08 \times 10^{-6} \text{AEP}$

注：R 表示风机叶轮半径；P_r 表示风机额定发电功率；H 表示风机轮毂高度；AEP 表示风机年发电量。

5.1.3 风机排布方案优化算法

由于风机排布优化问题潜在可能方案众多,又是非凸问题,所以很难找到风机排布优化的全局最优解。本节介绍较为常用的风机排布方案优化算法,即贪婪算法和遗传算法,并在遗传算法的基础上,提出改进遗传算法。后续将详细对比这 3 种优化算法的优劣。

5.1.3.1 贪婪算法

由于风机排布方案优化很难找到全局最优解,此时可以采用贪婪算法寻求问题的局部最优解。贪婪算法的核心思想是,在每次求解问题时,总是做出在当前视角上最好的选择,而不考虑整体上的最优,由此即可获得某种意义上的局部最优解。

利用贪婪算法针对风机排布进行优化时,其详细步骤如下:

(1)将风电场建设区域进行网格化,结合风场全风向数值模拟和气象站长期观测数据获取每个网格中心风机轮毂高度处的风速时程信息。

(2)结合风机功率曲线,计算每个网格位置的年风力发电量,则第一台风力发电机安装在年风力发电量最大的位置。

(3)考虑风机的安全距离和风机尾流折减效应,在剩余可行的网格位置假定安装第二台风力发电机。根据风机排布方案优化目标函数,计算每种排布方案的适应度函数,则适应度函数最大的方案即当前的局部最优方案。

(4)循环运行步骤(3),直到局部最优方案的适应度函数不再增加,则当前的局部最优方案即最终的风机排布最优方案。

(5)评估风机排布最优方案的各项指标,如风机安装数量、风电场年风力发电量、风机尾流折减率以及目标函数等。

综上可以看出,贪婪算法的核心在于计算每次只安装一台风机的最佳位置,这样的算法只需要考虑眼前的利益,其优缺点均较为明显。其优点在于,计算效率高,能以较快的速度找到一个较好的风机排布方案,而且给定的条件下,每次计算得到的最优方案是相同的。其缺点在于,只考虑当前最优,因此找到的风机排布方案并非全局最优,可能错过了很多更好的选择,无法充分利用区域的潜在风资源，将单位发电量的成本降到最低。

5.1.3.2 遗传算法

遗传算法是根据大自然中生物体进化规律而设计提出的，它是模拟达尔文生物进化论的自然选择和遗传学机理的生物进化过程的一种计算模型，是一种通过模拟自然进化过程搜索问题最优解的方法。该算法通过数学的方式，利用计算机仿真运算，将问题的求解过程转换成类似生物进化中的染色体基因的交叉、变异等过程。在求解较为复杂的组合优化问题时，相对一些常规的优化算法，遗传算法通常能够较快地获得较好的优化结果。

Mosetti等[127]首次引入遗传算法来针对风机排布方案优化问题进行求解。该方法的核心思想是将风电场待建区域划分为均匀的若干网格，假定每台风机能够安装在网格的中心。由于每个网格中心只有安装和不安装两种情况，可以分别用"1"和"0"来表示，这便是基因代码的思想。将所有的网格全部用1或0的数字来表示，即构成了1个个体。例如，当网格为10×10时，网格总数为100，则用1×100的行向量来表示当前个体，每个个体对应1种风机的排布方案。假定存在1个种群，种群中有大量的个体，每个个体均用相同长度的"基因"来表示，然后让这些个体与自然界中的生物进化类似，经历自然选择、个体交叉、基因突变等过程，最终得到1个对于自然条件更能适应的种群。该种群中的个体大量为优秀个体，携带了优秀基因，对于自然环境的适应度非常强。从中选择出最优的个体，对应的风机排布方案即通过遗传算法自然选择出来的风机排布最优方案。

利用遗传算法针对风机排布进行优化时，其详细步骤如下：

（1）将风电场建设区域进行网格化，结合风场全风向数值模拟和气象站长期观测数据获取每个网格中心风机轮毂高度处的风速时程信息。

（2）设定遗传算法相关参数，进行种群初始化。

（3）计算种群中每个个体的适应度函数。此处需考虑风力发电机组的尾流折减效应，适应度函数与所选择的目标函数有关。

（4）采用转轮盘法对个体进行选择，适应度越大的个体被选择的概率越高。

（5）每2个个体进行交叉，模仿自然界中的繁衍过程。2个个体交叉的部分为随机,交叉部分互相交换基因编码。

（6）设置个体的突变,以此模仿自然界中的基因突变。突变表现为某个基因由 0 变为 1 或由 1 变为 0。

（7）循环运行步骤（3）至步骤（6）,直到满足迭代停止条件。

遗传算法的寻优过程完全模仿了自然界中的优胜劣汰过程,最终能找到在自然界中可以更好生存的种群。由于个体选择、个体交叉以及基因突变均为随机,所以遗传算法得到的最优方案并非固定。同时,遗传算法的计算过程通常耗时较长,得到的最优方案也不一定是全局最优。通常来说,优化问题越简单,采用贪婪算法的效果越好；而优化问题越复杂,采用遗传算法的效果越好。

5.1.3.3 改进遗传算法

为改善遗传算法在复杂地形风电场微观选址中的耗时长、效率低和容易陷入局部最优的问题,考虑风电场的平均风功率密度和风速加速比,提出一种改进的遗传算法。该改进遗传算法的流程如图 5-5 所示,主要包括以下步骤。

1）预处理和参数设定

确定风机的型号,从而获得风机轮毂高度、风力发电机叶轮直径、风机功率曲线和风机推力系数曲线等参数。将目标复杂地形划分为若干个均匀分布的网格。结合风场全风向数值模拟结果和气象站长期观测资料,计算每个网格中心位置距离地面风机轮毂高度处的风速和风向时程信息。需要注意的是,此处的风速信息尚未考虑风机的尾流效应。进一步,计算复杂地形的平均风功率密度和主导风向下的风速加速比。

确定遗传算法的模拟参数,包括种群个体数量 N_{pop}、二进制字符长度 L_{string}、交叉概率 P_{cross}、变异概率 P_{mut} 以及最大迭代步数 N_{iter}。参数的选择可参考文献[127-129]。

2）剔除风机安装的网格坏点

为了提高计算效率,剔除平均风功率密度低或风速加速比小的网格点。这样可以减小二进制字符长度 L_{string},从而缩减计算耗时。二者的阈值分别记为 $W_{threshold}$ 和 $Ratio_{threshold}$,可根据经验拟定。

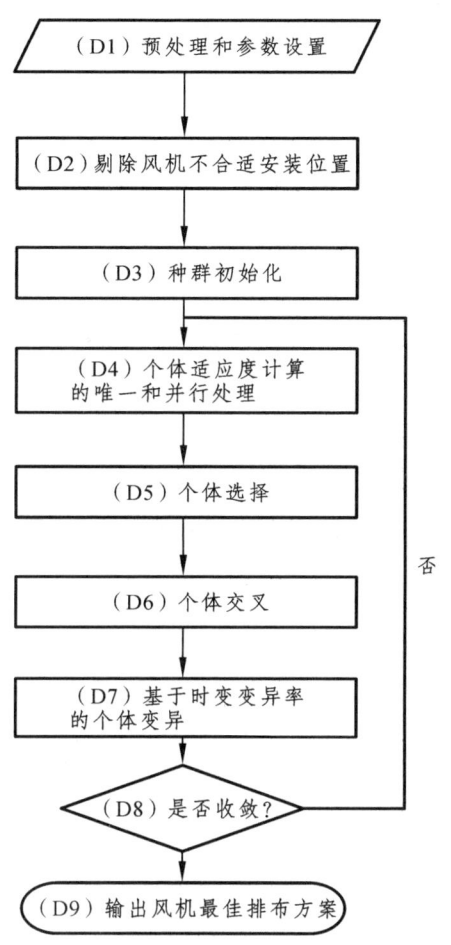

图 5-5 改进遗传算法的风机排布优化流程

3）种群初始化

种群初始化对于避免陷入局部最优至关重要。Yang 等[240]提出了一种变概率的初始化算法，其计算公式如下

$$P(G_{ij}=1)=P_i,\ P(G_{ij}=0)=1-P_i \tag{5-17}$$

式中，G_{ij} 表示第 i 个个体的第 j 个位置；P_i 表示第 i 个个体的风机安装整体概率，是随机生成的介于 0 和 1 之间的值。

4）计算种群的适应度

在经过部分迭代步以后，种群的大部分个体可能会出现重复。为尽可能避免资源浪费，缩短计算耗时，针对种群进行唯一化处理，然后再计算不重复个体的适应度。同时，每个个体适应度的计算相互不干扰，可引入并行计算以大幅提高计算效率。

5）个体选择

计算每个个体适应度的累积分布函数，采用转轮盘法进行个体选择。适应度越高的个体被选中的概率越大。

为考虑风力发电机运行过程的安全性，设定 $4D$ 的安全距离，其中 D 表示风力发电机叶轮直径。当个体中存在两台风力发电机之间的距离小于设定的安全距离时，将其目标函数设定为一个足够大的数，则其适应度函数将非常接近 0，从而保证该个体在自然选择中很容易被淘汰。

6）个体交叉

每两个个体进行一次交叉，可以促进种群的局部进化，提升种群中个体的整体适应度。交叉概率应当设置为一个较高的值，介于 0.6 与 0.9 之间。

7）个体变异

个体的变异可以有效避免种群快速陷入局部最优，最终被自然界全员淘汰。变异率的设定应当较低，因为这种变异并不是一种普遍现象。然而，如果种群的变异率太低，种群很容易在迭代一段时间后快速陷入局部最优。因此，提出一种可变变异率的变异方式，变异率随迭代步数线性变化。为尽量避免种群陷入局部最优，在迭代一段时间后，将变异率提高，以期突破当前的困境。该变异率的计算公式如下：

$$P_{\text{mut}} = \min\left\{\frac{\text{iteration}}{N_{\text{iter}}/2}\times(r_2-r_1)+r_1, r_2\right\} \quad (5\text{-}18)$$

式中，iteration 表示当前迭代步；r_1 表示初始变异率；r_2 表示最终变异率。

8）迭代停止

当迭代达到设定的最大迭代步时，或种群的最大适应度很长一段时间未更新时，迭代视为收敛，停止迭代。否则，种群继续更新，返回步骤（4）。

9）输出结果

当迭代完成时，获取种群中的最优个体，即适应度函数最大的个体。导出最优个体对应的风机排布方案、年风力发电量、风机尾流损失以及风机安装数量等信息。

对比改进遗传算法与传统遗传算法，主要有以下三点区别：

（1）改进遗传算法中，根据平均风功率密度和主导风向下的风速加速比，进行了数据的预处理，提前剔除了潜在风资源利用率差的位置，大大减小了个体的长度，从而降低了计算量。

（2）改进遗传算法中，针对种群进行了唯一化处理，同时引入了并行计算，大幅提高了种群适应度的计算效率。

（3）改进遗传算法中，提出了随迭代步变化的变异率，有效改善了陷入局部最优的问题，提高了迭代搜索风机排布方案全局最优解的可能性。

5.2 复杂地形风电场微观选址案例分析

以湖南省长沙市坟山坨实际复杂地形为研究对象，其经纬度信息为（28°02'03"N，112°07'33"E），针对该复杂地形进行风电场微观选址分析研究。

5.2.1 复杂地形风电场相关信息

湖南省长沙市坟山坨的区域范围较小，目标研究区域为 2.6 km×2.6 km，相关地形特点和气候条件特征详见 4.2 节。根据气象观测资料确定该区域的主导风向为 NNW 方向。围绕该复杂地形开展全风向数值模拟研究，结合气象站长期观测资料，计算得到区域空间任意点的风速和风向时程信息。同时，利用实际复杂地形模型的风洞试验，验证了数值模拟方法的准确性。

5.2.2 复杂地形风电场微观选址

针对已有的复杂地形相关信息，结合复杂地形风场全风向数值模拟、气象站长期观测风资料以及选定的风机型号等，开展复杂地形风电场微观选址研究。

5.2.2.1 复杂地形风电场建设区域

选定金风科技 GW 1.5MW 82/1500 型号的风机，该风机的轮毂高度 h_{hub} 为 70 m，叶轮直径 D 为 82 m。根据复杂地形的区域特点和主导风向，拟定的风电场待建区域如图 5-6 所示，其中红色矩形框表示待建区域，与主导风向 NNW 垂直，其大小为 $20D×20D$。假定风力发电机组安装在该区域内，针对风机的排布方案进行优化。

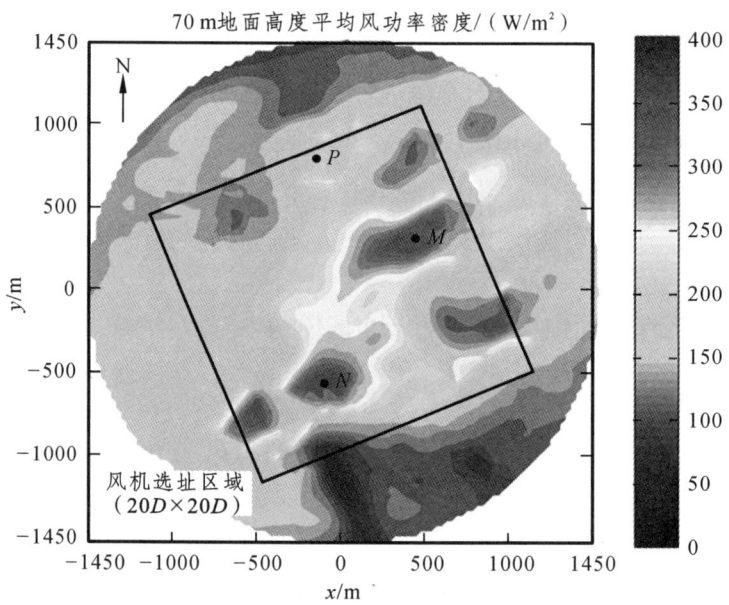

图 5-6　复杂地形风电场建设区域示意图

一般而言，风机在顺风向的间距为 $8D~13D$，横风向的间距为 $4D~5D$。为优化该区域内的风机排布，将区域划分为若干等距的均匀网格，假定风机安装在网格的中心。考虑风机排布的效果和计算效率，网格间距选择 $0.5D$。

5.2.2.2 复杂地形风电场微观选址参数设置

在改进遗传算法中，考虑了平均风功率密度和主导风向的风速加速比，将潜在风资源低的网格位置在优化前进行了剔除。设定 $W_{threshold}$ 和 $Ratio_{threshold}$ 分别为 150 W/m² 和 1.05，其中前者是根据 GB/T 18710—2002[241] 制定的，后者是根据经验给出的。变异率 r_1,r_2 分别取值为 0.05 和 0.2。种群大小 N_{pop} 为 500，交叉概率 P_{cross} 为 0.9，最大迭代步数 N_{iter} 为 1000。

所有代码均基于 Matlab 语言编写，在同一计算机上运行，处理器为 Intel(R) Core(TM) i7-4790K CPU @ 4.00 GHz，共 4 个核，所有算法均采用并行计算。为验证改进遗传算法的风机排布优化效果，将其与贪婪算法和遗传算法进行对比。不同算法的参数设定如表 5-2 所示。

表 5-2 不同算法的参数设定

算法	贪婪算法	遗传算法	改进遗传算法
是否并行计算	是	是	是
是否唯一化处理	否	否	是
是否剔除网格	否	否	是
区域大小	20D × 20D	20D × 20D	20D × 20D
网格间距	0.5D × 0.5D	0.5D × 0.5D	0.5D × 0.5D
交叉概率	—	0.9	0.9
变异概率	—	0.1	0.05~0.2

5.2.2.3 复杂地形风电场微观选址方案设定

为评估尾流模型和目标函数对风机排布优化方案结果的影响，同时验证改进遗传算法的鲁棒性，设定了表 5-3 所示的 3 种不同工况。工况 1 中，尾流模型采用自适应 Jensen 尾流模型，目标函数采用 Mosetti 提出的 COE 模型；工况 2 中，尾流模型采用高斯尾流模型，目标函数同工况 1；工况 3 中，尾流模型同第 1 种工况，但目标函数采用 LCOE 模型。通过对比工况 1 和工况 2，可以分析尾流模型对风机排布优化结果的影响；对比工况 2 和工况 3，可以分析目标函数对优化结果的影响。每种方案均分别采用贪婪算法、遗传算法和改进遗传算法进行优化，以此全面对比分析不同算法的优劣。

表 5-3 不同工况的设定

工况	尾流模型	目标函数
工况 1	自适应 Jensen 尾流模型	COE 模型
工况 2	高斯型尾流模型	COE 模型
工况 3	高斯型尾流模型	LCOE 模型

5.2.3 复杂地形风电场微观选址方案对比结果与不确定性分析

针对上述制定的 3 种工况,分别采用贪婪算法、遗传算法和改进遗传算法进行风机排布方案的优化,并开展不确定性分析。

5.2.3.1 工况 1

将工况 1 的风机排布方案优化结果汇总如表 5-4 所示,并分别绘制 3 种算法得到的风机排布最优方案如图 5-7 所示。根据 4.2.4 节所述,该复杂地形的平均风功率密度分布云图中有 3 个峰值,即点 M、N 和 P。贪婪算法能够快速发现一个较好的结果,建议的风力发电机安装数量为 4 台,基本在点 M 和 N 附近。贪婪算法得到的风机排布方案的风电场年发电量为 15 917 MW·h,目标函数为 $1.9315×10^{-4}$。贪婪算法的搜索顺序为:先选择两个峰值位置,然后在距离峰值位置安全距离内依次搜索使得目标函数最小的风力发电机安装位置,直到目标函数不再降低,其得到的最佳风力发电机组排布方案为固定。

表 5-4 工况 1 的风电场微观选址结果

方法	贪婪算法	遗传算法	改进遗传算法
处理器计算耗时/s	54	3342	1853
目标函数/10^{-4}	1.9315	1.9242	1.9093
风力发电机数量 N_{tur}	4	6	6
年风力发电量 AEP/MW·h	15 917	22 945	23 124
风力发电机组尾流损失/%	1.0	1.5	0.9

与贪婪算法相比,遗传算法能够获得更好的风机排布方案。遗传算法得到的风机排布最优方案中:建议安装 6 台风力发电机,比贪婪算法得到的方案多 2 台;风电场年发电量为 22 945 MW·h,比贪婪算法每年多发电 7028 MW·h;目标函数为 $1.9242×10^{-4}$,比贪婪算法得到方案的单位发电成本更低。尽管如此,

但遗传算法所需的计算耗时为 3342 s，几乎是贪婪算法耗时的 62 倍，且前者方案中的尾流损失为 1.5%，比后者高了 0.5%。根据风机排布方案可知，遗传算法建议的风力发电机组安装位置位于点 M、N 和 P 附近，与贪婪算法相比分别在点 N 和 P 处多了 1 台。

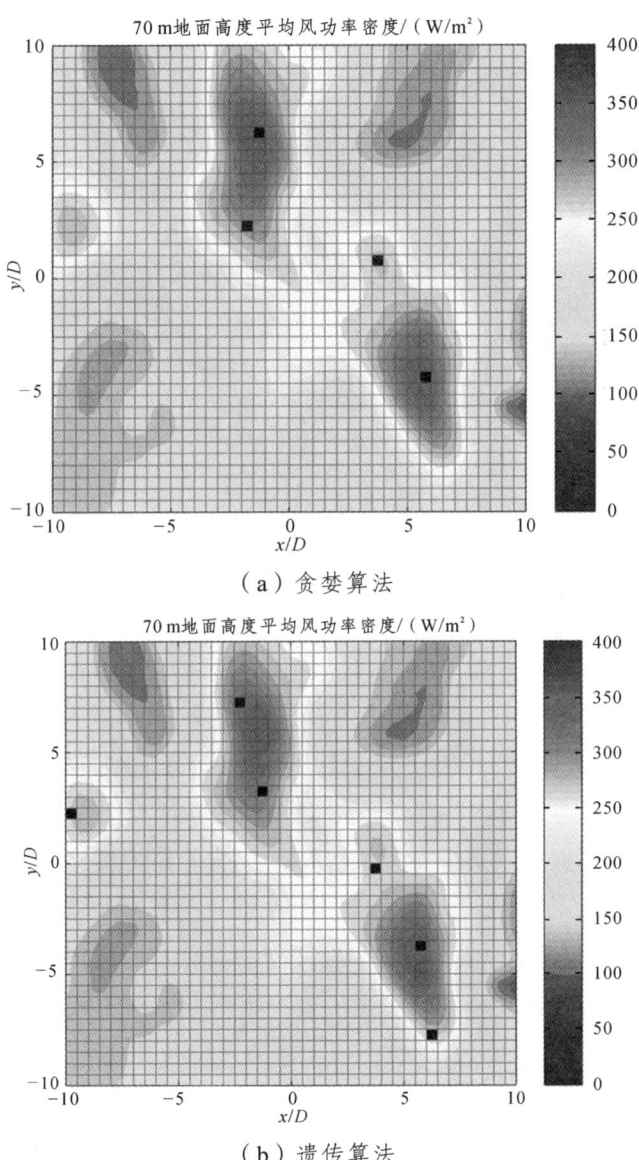

(a) 贪婪算法

(b) 遗传算法

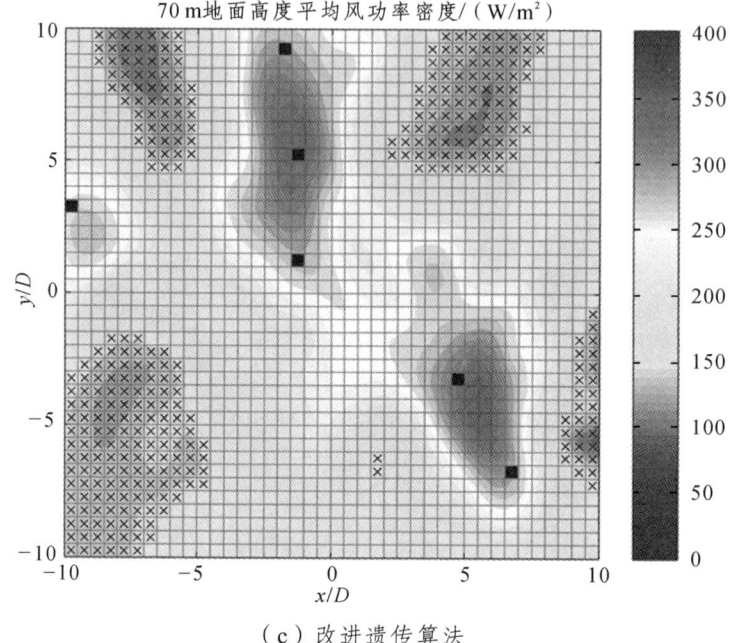

（c）改进遗传算法

注：■表示风机安装位置；×表示剔除网格位置。

图 5-7 工况 1 的风机排布方案对比

对比遗传算法和改进遗传算法可以发现，改进算法在计算效率、发电量和尾流损失等方面均有显著的提升。改进遗传算法建议的风力发电机组安装数量与遗传算法相同，均为 6 台，但其年风力发电量增加了 179 MW·h，目标函数由 1.9242×10^{-4} 降低至 1.9093×10^{-4}，尾流损失由 1.5%降低至 0.9%，尾流损失甚至低于贪婪算法。与遗传算法相比，改进遗传算法的计算耗时为 1853 s，时间成本减少了 44.6%。根据风机排布方案可知，与遗传算法相比，改进遗传算法建议在点 M 附近多安装 1 台风力发电机，而在点 N 附近减少 1 台风力发电机。

综合上述 3 种算法的结果可知，在任何情况，平均风功率密度越大的网格点越容易被选择为风力发电机的安装位置。类似地，平均风功率密度越小的网格点，越不适用于安装风力发电机。这也是改进遗传算法的依据之一。

为了深入分析改进遗传算法的计算效率，将遗传算法和改进遗传算法的迭代收敛过程和计算耗时进行了对比，如图 5-8 所示。由图可知，遗传算法完成每个迭代步所需的时间是改进遗传算法的约 1.8 倍。与遗传算法相比,改进遗传算法能更快速地发现更优秀的个体,所需的计算成本更少,最终搜索得到的风力发电机组排布方案更好。

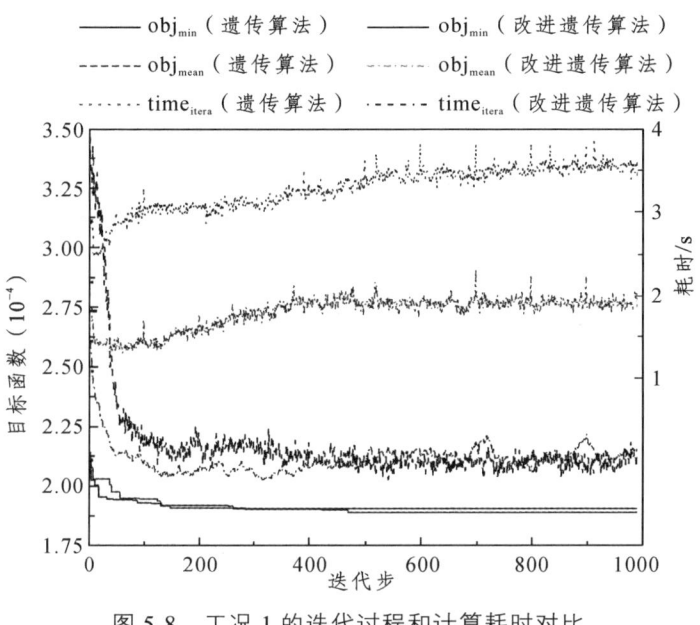

图 5-8 工况 1 的迭代过程和计算耗时对比

5.2.3.2 工况 2

将工况 2 的风机排布方案优化结果汇总如表 5-5 所示,并分别绘制 3 种算法得到的风机排布最优方案如图 5-9 所示。不难发现,工况 2 得到的风机排布最优方案与工况 1 非常相似,表明尾流模型对于目标复杂地形风电场的影响较小。两种尾流模型下,贪婪算法得到了完全相同的风机排布方案,但对应着不同的目标函数。与贪婪算法相比,遗传算法和改进遗传算法所需的计算成本更高,但更容易获得更好的风机排布方案。

遗传算法得到的风机排布最优方案中,建议安装的风力发电机组为 6 台,目标函数为 $1.9221×10^{-4}$,其年风力发电量比贪婪算法的多 7067 MW·h,尾流损失为 0.8%。该方案建议安装的 6 台风力发电机在平均风功率密度峰值点 M、N 和 P 附近。

表 5-5　工况 2 的风电场微观选址结果

方法	贪婪算法	遗传算法	改进遗传算法
处理器计算耗时/s	72	7435	2662
目标函数（10^{-4}）	1.9333	1.9221	1.9046
风力发电机数量 N_{tur}	4	6	5
年风力发电量 AEP/MW·h	15 902	22 969	19 691
风力发电机组尾流损失/%	1.0	0.8	1.0

与遗传算法相比，改进遗传算法提供了更好的风机排布方案，其目标函数为 1.9046×10^{-4}，这与工况 1 的结果非常相似。应该指出的是，改进遗传算法搜索到的最优风机排布方案中，建议安装的风力发电机仅为 5 台，比遗传算法建议的方案少 1 台，因此年风力发电量下降了 3278 MW·h。然而，改进遗传算法的时间成本降低了 64.2%。

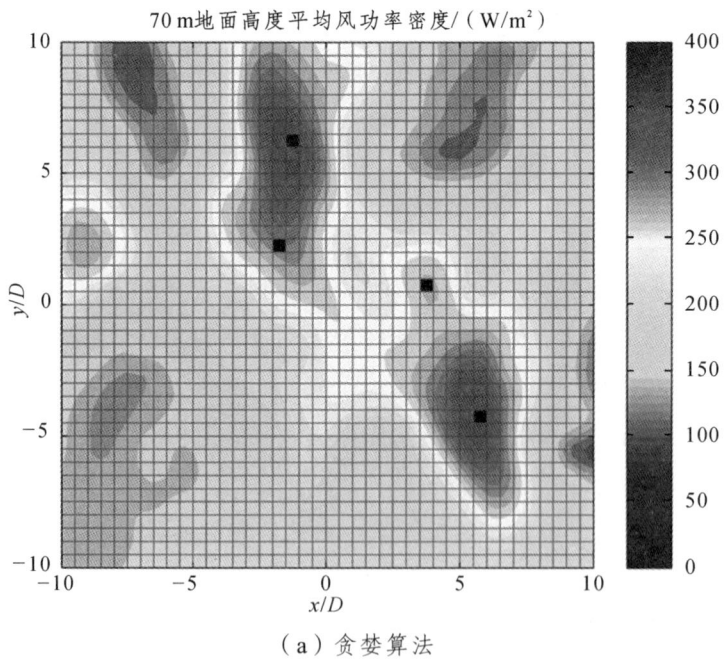

(a) 贪婪算法

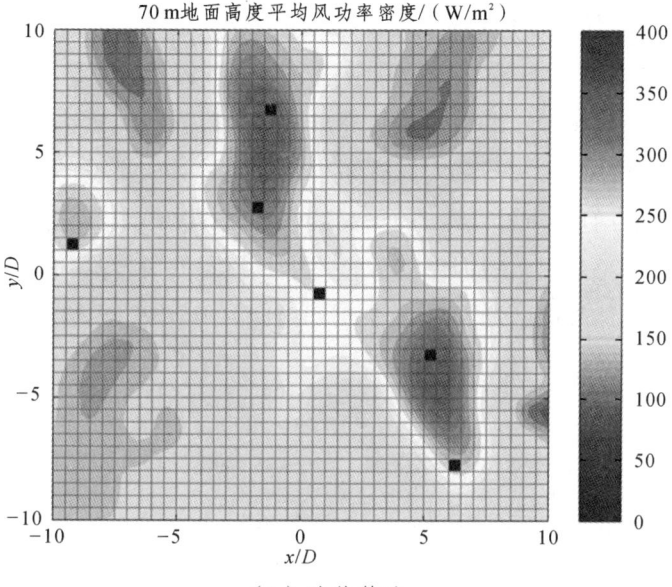

（b）遗传算法

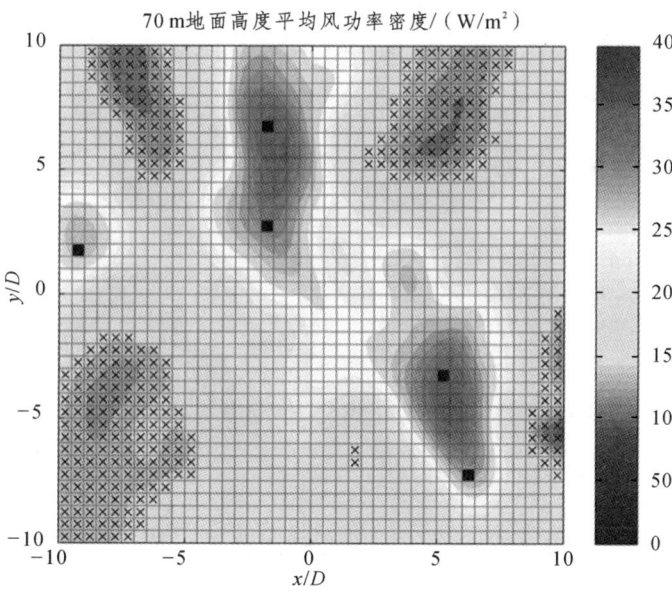

（c）改进遗传算法

注：■表示风机安装位置；×表示剔除网格位置。

图 5-9 工况 2 的风机排布方案对比

由于工况 2 中采用了高斯型尾流模型评估风力发电机组之间的尾流干扰效应，模型较自适应 Jensen 模型更为复杂，所以计算耗时比工况 1 的更长。图 5-10 绘制了工况 2 中遗传算法和改进遗传算法的迭代过程和计算耗时。与工况 1 类似，改进遗传算法能用更短的时间搜索得到比遗传算法更好的风机排布方案。随着迭代步数的增加，遗传算法的每步迭代耗时越来越长，直到趋于稳定；而改进遗传算法的每步迭代耗时基本保持不变。以最终每步迭代耗时来看，遗传算法的计算耗时是改进遗传算法的 3 倍。由此可见，尾流模型越复杂，改进遗传算法在计算效率上的改善效果越佳。

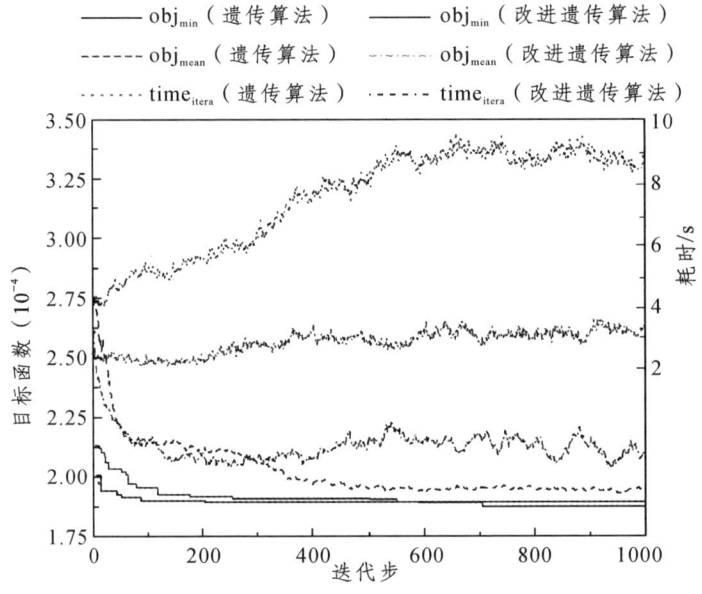

图 5-10　工况 2 的迭代过程和计算耗时对比图

5.2.3.3　工况 3

将工况 3 的风机排布方案优化结果汇总如表 5-6 所示，并分别绘制 3 种算法得到的风机排布最优方案如图 5-11 所示。由于该目标函数考虑了风电场全寿命周期成本和收入，风机排布优化结果与工况 1 和工况 2 相差较大，这表明目标函数的选取对于最终的风机排布方案的选择影响很大。对于工况 3，贪婪算法得到的最优风机排布方案中,建议安装风力发电机组 7 台,预测的年风力发电量为 26 244 MW·h,目标函数为 6.0144×10⁻⁶,风力发电机组的尾流损失为 1.3%,计算耗时为 138 s。

与贪婪算法相比,遗传算法提供的风机排布最优方案中,建议安装的风力发电机由 7 台减小为 6 台,虽然年风力发电量减少了 3292 MW·h,计算耗时增加了 53 倍,但目标函数由 6.0144×10⁻⁶ 降低为 5.8631×10⁻⁶,且尾流损失降低了 0.1%。显然,从目标函数来看,遗传算法得到的风机排布方案明显优于贪婪算法。

表 5-6 工况 3 的风电场微观选址结果

方法	贪婪算法	遗传算法	改进遗传算法
处理器计算耗时/s	138	7388	2396
目标函数（10⁻⁶）	6.0144	5.8631	5.3279
风力发电机数量 N_{tur}	7	6	6
年风力发电量 AEP/MW·h	26 244	22 952	23 232
风力发电机组尾流损失/%	1.3	1.2	0.9

值得注意的是,改进遗传算法得到的风机排布最优方案中,建议安装 6 台风力发电机,与遗传算法完全相同,但前者年发电量能增加 280 MW·h,尾流损失降低了 0.3%,计算耗时减少了 67.6%。最重要的是,改进遗传算法得到的风机排布方案远优于遗传算法,其目标函数为 5.3279×10⁻⁶。根据风机排布方案可以发现,两类遗传算法得到的风机布局非常类似。

图 5-12 展示了工况 3 中遗传算法和改进遗传算法的迭代过程和计算耗时情况。可以发现,遗传算法每个迭代步的计算耗时约为改进遗传算法的 2.6 倍。与遗传算法相比,改进遗传算法更不容易陷入局部最优,而且能快速找到更优秀的个体。综合 3 个工况可以看出,改进遗传算法同时适用于 COE 成本模型和 LCOE 成本模型,在复杂地形风电场微观选址中均表现出色。

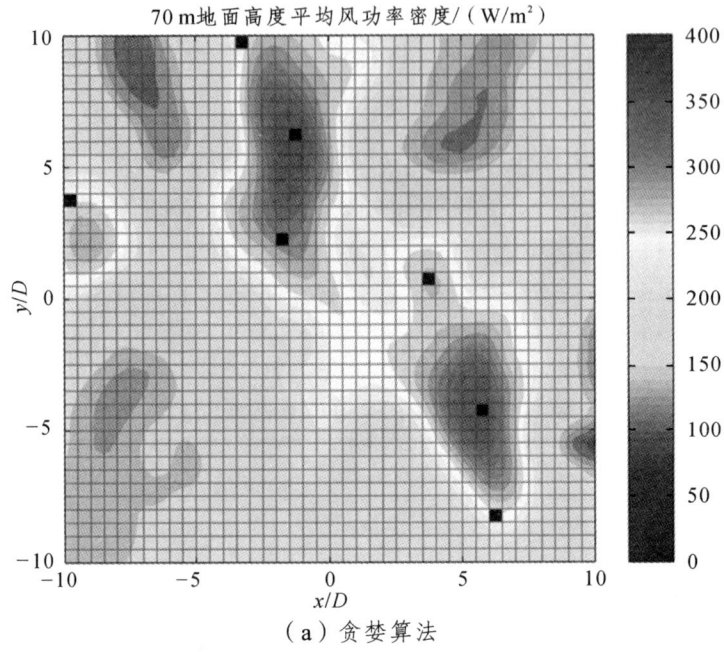

（a）贪婪算法

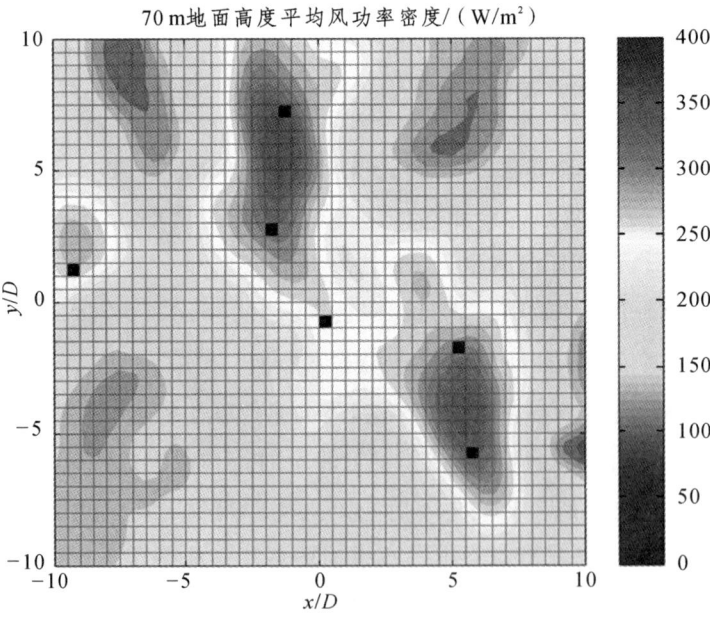

（b）遗传算法

第 5 章　复杂地形风电场微观选址

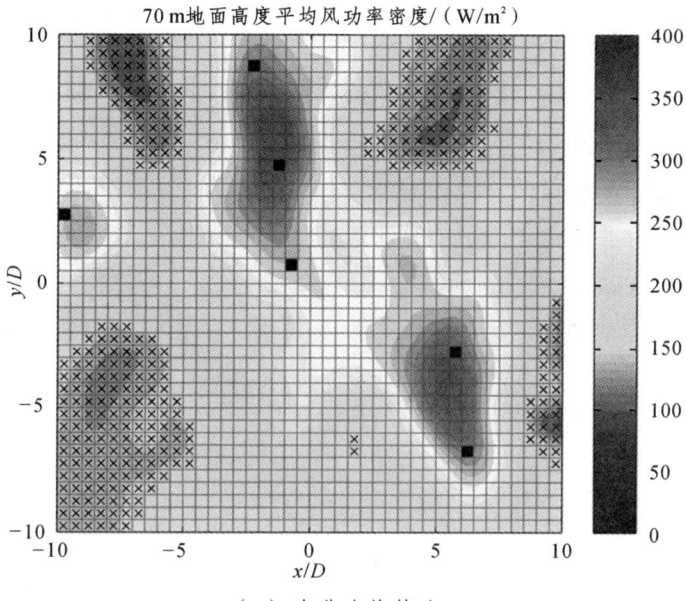

（c）改进遗传算法

注：■表示风机安装位置；×表示剔除网格位置。

图 5-11　工况 3 的风机排布方案对比

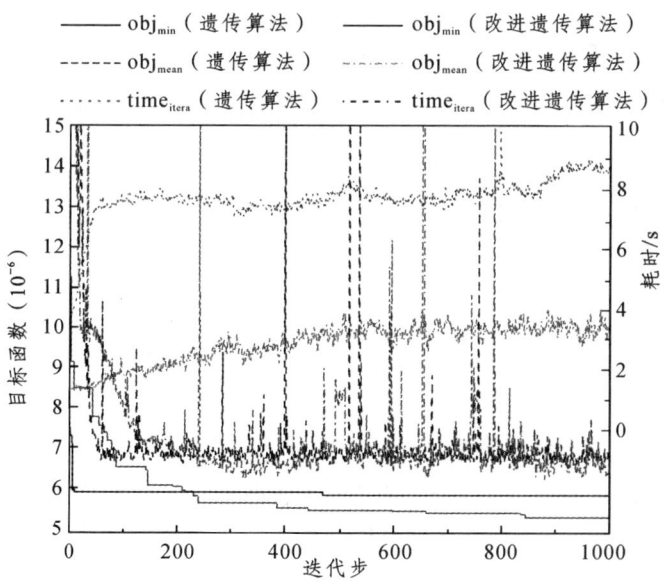

图 5-12　工况 3 的迭代过程和计算耗时对比

5.2.3.4 不确定性分析

如前所述,由于初始化、交叉和变异的不确定性,基于遗传类算法搜索到的风机排布优化结果并非固定,每次迭代结果甚至可能差异较大。相反,贪婪算法能在更短的时间内提供固定的最优风机排布方案,但其仅为局部最优而并非全局最优。为了综合分析不同算法对于风机排布优化结果的不确定性,针对工况 3 中的遗传算法和改进遗传算法分别模拟 10 次,将模拟结果进行整理,如图 5-13 所示。尽管模拟次数不多,但结果可为不确定性分析提供科学依据。

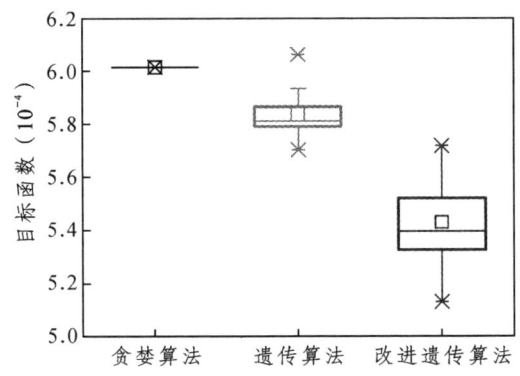

图 5-13 工况 3 的目标函数不确定性分析

由图 5-13 可以发现,在遗传算法和改进遗传算法中,目标函数和计算耗时存在明显的波动。尽管遗传算法可能会得到最差的结果,但从概率的角度来看,其得到的风机排布方案明显优于贪婪算法。遗传算法的平均目标函数和最小目标函数分别为 $5.8355×10^{-6}$ 和 $5.7055×10^{-6}$,与贪婪算法相比分别减少了 3.0%和 5.2%。

改进遗传算法则更加稳定,它总能搜索到比贪婪算法更好的风机排布方案。改进遗传算法的平均目标函数和最小目标函数分别为 $5.4304×10^{-6}$ 和 $5.1330×10^{-6}$,与贪婪算法相比分别减少了 9.7%和 14.6%,与遗传算法相比分别减少了 6.9%和 10.0%。显然,改进遗传算法在搜索最优风机排布方案方面,明显优于贪婪算法和遗传算法。

为了研究算法的计算效率,针对遗传算法和改进遗传算法的计算耗时进行了比较，结果如图 5-14 所示。其中贪婪算法由于计算耗时太短而不考虑在内。遗传算法的平均耗时和最小耗时分别为 7915 s 和 5494 s，而改进遗传算法的平均耗时和最小耗时分别为 2003 s 和 1789 s，前者的耗时分别是后者的 4 倍和 3 倍。因此，改进遗传算法在计算效率上远优于遗传算法。

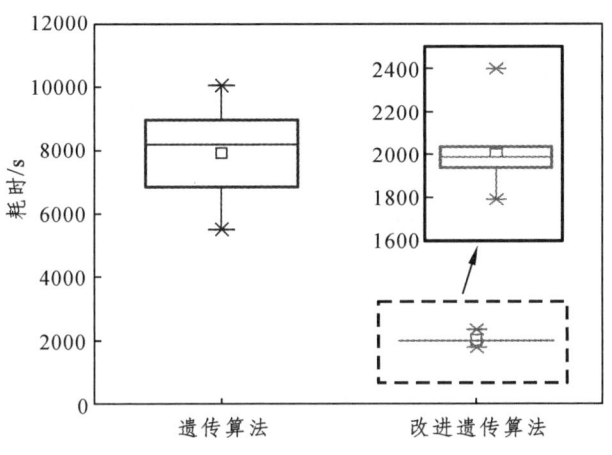

图 5-14　工况 3 的计算耗时不确定性分析

5.2.3.5　结果分析

在本节中，基于数值模拟、气象测风数据和改进遗传算法，提出了一种复杂地形风电场微观选址的新方法。将提出的方法应用于湖南省长沙市坟山坨实际复杂地形风电场的微观选址研究中，并与贪婪算法和遗传算法进行了全面对比，综合考虑了不同尾流模型和目标函数，得出了以下主要结论：

（1）在改进遗传算法中，结合平均风功率密度分布云图和主导风向下风速加速比云图，将潜在风资源利用率低的位置进行了剔除，针对种群适应度函数的计算进行了并行化和唯一化处理，同时提出可变变异率以避免迭代陷入局部最优。

（2）综合对比了贪婪算法、遗传算法和改进遗传算法在复杂地形风电场微观选址方面的性能，设计了 3 种具有不同尾流模型和目标函数的工况。结果表明，提出的改进遗传算法不受尾流模型和目标函数的限制，总能找到比贪婪算法和遗传算法更优的风机排布方案，且计算耗时比遗传算法减少 44.6%~67.6%。

（3）针对贪婪算法、遗传算法和改进遗传算法的不确定性进行了深入分析。结果表明，与贪婪算法和遗传算法相比，改进遗传算法提供的风机排布方案比前两者分别提高了 14.6%和 10.0%；与遗传算法相比，改进遗传算法的计算效率可提高约 66%。

总体而言，提出的改进遗传算法为实际复杂地形风电场的微观选址研究提供了极大的便利，在计算效果和计算效率方面均表现出色。

5.3 本章小结

本章围绕复杂地形的风电场微观选址展开了详细阐述，具体包括以下方面的内容：

（1）介绍了复杂地形风电场微观选址的方法，包括风机尾流效应、风机排布方案优化目标函数以及风机排布方案优化算法。

（2）针对实际复杂地形开展了风电场微观选址研究，采用了贪婪算法、遗传算法和改进遗传算法 3 种不同的优化算法，考虑了两种不同的尾流模型和两种不同的目标函数，并深入分析了算法的不确定性。

本章为实际复杂地形的风电场微观选址研究提供了全面的理论体系和案例支撑。

第6章
PART SIX

复杂地形风电场短期风速预测

风电场选址建设后须并入国家电网才能合理利用风能。为减少风电对国家电网的冲击，必须提前预测风电场的短期风力发电量，为制定电网分配计划提供依据。由于风力发电量与风机轮毂高度位置风速的三次方基本成正比，所以准确预测风机轮毂高度处的短期风速成为关键。但由于中尺度气象效应、微尺度局部地形效应以及机群之间的尾流效应等因素影响，复杂地形风电场的风速序列具有显著的非平稳和非高斯波动特征，严重影响了短期风速预测的精度和稳定性。本章将详细阐述各类风电场短期风速预测模型，以两种不同分辨率的实测风速序列为研究对象，深入对比分析现有短期风速预测模型的效果，探讨适用于实际复杂地形风电场的短期风速预测方法，为减轻国家电网负荷、保障风电并网的安全性与经济性提供参考。

6.1 风电场短期风速预测模型

风电场短期风速预测模型众多，本节将对其进行详细介绍，主要包括持续法模型、自回归类模型、神经网络模型、深度学习模型、横向组合类模型、预处理类组合模型以及参数优化类组合模型等。

6.1.1 持续法模型

持续法模型是最简单的预测模型，它假定未来一段时间内的风速均与当前时刻的风速完全一致。虽然持续法模型非常简单，但有时使用效果显著，特别适用于强风气候的预测。持续法模型也经常被用于与其他预测模型的对比[7]。持续法模型的计算公式如下：

$$\hat{U}(t+m\Delta t) = U(t), \ m = 1, 2, \cdots \quad (6\text{-}1)$$

式中，U 表示观测风速序列，其时间分辨率为 Δt；$\hat{U}$ 表示风速序列 U 的预测值；m 表示预测的步数，取值为 1 时表示单步预测，取值大于等于 2 时表示多步预测。

6.1.2 自回归类模型

自回归（auto-regressive，AR）模型是 Box 和 Jenkins[242]首次提出的一种时间序列预测方法，用线性自回归模型近似描述随机时间序列，从而利用时间序列的过去值来预测序列的未来值。

对于一个平稳、零均值的时间序列 $\{y_t\}(t=1,2,\cdots,N)$，拟合一个如下形式的差分方程：

$$y_t - \sum_{i=1}^{p} \varphi_i y_{t-i} = a_t - \sum_{j=1}^{q} \theta_j a_{t-j} \quad (6\text{-}2)$$

式中，y_t 表示时间序列 $\{y_t\}$ 在 t 时刻的元素；φ_i 表示自回归参数；θ_j 表示滑动平均参数；p 表示自回归阶数；q 表示滑动平均阶数；$\{a_t\}$ 表示白噪声序列。

白噪声序列 $\{a_t\}$ 应当满足以下条件：

$$E(a_t) = 0 \quad (6\text{-}3)$$

$$E(a_t a_{t+k}) = \begin{cases} \sigma_a^2, & k=0 \\ 0, & k \neq 0 \end{cases} \quad (6\text{-}4)$$

$$E(a_{t+k} y_t) = 0, \ k > 0 \quad (6\text{-}5)$$

为简化模型，引进延迟算子 B，其计算公式如下：

$$By_t = y_{t-1} \quad (6\text{-}6)$$

则式（6-2）变成

$$\varphi(B) y_t = \theta(B) a_t \quad (6\text{-}7)$$

式中

$$\varphi(B) = 1 - \sum_{i=1}^{p} \varphi_i B^i \quad (6\text{-}8)$$

$$\varphi(B) = 1 - \sum_{j=1}^{q} \theta_j B^j \qquad (6-9)$$

1）自回归模型

若 $q=0$，则式（6-2）变成

$$y_t = \sum_{i=1}^{p} \varphi_i y_{t-i} + a_t \qquad (6-10)$$

式（6-10）所表示的数学模型为 p 阶自回归模型，记作 AR(p)。方程的平稳性条件为：$\varphi(B)=0$ 的根全在单位圆外。

2）滑动平均模型

若 $p=0$，则式（6-2）变成

$$y_t = \theta(B)a_t，\text{即 } y_t = a_t - \sum_{j=1}^{q} \theta_j a_{t-j} \qquad (6-11)$$

式（6-11）所表示的数学模型为 q 阶滑动平均（moving averaging，MA）模型，记作 MA(q)。方程的可逆性条件为：$\theta(B)=0$ 的根全在单位圆外。

3）自回归滑动平均模型

若 $\varphi(B)=0$ 和 $\theta(B)=0$ 的根均在单位圆外，式（6-11）所表示的数学模型即为自回归滑动平均（autoregressive moving averaging，ARMA）模型，记作 ARMA(p,q)。AR(p) 和 MA(q) 均为 ARMA(p,q) 的特殊形式。

当拟定用线性模型评估平稳、零均值的时间序列 $\{y_t\}(t=1,2,\cdots,N)$ 时，需选择适当的模型来描述产生实际序列的随机过程，而选取适当模型的依据是各个模型所具备的特性，通常包括序列的自相关函数和偏自相关函数，如表6-1所示。

表6-1　线性模型自相关函数及偏相关函数

模型	AR(p)	MA(q)	ARMA(p,q)
自相关函数	拖尾	截尾	拖尾
偏相关函数	截尾	拖尾	拖尾

选定适当的模型后，须根据赤池信息准则（akaike information criterion，AIC）

或贝叶斯信息准则（bayesian information criterion，BIC）确定最佳阶数 p 和 q。

AIC 准则的计算公式如下：

$$\text{AIC} = 2k - 2\ln(L) \qquad (6\text{-}12)$$

式中，k 表示模型参数的个数；L 表示似然函数。

BIC 准则的计算公式如下：

$$\text{BIC} = k\ln(n) - 2\ln(L) \qquad (6\text{-}13)$$

式中，k 表示模型参数的个数；n 表示样本数量；L 表示似然函数，可取为

$$\ln(L) = -\frac{n}{2}(\ln(2\pi) + \ln(\text{SSR}/n) + 1) \qquad (6\text{-}14)$$

式中，SSR 表示残差的平方和。

根据 AIC 或 BIC 最小值，选定最佳阶数 p 和 q，从而确定其他模型参数。常用的方法有：Burg's lattice-based 法，Forward-backward 法，Geometric lattice 法，Least-squares 法和 Yule-Walker 法。

下面以 Yule-Walker 法为例，说明参数评估过程。

（1）AR(p)模型。

对式（6-10）两端同乘 $y_{t-k}(k>0)$ 并取期望，得

$$E(y_t y_{t-k}) - \sum_{i=1}^{p} \varphi_i E(y_{t-i} y_{t-k}) = 0 \qquad (6\text{-}15)$$

两端同除 γ_0，得

$$\rho_k = \sum_{i=1}^{p} \varphi_i \rho_{k-i}, \ k > 0 \qquad (6\text{-}16)$$

写成矩阵形式如下：

$$\begin{bmatrix} \rho_1 \\ \rho_2 \\ \vdots \\ \rho_p \end{bmatrix} = \begin{bmatrix} 1 & \rho_1 & \cdots & \rho_{p-1} \\ \rho_1 & 1 & \cdots & \rho_{p-2} \\ \vdots & \vdots & & \vdots \\ \rho_{p-1} & \rho_{p-2} & \cdots & 1 \end{bmatrix} \begin{bmatrix} \varphi_1 \\ \varphi_2 \\ \vdots \\ \varphi_p \end{bmatrix} \qquad (6\text{-}17)$$

式（6-17）即 Yule-Walker 方程，通过解此方程可得系数 $\varphi_i(i=1,2,\cdots,p)$。模型的评估方差可由定义直接计算得到

$$\sigma_a^2 = \frac{1}{N-p} \sum_{t=p+1}^{N} \left(y_t - \sum_{i=1}^{p} \varphi_i y_{t-i} \right)^2 \tag{6-18}$$

（2）MA(q)模型。

对式（6-2）两端同乘 y_{t-k} 并取期望，得

$$\gamma_k = E(y_t y_{t-k}) = E\left(\left(a_t - \sum_{j=1}^{q} \theta_j a_{t-j}\right)\left(a_{t-k} - \sum_{j=1}^{q} \theta_j a_{t-k-j}\right)\right)$$

$$= E(a_t a_{t-k}) - \sum_{j=1}^{q} \theta_j E(a_t a_{t-k-j}) - \sum_{j=1}^{q} \theta_j E(a_{t-j} a_{t-k}) + \sum_{i=1}^{q}\sum_{j=1}^{q} \theta_i \theta_j E(a_{t-i} a_{t-k-j})$$

$$= \begin{cases} \sigma_a^2 \left(1 + \sum_{j=1}^{q} \theta_j^2 \right), & k=0 \\ \sigma_a^2(-\theta_k + \theta_{k+1}\theta_1 + \cdots + \theta_q \theta_{q-k}), & 0 < k \leqslant q \\ 0, & k > q \end{cases} \tag{6-19}$$

可用直接法或迭代法解上式，得到模型参数 $\theta_j (j=1,2,\cdots,q)$ 和 σ_a^2。

（3）ARMA(p,q)模型。

对式（6-2）两端同乘 $y_{t-k}(k>0)$ 并取期望，得

$$\gamma_k - \sum_{i=1}^{p} \varphi_i \gamma_{k-p} = E(a_t y_{t-k}) - \sum_{j=1}^{q} \theta_j E(a_{t-q} y_{t-k}) \tag{6-20}$$

当 $k>q$ 时，上式右侧为 0；取 $k=q+1,q+2,\cdots,q+p$，有

$$\begin{cases} \gamma_{q+1} - \varphi_1 \gamma_q - \cdots - \varphi_p \gamma_{q-p+1} = 0 \\ \gamma_{q+2} - \varphi_1 \gamma_{q+1} - \cdots - \varphi_p \gamma_{q-p+2} = 0 \\ \qquad\qquad\vdots \\ \gamma_{q+p} - \varphi_1 \gamma_{q+p-1} - \cdots - \varphi_p \gamma_q = 0 \end{cases} \tag{6-21}$$

写成矩阵形式如下：

$$\begin{bmatrix} \gamma_q & \gamma_{q-1} & \cdots & \gamma_{q-p+1} \\ \gamma_{q+1} & \gamma_q & \cdots & \gamma_{q-p+2} \\ \vdots & \vdots & & \vdots \\ \gamma_{q+p-1} & \gamma_{q+p-2} & \cdots & \gamma_q \end{bmatrix} \begin{bmatrix} \varphi_1 \\ \varphi_2 \\ \vdots \\ \varphi_p \end{bmatrix} = \begin{bmatrix} \gamma_{q+1} \\ \gamma_{q+2} \\ \vdots \\ \gamma_{q+p} \end{bmatrix} \quad (6\text{-}22)$$

由式（6-22）得模型参数 $\varphi_i(i=1,2,\cdots,p)$。作如下变换：

$$y_t' = y_t - \sum_{i=1}^{p} \varphi_i y_{t-i} = a_t - \sum_{j=1}^{q} \theta_j a_{t-j} \quad (6\text{-}23)$$

原模型 ARMA(p,q)变成一个 MA(q)，可解得 $\theta_j(j=1,2,\cdots,q)$ 和 σ_a^2。

6.1.3 神经网络模型

人工神经网络（atificial neural networks，ANN）是一种人工智能方法，它通过研究人脑的组成机理和思维方式，将许多神经单元按照相应法则彼此互相连接形成复杂的网络系统，模拟人脑结构和工作模式，使得机器具有类似人类的智能。ANN 能够自动调整各个网络神经元之间的连接权值，具有强大的自学习能力和高度非线性拟合能力。

神经元是 ANN 的基本处理单元，对于任一个神经元，其示意图如图 6-1，基本模型如式（6-24）。

其中有 r 个输入分量，每个分量 $p_i(i=1,2,\cdots,r)$ 通过权值 $w_i(i=1,2,\cdots,r)$ 与该神经元相连，则输入矩阵 $\boldsymbol{P}=[p_1,p_2,\cdots,p_r]$、权值矩阵 $\boldsymbol{W}=[w_1,w_2,\cdots,w_r]$ 和输出 q 满足下式：

$$q = f(\boldsymbol{W} \times \boldsymbol{P}^{\mathrm{T}} + b) = f\left(\sum_{i=1}^{r} w_i p_i + b\right) \quad (6\text{-}24)$$

式中，f 为神经元传递函数，通常分为阈值型、线性型和 S 型等。

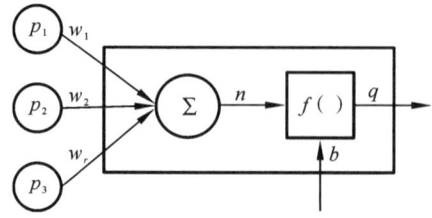

图 6-1 ANN 种单个神经元模型示意图

阈值型传递函数为

$$f(x) = \begin{cases} 1, & x \geqslant 0 \\ 0, & x < 0 \end{cases} \quad (6\text{-}25)$$

线性型传递函数为

$$f(x) = x \quad (6\text{-}26)$$

S 型传递函数为

$$f(x) = 1/(1 + \exp(x)) \quad (6\text{-}27)$$

将多个神经元连接起来，即为神经网络。ANN 通常分为前馈神经网络和反馈神经网络，最常用的是 BP（back propagation）神经网络。BP 神经网络是一种误差反向传播的前馈神经网络，其结构示意图如图 6-2 所示，包含输入层、隐含层和输出层。对于输入层和输出层，其节点数（即神经元数）分别与输入变量个数和输出变量个数一致；隐含层的节点数过少会导致网络精度不满足要求，过多会导致学习过程复杂和耗时长，因此需要不断试验找到合适的值。

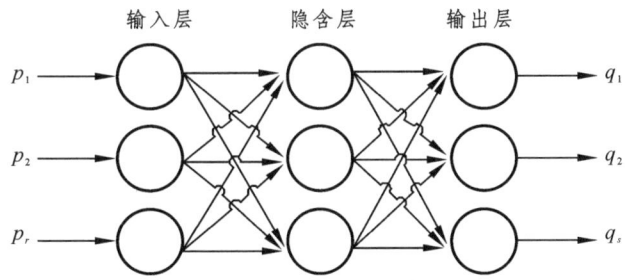

图 6-2 BP 神经网络结构示意图

假定输入样本为 $P = [p_1, p_2, \cdots, p_r]$，输入层节点数为 r，隐含层节点数为 t，传递函数为 f_1，隐含层的输入和输出变量分别为 q^{in} 和 q^{out}，输入层与隐含层连接权值矩阵为 w_1，输出层节点数为 s，传递函数为 f_2，输出层的输入与输出变量分别为 Q^{in} 和 Q^{out}，隐含层与输出层连接权值矩阵为 w_2，目标输出为 $Y = [y_1, y_2, \cdots, y_s]$。

隐含层中第 j 个节点的输入和输出分别为

$$q_j^{\text{in}} = \sum_{i=1}^{r} w_{1ij} p_i + b_{1j} \qquad (6\text{-}28)$$

$$q_j^{\text{out}} = f_1(q_j^{\text{in}}) \qquad (6\text{-}29)$$

输出层中第 k 个节点的输入和输出分别为

$$Q_k^{\text{in}} = \sum_{j=1}^{t} w_{2jk} q_j^{\text{out}} + b_{2k} \qquad (6\text{-}30)$$

$$Q_k^{\text{out}} = f_2(Q_k^{\text{in}}) \qquad (6\text{-}31)$$

输出变量与目标值之间的误差为

$$E(W,B) = \frac{1}{2} \sum_{k=1}^{s} (y_k - Q_k^{\text{out}})^2 \qquad (6\text{-}32)$$

采用梯度下降法对权值进行优化，保证误差 E 最小：

$$\begin{cases} \Delta w_{1ij} = -\eta \dfrac{\partial E}{\partial w_{1ij}} \\ \Delta w_{2jk} = -\eta \dfrac{\partial E}{\partial w_{2jk}} \end{cases} \qquad (6\text{-}33)$$

式中，Δw_{1ij} 为输入层第 i 个节点与隐含层第 j 个节点之间的权值调整值，Δw_{2jk} 为隐含层第 j 个节点与输出层第 k 个节点之间的权值调整值，$\eta \in [0,1]$ 为学习率。

BP 神经网络隐含层采用 S 型传递函数，输出层采用线性传递函数。选定输入和输出样本后，定义隐含层节点数及学习率，通过不断迭代，使得系统误差达到最优，从而得到最优解对应的权值矩阵。

BP 神经网络模型的参数对于模型训练结果影响很大，特别是隐藏层数 h。神经网络模型的隐藏层数可根据下式近似计算得到[243]：

$$h = \sqrt{N+m} + a \qquad (6\text{-}34)$$

式中，h 表示隐藏层数；N 表示训练样本数；m 表示输出层数；a 是介于 1.0 和 10.0 之间的常数。

通过对比不同 a 的取值下模型训练效果，即可确定模型的最佳隐藏层数。

6.1.4 深度学习模型

与传统的人工神经网络模型相比，递归神经网络（RNN）可以采用记忆功能将以前的神经元输出的信息应用于当前的神经元。然而，在处理长期依赖性任务时，RNN 很容易陷入梯度消失和梯度爆炸的问题[170]。作为一种独特的 RNN，LSTM[244]网络在隐蔽层中引入了记忆块，包括输入门、输出门和遗忘门，不仅解决了 RNN 的固有缺陷，而且可以处理更长的时间序列[245]。图 6-3 说明了 LSTM 的基本结构，包括输入层、输出层和递归隐藏层。每个递归隐藏层由几个存储模块组成，包含几个具有 3 个门的自连接存储单元。

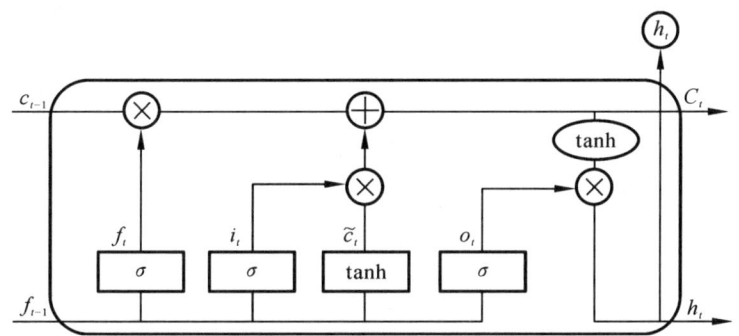

图 6-3　LSTM 模型框架示意图

LSTM 模型的每个神经元的计算可以表示如下：

$$i_t = \sigma(\boldsymbol{W}_i \cdot [h_{t-1}, x_t] + \boldsymbol{b}_i) \tag{6-35}$$

$$f_t = \sigma(\boldsymbol{W}_f \cdot [h_{t-1}, x_t] + \boldsymbol{b}_f) \tag{6-36}$$

$$o_t = \sigma(\boldsymbol{W}_o \cdot [h_{t-1}, x_t] + \boldsymbol{b}_o) \tag{6-37}$$

$$\widetilde{c}_t = \tanh(\boldsymbol{W}_c \cdot [h_{t-1}, x_t] + \boldsymbol{b}_c) \tag{6-38}$$

$$c_t = f_t \times c_{t-1} + i_t \widetilde{c}_t \tag{6-39}$$

$$h_t = o_t \tanh(c_t) \tag{6-40}$$

$$y_t = \sigma(\boldsymbol{W}_{hy} \cdot \boldsymbol{h}_t + \boldsymbol{b}_y) \tag{6-41}$$

$$\sigma(x) = \frac{1}{1+e^{-x}} \tag{6-42}$$

$$\tanh(x) = \frac{e^x - e^{-x}}{e^x + e^{-x}} \tag{6-43}$$

式中，i_t 表示输入门；f_t 表示遗忘门；o_t 表示输出门；$\boldsymbol{W}_i, \boldsymbol{W}_f, \boldsymbol{W}_o, \boldsymbol{W}_c$ 和 $\boldsymbol{W}_{hy}$ 分别表示对应层的权重矩阵；$\boldsymbol{b}_i, \boldsymbol{b}_f, \boldsymbol{b}_o, \boldsymbol{b}_c$ 和 $\boldsymbol{b}_y$ 分别表示对应权重矩阵的偏差向量；c_t 表示细胞更新状态；σ 表示门激活函数；$\tanh$ 表示双曲正切函数；y_t 表示最终预测输出值。

6.1.5 横向组合类模型

横向组合类模型主要指分别利用各种单预测模型针对短期风速进行预测，然后基于某种组合理论将所有单模型的预测结果进行组合。大量研究表明，这种组合模型能够有效提高预测结果的稳定性[246]。根据组合方法的不同，横向组合类模型可以大致分为等权重组合法、协方差组合法以及最优化组合法等。下面针对这 3 类方法进行详细介绍。

6.1.5.1 等权重组合法

常用的组合方法是对单个模型的预测结果进行等权重求和，如式（6-44）~式（6-45）所示：

$$U_{CB}(t) = \sum_{i=1}^{M} w_i \hat{U}_i(t), \quad t = 1, 2, \cdots, N \tag{6-44}$$

$$w_i = \frac{1}{M} \tag{6-45}$$

但是，这种组合方式没有考虑到每个模型预测精度的差异，无法充分利用模型的优势[247]。

式中，U_{CB} 表示组合模型预测结果；$\hat{U}_i$ 表示第 i 个模型的预测结果；w_i 表示第 i 个模型的权重系数；M 表示用于加权组合的模型数量。

6.1.5.2 协方差组合法

与等权重组合法不同，协方差组合法可以根据每个模型预测结果的方差，计算得到不同的权重系数[248]。其计算公式如下：

$$w_i = \left\{ \sum_{t=1}^{N}(e_i(t))^2 \sum_{j=1}^{M}\left[\sum_{t=1}^{N}(e_j(t))^2\right]^{-1} \right\}^{-1} \quad (6\text{-}46)$$

式中，$U(t)$ 表示实测风速；$e_i(t) = \hat{U}_t - U(t)$ 表示第 i 个模型的预测误差；N 表示样本长度。

考虑到每个模型的时变精度，可以构建一个时变协方差组合方法，得到的权重不同[249]，其计算公式如下：

$$w_i = \left\{ \sum_{t=N-s+1}^{N}(e_i(t))^2 \sum_{j=1}^{M}\left[\sum_{t=N-s+1}^{N}(e_j(t))^2\right]^{-1} \right\}^{-1} \quad (6\text{-}47)$$

式中，s 表示用于评估模型近期预测误差的样本长度。

6.1.5.3 最优化组合法

基于 EOT 理论提出的组合模型旨在评估组合模型的误差，优化加权系数以确保组合模型的最终误差最小。这个优化问题可以描述如下：

$$\min Q = \sum_{t=1}^{N}(U_{\text{CB}}(t) - U(t))^2 = \sum_{t=1}^{N}\left(\sum_{i=1}^{M} w_i e_i(t)\right)^2 = \boldsymbol{W}^{\mathrm{T}} \boldsymbol{E} \boldsymbol{W} \quad (6\text{-}48)$$

$$\text{s. t.} \sum_{i=1}^{M} w_i = \sum_{i=1}^{M} \boldsymbol{R}^{\mathrm{T}} \boldsymbol{W} = 1, \; 0 \leqslant w_i \leqslant 1, \; i = 1, 2, \cdots, M \quad (6\text{-}49)$$

$$\boldsymbol{W} = [w_1, w_2, \cdots, w_M], \; \boldsymbol{R} = [1, 1, \cdots, 1]^{\mathrm{T}} \quad (6\text{-}50)$$

$$\boldsymbol{E} = \begin{bmatrix} \sum_{t=1}^{N} e_1^2(t) & \sum_{t=1}^{N} e_1(t)e_2(t) & \cdots & \sum_{t=1}^{N} e_1(t)e_M(t) \\ \sum_{t=1}^{N} e_2(t)e_1(t) & \sum_{t=1}^{N} e_2^2(t) & \cdots & \sum_{t=1}^{N} e_2(t)e_M(t) \\ \vdots & \vdots & & \vdots \\ \sum_{t=1}^{N} e_M(t)e_1(t) & \sum_{t=1}^{N} e_M(t)e_2(t) & \cdots & \sum_{t=1}^{N} e_M^2(t) \end{bmatrix} \quad (6\text{-}51)$$

式中，Q 表示优化目标函数，其目标在于找到权重系数 w_i 使得目标函数 Q 最小；W 表示权重矩阵；R 表示全为 1 的向量；E 表示误差矩阵。

可基于 MATLAB 编程软件求解该优化问题，采用"active set"算法。需要特别注意的是，此处的权重系数是根据训练数据的预测误差优化计算得到，不包含测试数据。

整理该最优化组合法的伪代码如表 6-2 所示。

表 6-2　最优化组合法的伪代码

算法：最优化组合法预测
输入：$U(t),\hat{U}_i(t)$，$t=1,2,\cdots,N,\ i=1,2,\cdots,M$
计算：$e_i(t)$，E
求解：$\min Q = W^\mathrm{T} E W$
$\quad$ s.t. $\sum\limits_{i=1}^{M} w_i = 1,\ 0 \leqslant w_i \leqslant 1$
输出 w_i

6.1.6　预处理类组合模型

预处理类组合模型是采用预处理技术将原始序列分解为更具频域特征的子序列后，分别针对子序列进行预测。预处理型组合模型能极大程度减少风电序列的波动性，是当前风电功率预测研究的热门。

6.1.6.1　小波变换

小波变换（wavelet transform，WT）是一种新的信号分析方法，它与傅里叶变换的基本思想类似，但是与之不同的是，WT 能够提供一个随频率改变的"时间-频率"窗口，克服了窗口大小不随频率变化的缺点，能够对信号进行时间和频率的多尺度细化，达到高频处时间细分，低频处频率细分，从而可充分突出信号的任意细节，是进行信号时域分析和处理的理想工具。

假如函数 $\psi \in L^2(\mathbf{R})$，其中 $L^2(\mathbf{R})$ 为平方可积的空间，$\mathbf{R}$ 表示实数。$\hat{\psi}(\omega)$ 是 $\psi(t)$ 的傅里叶变换，当满足下面的容许性条件时，

$$C_\psi = \int_{-\infty}^{\infty} \frac{|\hat{\psi}(\omega)|^2}{|\omega|} d\omega < \infty \text{ 或 } \int_{-\infty}^{\infty} \psi(t)dt = 0 \quad (6\text{-}52)$$

称 $\psi(t)$ 为小波基函数。对小波基函数作伸缩和平移后得到

$$\psi_{a,b}(t) = \frac{1}{\sqrt{a}}\psi\left(\frac{t-b}{a}\right), \quad a,b \in \mathbf{R}, a>0 \quad (6\text{-}53)$$

式中，a 为尺度因子；b 为平移因子。

一维信号 $x(t) \in L^2(\mathbf{R})$ 的连续小波变换可表示为时域上的卷积形式

$$WT_x(a,b) = \int_{-\infty}^{\infty} x(t)\psi_{a,b}^*(t)dt \quad (6\text{-}54)$$

式中，$\psi_{a,b}^*(t)$ 为 $\psi_{a,b}(t)$ 的共轭复数。

信号 $x(t)$ 的连续小波变换也可在频域上卷积得到

$$WT_x(a,b) = \frac{1}{2\pi}\int_{-\infty}^{\infty} \hat{x}(\omega)\hat{\psi}_{a,b}^*(\omega)d\omega \quad (6\text{-}55)$$

式中，$\hat{x}(\omega)$ 为 $x(t)$ 的傅里叶变换；$\hat{\psi}_{a,b}^*(\omega)$ 为 $\psi_{a,b}^*(t)$ 的傅里叶变换。

因此，小波系数 $WT_x(a,b)$ 依赖于 $x(t)$ 在 $\psi_{a,b}(t)$ 能量集中的时域上的值，也依赖于 $\hat{x}(t)$ 在 $\hat{\psi}_{a,b}(t)$ 能量集中的频域上的值。从小波系数幅值较大的位置和尺度可以较好地探测到信号的时频变化。

通俗来讲，小波变换的作用相当于用镜头观察目标信号 $x(t)$，$\psi(t)$ 表示镜头所起的作用，如滤波或卷积，b 相当于对镜头进行平移，a 相当于对镜头进行推进或远离。因此，小波变换具有多分辨率或多尺度的优点，可以用不同的尺度观察信号。

对于离散小波变换，一般采用二进制的动态采样网格对 a，b 进行离散化。将函数的尺度因子 a 离散化为 $2^j(j \in \mathbf{Z})$，平移因子 b 仍取连续值 $k(k \in \mathbf{R})$，得到的小波函数为

$$\psi_{2^j,k}(t) = 2^{-j/2}\psi(2^{-j}(t-k)) \quad (6\text{-}56)$$

得到的二进小波变换为

$$WT_x(2^j,k) = 2^{-j/2}\int_{-\infty}^{\infty} x(t)\psi^*(2^{-j}(t-k))\mathrm{d}t \qquad (6\text{-}57)$$

原信号可由二进小波变换重构：

$$x(t) = \sum_{j=-\infty}^{\infty}\int_{-\infty}^{\infty} 2^{-j} WT_x(2^j,k)\psi^*_{2^j,k}\mathrm{d}k \qquad (6\text{-}58)$$

式中，$\psi^*_{2^j,k} = 2^{-j/2}\psi^*(2^{-j}(t-k))$。

小波基函数的选择对信号局部特征检测有较大影响，常用的小波基函数包括 Morlet 小波、Daubechies 小波、Meyer 小波和 Simoncelli 小波等。

目前使用最多的离散小波变换算法为 Mallat 快速算法，其基本思想是利用多分辨率分析方法（multi resolution analysis，MRA），基于函数空间剖分的概念，将小波分析与多分辨率分析联系起来。MRA 是在空间 $L^2(\mathbf{R})$ 中的一串子空间逼近序列 $\{V_j\}_{j\in\mathbf{Z}}$，具有逼近性、一致单调性、伸缩性、正交基存在性和平移不变性，可用有限个子空间对 MRA 的子空间 V_0 进行逼近：

$$V_0 = V_1 + W_1 = V_2 + W_2 + W_1 = V_j + W_j + W_{j-1} + \cdots + W_2 + W_1 \qquad (6\text{-}59)$$

式中，V_j 为近似空间；W_j 为细节空间；$V_{j-1} = V_j + W_j$。

由式（6-59）可以看出，将 $f(t) \in V_0$ 可以分解为两部分：近似部分 V_1 和细节部分 W_1，再用相同的方法分解 V_1，以此类推，反复进行分解，便实现了在任意尺度上获取信号的细节部分及近似部分。由于篇幅限制，此处不再展开说明。

6.1.6.2 经验模态分解

经验模态分解（empirical mode decomposition，EMD）法被认为是以傅里叶变换为基础的线性和稳态频谱分析的一个重大突破，该方法依据数据自身的时间尺度特征进行信号分解，无须预先设定任何基函数。因此，经验模态分解法在理论上可应用于任何类型的信号的分解，在处理非平稳及非线性数据方面具有非常明显的优势，特别适合于分析非线性、非平稳信号序列，具有很高的信噪比。该方法的关键是通过经验模式分解，使复杂信号分解为有限个本征模函数（intrinsic mode function，IMF），分解得到的各本征模函数分量包含原信号的不同时间尺度的局部特征信号。

本征模函数应当满足以下两个条件：① 函数在整个时间范围内，局部极值点和过零点的数目必须相等，或最多相差一个；② 在任意时刻点，局部最大值的包络（上包络线）和局部最小值的包络（下包络线）平均必须为零。

经验模态分解法的分析步骤如下：

（1）针对原时间序列 $X(t)$，找到所有局部极值点；

（2）利用三次样条插值，将所有极大值点连接，得到上包络线，类似地，将所有极小值点连接，得到下包络线；

（3）计算上包络线和下包络线的均值 m_1；

（4）将原时间序列 $X(t)$ 减去包络线均值 m_1，得到变换后的序列 h_1，但序列 h_1 不能保证是本征模函数；

（5）重复上述过程，直到变换后的序列 h_i 是本征模函数。

通过上述分解，将复杂信号分解为有限个本征模函数，然后针对每个本征模函数分别进行预测，提高非平稳、非高斯波动序列短期预测的稳定性。

6.1.6.3　时均序列变换

实际中的风速时程通常是非平稳的序列，对风速进行短期预测时，需考虑时程序列的自相关性、非高斯分布特性和日非平稳特性。Brown 提出一种风速时程序列变换的方法，将非高斯的时程序列转换成高斯时程序列，然后利用 AR 模型对风速进行短期预测。

假定测风塔某高度的实测时均风速序列为 $\{U_A(t)\}(t=1,2,\cdots,24T)$，$U_A(t)$ 表示第 t 个小时的时均风速值，T 表示实测数据的记录天数。对该风速时程序列进行如下变换处理。

首先，对非高斯序列 $U_A(t)$ 进行指数变换得到序列 $U_A^1(t)$：

$$U_A^1(t)=(U_A(t))^m, \quad t=1,2,\cdots,24T \tag{6-60}$$

式中，m 常取 0、0.25、0.5 或 1。

其次，去除日非平稳性得到序列 $U_A^2(t)$：

$$U_A^2(t) = (U_A^1(t) - \mu(t))/\sigma(t) \quad (6\text{-}61)$$

$$\mu(t) = E(U_A^1(t)) \quad (6\text{-}62)$$

$$\sigma(t) = (\mathrm{Var}(U_A^1(t)))^{0.5} \quad (6\text{-}63)$$

式中，$\mu(t)$ 和 $\sigma(t)$ 是周期为 24 h 的函数，即

$$\mu(t) = \mu(t+24),\ \sigma(t) = \sigma(t+24),\ t=1,2,\cdots,24 \quad (6\text{-}64)$$

最后，利用一定的模型对序列 $U_A^2(t)$ 进行预测，将预测序列恢复成原始风速时程。

图 6-4 为中电工程陕西延安安塞建坪 100 MW 风电项目中测风塔 2716#的 2016 年 5 月 11 日到 2016 年 11 月 24 日期间的风速时程序列处理前后的频谱对比图。可以看出，原信号在 1.15×10^{-5} Hz 处幅值较大，即对应 24 h 的周期，说明原风速时程序列具有很强的 24 h 的日周期性，而经过 Brown 方法处理后的风速序列不再具有明显周期性，说明该方法很好地将原风速序列的周期性去除了，从而为单个风速预测模型提供了便利性。

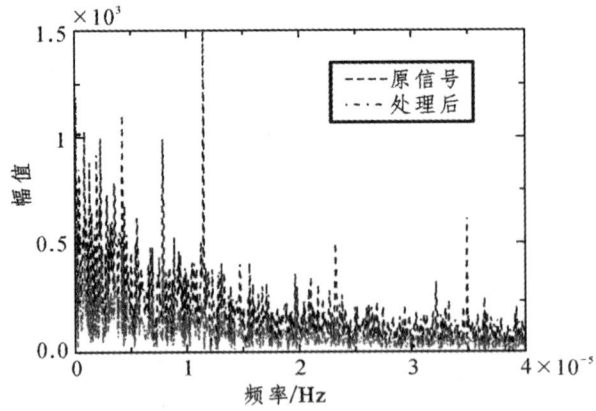

图 6-4 风速时程序列处理前后频谱对比图

6.1.6.4 高分辨率序列变换

在本研究中,提出了一种平滑样条预处理(smoothing spline preprocessing, SSP)方法,该方法来源于文献[192],可以考虑观察到的风速序列的高波动性。提出的 SSP 方法的详细框架如图 6-5 所示,由 5 个步骤组成。

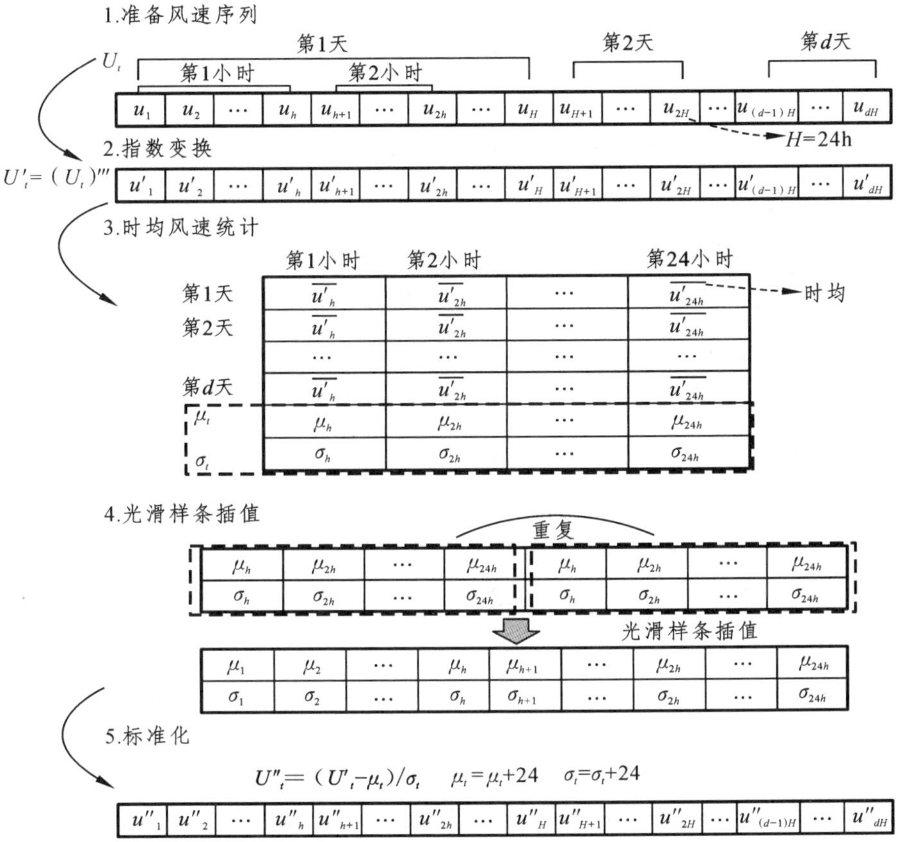

图 6-5 提出的 SSP 预处理方法流程

第一步,应收集观测到的高分辨率风速序列,表示为 U_t, $t=1,2,\ldots,dH$,其中 d 是采样的总天数;H 表示一天中采样的长度,这里 $H=24h$;h 表示一小时中采样的长度。

第二步,建议进行如下非高斯变换:

$$k = (\text{Mean}(U_t)/\text{Std}(U_t))^{-1.086} \quad (6\text{-}65)$$

$$m = k/3.6 \quad (6\text{-}66)$$

$$U'_t = [U_t]^m, \quad t=1,2,\cdots,dH \quad (6\text{-}67)$$

式中，Mean，Std 分别表示系列的平均数和标准差；k 表示用经验方法得到的 Weibull 分布的形状参数；m 表示用于去除原始风速系列的非高斯特征的变换系数；U'_t 是变换后的风速系列。

第三步，得到每小时平均风速的统计数据。先计算出每小时的平均值，再收集一天中 24 小时的所有样本的数据。也就是说，每个小时对应 d 个数字。因此，可以得到每个小时的平均值和标准差，对应于和，其中 $t=h,2h,\cdots,24h$。在这一步，建议使用小时平均值，而不是直接使用高分辨率的数据，这样可以去除数据中的毛刺，获得相对平滑的结果。

第四步，建议使用平滑样条插值算法来恢复高分辨率和。然而，直接插值可能导致数据在一天的开始和结束时刻有极大的不同。例如，两个相邻时刻的数据，即 00：00 和 23：50，可能会出现巨大的差异，这与现实不符。在这种情况下，在 24 小时数据的基础上重复和获得 48 小时数据，并采用平滑样条插值算法计算出高分辨率和。然后，建议取中间 24 小时，这样可以保证一致性，其中 $t=1,2,\cdots,24h$。

第五步，根据式（6-68）~式（6-69）对风序列进行归一化处理，以考虑昼夜非平稳性。具体如下：

$$U''_t = (U'_t - \mu_t)/\sigma_t, \quad t=1,2,\cdots,dH \quad (6\text{-}68)$$

$$\mu_t = \mu_{t+24h}, \quad \sigma_t = \sigma_{t+24h} \quad (6\text{-}69)$$

式中，U''_t 表示处理后的风速序列。

6.1.7 参数优化类组合模型

深度学习模型的性能与选择的超参数高度相关。然而，基于网格搜索法或无数次的尝试来选择超参数是非常耗时和消耗计算成本的，而且不一定能优化模型的性能[250]。因此，超参数的优化对于提高结果至关重要。贝叶斯优化算法[251]，只需要几次迭代，就可以提供相对满意的结果。此外，BO 算法在搜索非凸问题的全局最优时更加稳健。给定如下优化问题：

$$X^* = \underset{X \in \chi}{\arg \max} \, f(ZX) \tag{6-70}$$

式中，$\chi \in \mathbf{R}$ 表示待选集合；X^* 表示最佳参数集合；$f(X)$ 表示识别函数。

BO 算法的基本思想是假设 $f(X)$ 的先验分布模型，然后猜测模型，使其服从实际分布。也就是说，BO 试图通过使用先前的信息来寻找能够改善结果的参数，以实现全局最优[252]。

BO 算法的步骤总结如下：首先，假设一个服从高斯过程的模型函数，用两个输入来修改模型。其次，根据式（6-70）得到假设的最优参数集 X^*，确保获取函数的最大化。可以重复前一个步骤，直到收敛。

6.1.8 模型误差评估指标

平均绝对误差（mean absolute error，MAE）、均方根误差（root mean square error，RMSE）和平均绝对百分比误差（mean absolute percentage error，MAPE）被用来评估预测模型的准确性[253]，其计算公式如下：

$$\mathrm{MAE} = \frac{1}{N} \sum_{t=1}^{N} \left| U(t) - \hat{U}(t) \right| \tag{6-71}$$

$$\mathrm{RMSE} = \sqrt{\frac{1}{N} \sum_{t=1}^{N} |U(t) - \hat{U}(t)|^2} \tag{6-72}$$

$$\mathrm{MAPE} = \frac{1}{N} \sum_{t=1}^{N} \left| \frac{U(t) - \hat{U}(t)}{U(t)} \right| \times 100\% \tag{6-73}$$

式中，N 表示用于评估模型误差的样本长度。

6.2 复杂地形时均风速序列短期预测案例分析

本节提供了一个实际复杂地形时均风速序列短期预测的算例，对比分析了多种预测模型。

6.2.1 复杂地形时均风速实测数据与分析

6.2.1.1 地理位置

本节选取了中国延安安塞风电场的两座测风塔的实测数据作为研究对象，如图 6-6 所示。这里采用从两座气象塔（即 2716#和 2723#）收集的每小时风数据进行短期风速预测。

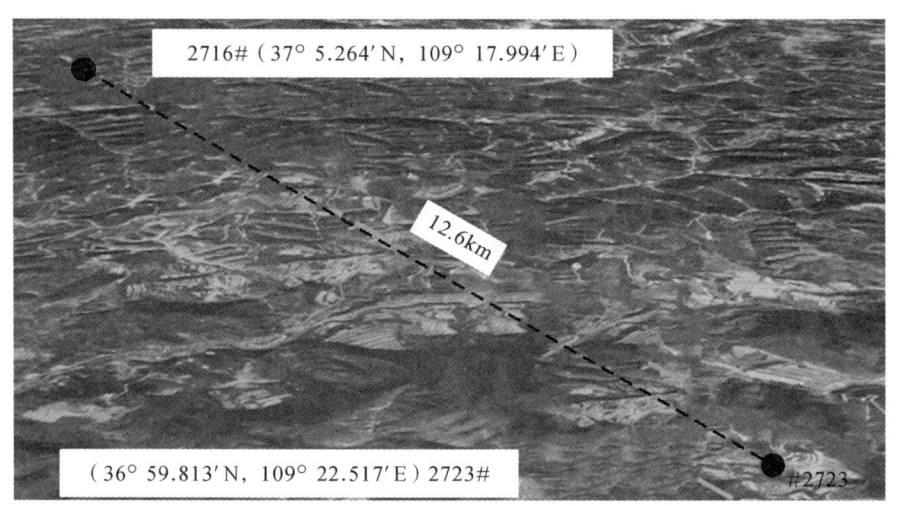

图 6-6 两座测风塔的地理位置

6.2.1.2 实测数据

测量的风数据是从这两座塔的地面以上 80 m 处采集的，覆盖一年的时间，从 2016 年 4 月 28 日 0 时 0 分至 2017 年 5 月 1 日 23 时 50 分，分辨率为 10 分钟。对于小时风速预测，风数据以小时为单位进行平均。绘制 2716#和 2723#两座测风塔的时均风速序列如图 6-7 和图 6-8 所示。选择 2016 年 5 月至 2017 年 4 月这 12 个月的数据进行模型测试。每个月最后一天的小时平均风速被用于测试，而其余日子的风速被用于模型训练。所有模型的训练和测试数据均相同。

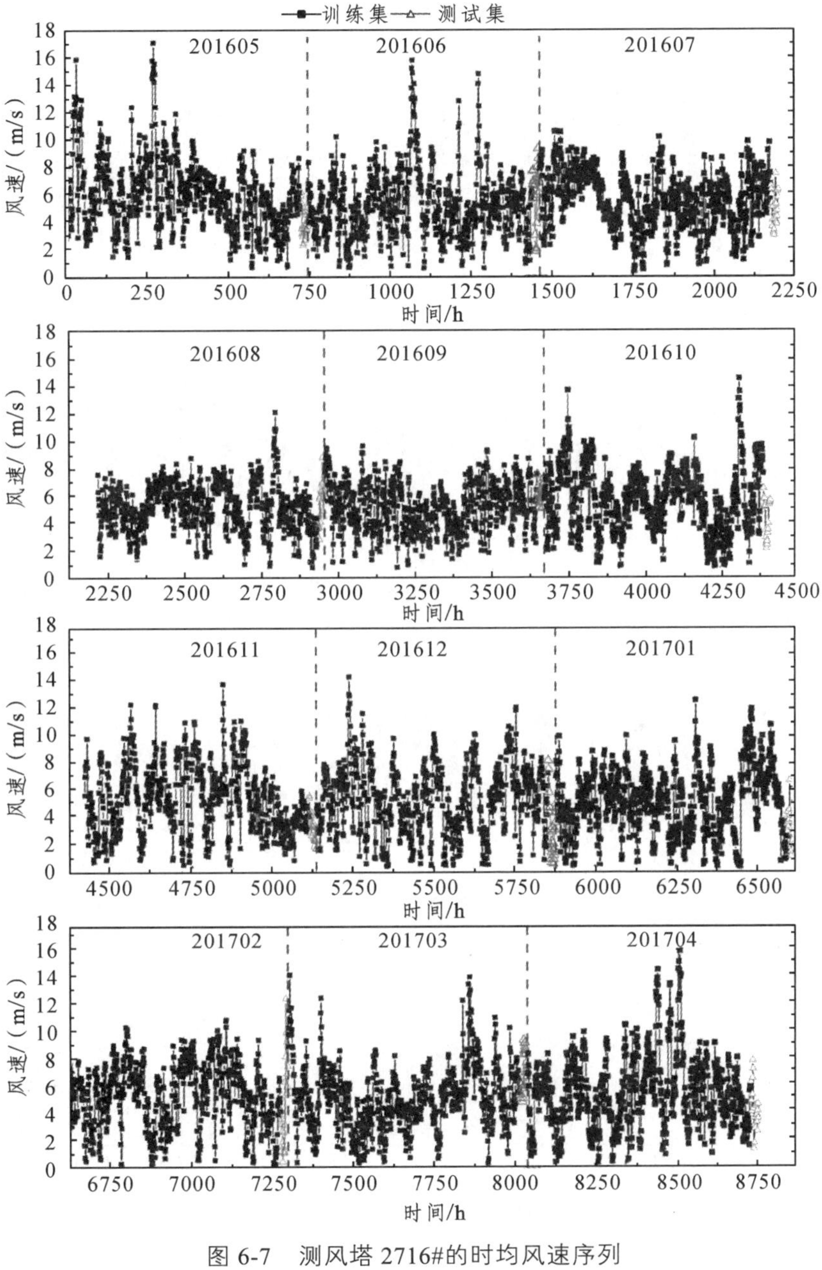

图 6-7 测风塔 2716#的时均风速序列

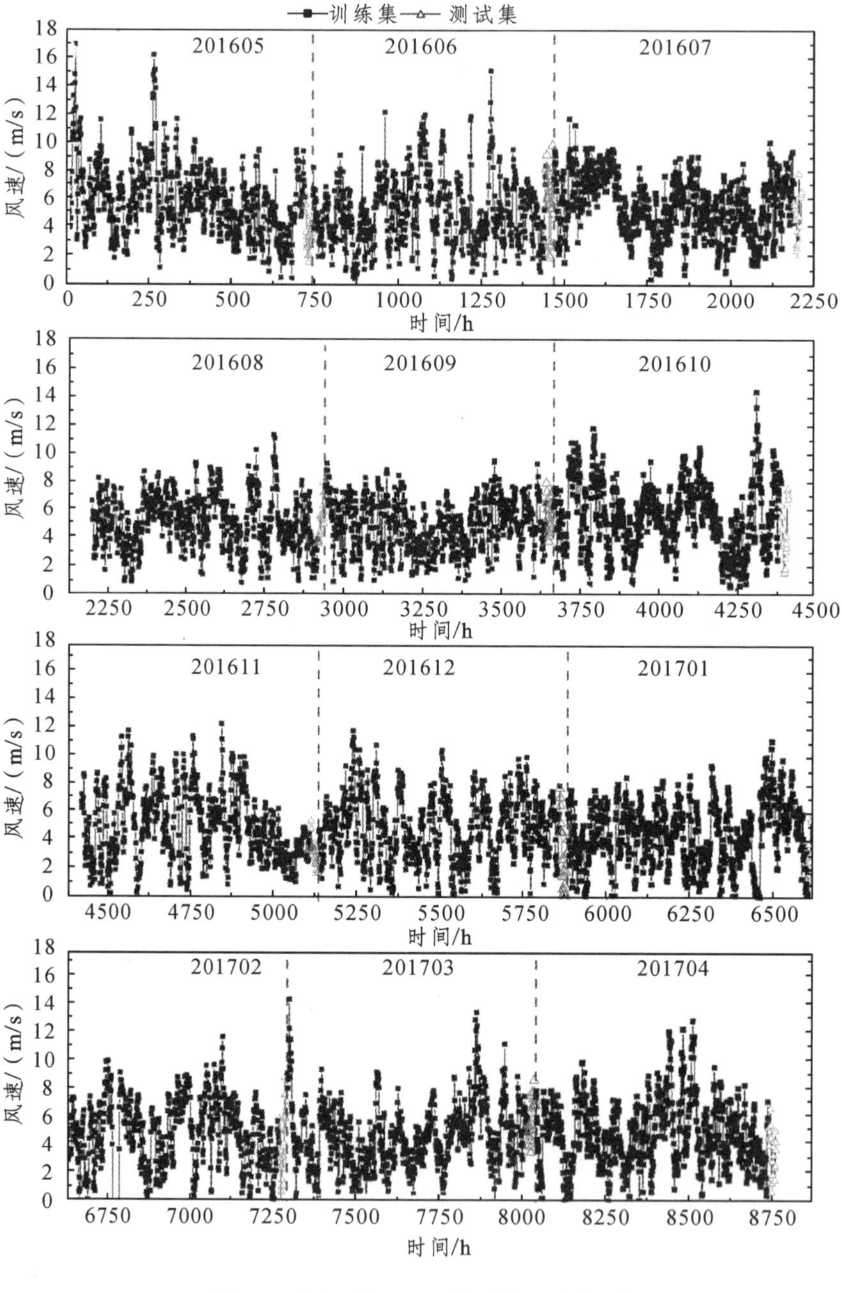

图 6-8 测风塔 2723# 的时均风速序列

6.2.2 复杂地形时均风速短期预测

6.2.2.1 风速序列预处理

采用 Brown[254]提出的风速数据转换和标准化的方法,针对时均风速序列进行预处理。首先,每个月的风速数据的概率密度分布函数被拟合为韦伯分布。如图 6-9 所示,数据与韦伯分布拟合良好。图中只显示了两座塔的 2016 年 10 月的数据。

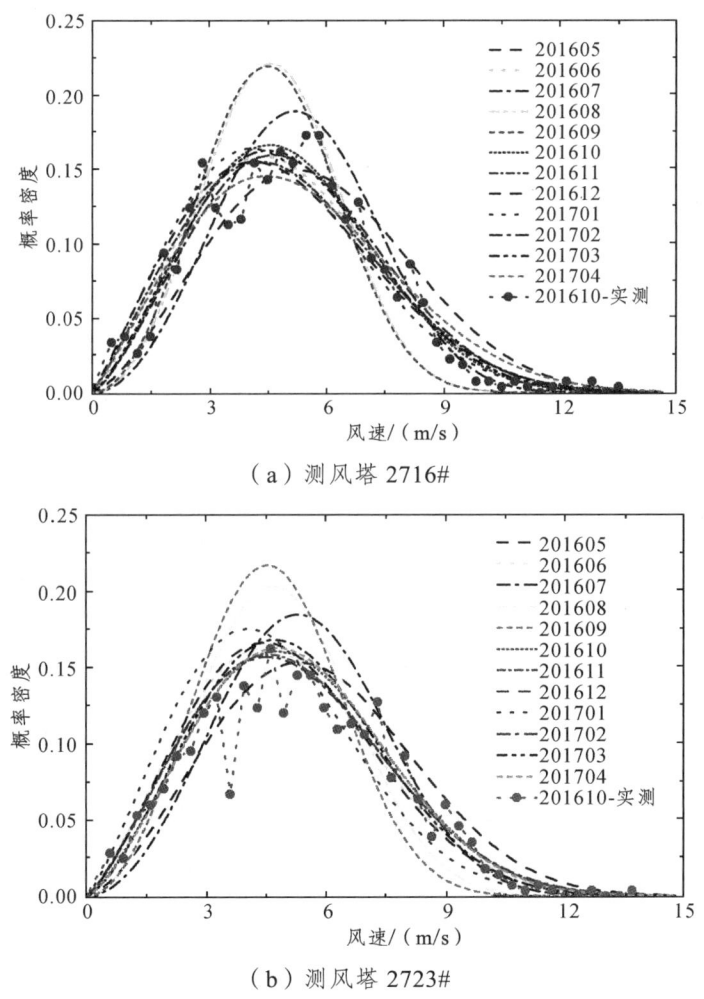

图 6-9 两座测风塔实测风速序列的概率密度函数与拟合的韦伯分布

式（6-67）中的指数 m 是用经验法计算的，如表 6-3 所示。为了比较，同时采用了最大似然法，结果表明这两个模型的参数评估差异非常小。因此，在本研究中选择经验法来计算所有时间序列的指数 m。

表 6-3　两座测风塔不同月份的韦伯分布参数和指数变换系数

月份	测风塔 2716#			测风塔 Tower 2723#		
	k	c/（m/s）	m	k	c/（m/s）	m
201605	2.511	6.636	0.697	2.554	6.601	0.709
201606	2.284	5.808	0.635	2.328	5.774	0.647
201607	3.017	6.108	0.838	2.964	6.198	0.823
201608	3.108	5.364	0.863	2.896	5.526	0.804
201609	3.036	5.295	0.843	2.977	5.304	0.827
201610	2.442	5.830	0.678	2.423	6.038	0.673
201611	2.217	5.814	0.616	2.322	5.926	0.645
201612	2.158	5.708	0.600	2.370	5.732	0.658
201701	2.229	5.518	0.619	2.291	5.298	0.636
201702	2.404	6.003	0.668	2.295	5.931	0.637
201703	2.388	5.857	0.663	2.494	5.901	0.693
201704	2.177	6.110	0.605	2.459	6.028	0.683

由于气流模式非常相似,可以发现测风塔 2716# 和 2723# 的指数 m 结果相似。在这 12 个月中，除了包括 2016 年 7 月、8 月和 9 月在内的 3 个月，参数 k,c 和 m 差异很小。对于其他 9 个月，参数 k,m 分别约为 2.3 和 0.65。然而，这 3 个月的参数 k,m 分别增加到 3 和 0.8。这是由于这 3 个月的小时风速波动较小，在对应的风速时程序列图中可以直接观察到。

如 6-10 所示，得到了各月转换后的小时风速数据的昼夜平均值和标准偏差。变换后的风速数据的统计信息来自每个月的训练数据，即除最后一天外的所有日子。图中的平均值和标准差的模式表明，风速数据中存在一些昼夜变化。所有月份的昼夜平均值的最小值可以在中午找到，最大值出现在午夜。然而，每小时平均风速数据的昼夜标准差显示出强烈的波动，并没有出现明显的模式。

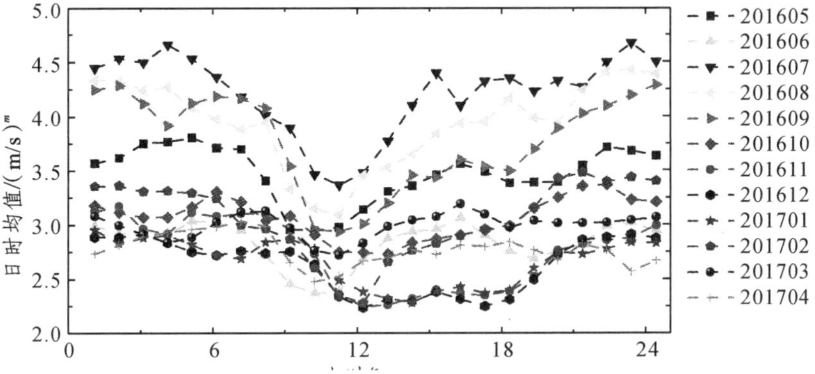

（a）日时均风速——测风塔 2716#

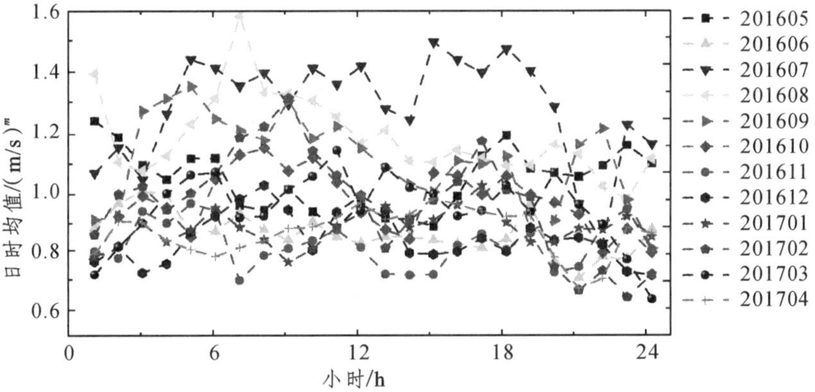

（b）日时均风速标准差——测风塔 2716#

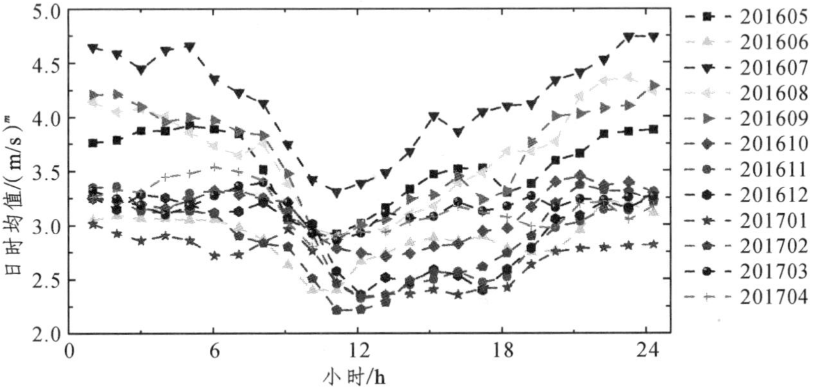

（c）日时均风速——测风塔 2723#

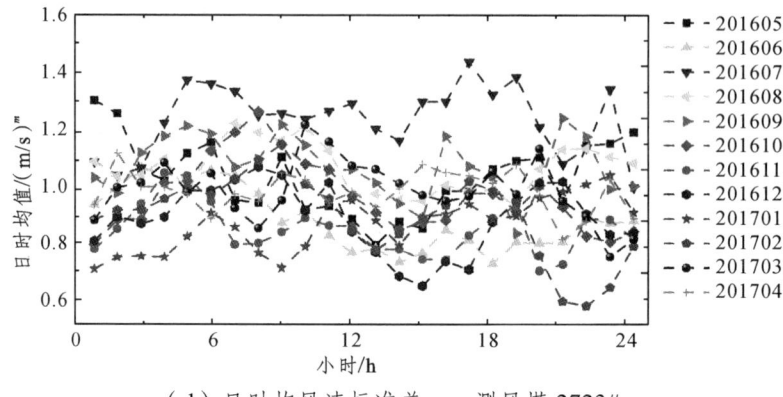

(d) 日时均风速标准差——测风塔 2723#

图 6-10 两座测风塔实测风速序列预处理后的日时均和标准差分布

为了证明序列预处理方法可以去除非高斯特征和昼夜非平稳性,将转换前后的小时风序列的概率曲线与高斯分布进行比较,如图 6-11 所示,其中选择了 2016 年 10 月的数据进行分析。注意到在这两座塔的这组数据中,转换后的风数据与高斯分布有很好的一致性。对于其他数据集也得到了类似的良好一致。这表明指数 m 评估较好,转换后的风数据表现良好,可以提高预测精度。

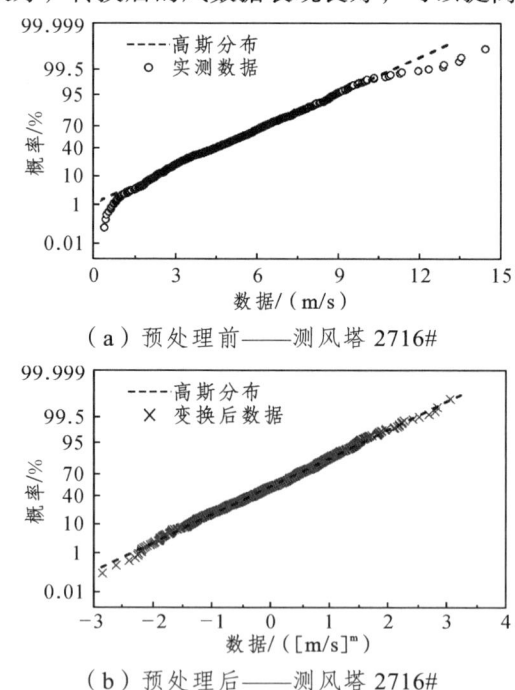

(a) 预处理前——测风塔 2716#

(b) 预处理后——测风塔 2716#

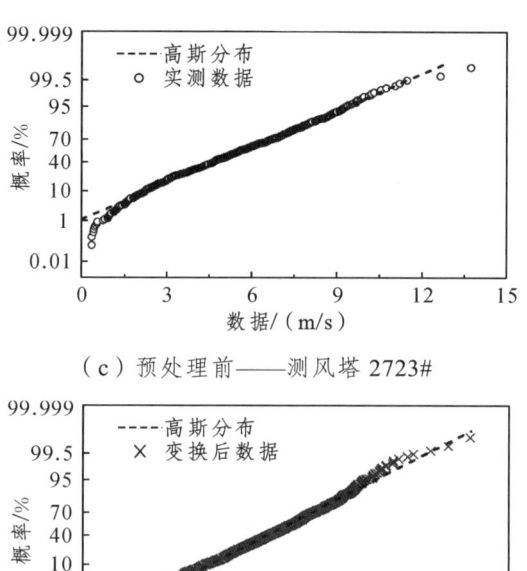

(c) 预处理前——测风塔 2723#

(d) 预处理后——测风塔 2723#

图 6-11 两座测风塔实测风速序列预处理前后的高斯分布概率曲线

6.2.2.2 预测模型与参数设置

提出一种新型的短期风速组合预测方法，命名为 HM2。首先，对每小时风速序列进行转换和标准化，以消除非高斯特征和昼夜非平稳性。然后，分别采用 PM 模型、AR 模型、ARMA 模型和 ANN 模型进行短期风速预测。最后，根据误差优化理论，采用组合模型 HM2，提高预测结果的准确性与稳定性。为了验证，将组合模型 HM2 与等权重模型 HM1 和时变协方差优化组合模型 HM3 进行比较。除此之外，增加了其他多种单预测模型进行对比，如表 6-4 所示。

为便于比较，采用 24 小时的预测范围，分析 1 步（1 小时）、2 步（2 小时）以及 3 步（3 小时）提前预测。例如，2 步预测表明，每小时平均风速数据提前 24 小时进行预测，预测步骤为 2 个小时。

表 6-4 模型定义

模型	描述
M01	持续法模型
M02	ARIMA 模型[16]
M03	ANN[18, 65, 69]
M04	SVM[23]
M05	Brown 预处理+AR[50]
M06	Brown 预处理+ARMA[51]
M07	ARMA+ANN[38]
M08	ARIMA+ANN[7, 37, 39]
M09	SEA+ANN[44]
M10	WT+ANN[9, 32]
M11	WT+SVM[33]
M12	EMD+ANN[36, 37]
M13	EWT+ANN[6]
HM1	等权重组合法
HM2	误差最优化理论组合法
HM3	时变协方差组合法

6.2.3 结果分析

为了验证所提出的方法，采用了 2016 年 5 月至 2017 年 4 月的测风塔 2716# 和 2723#的共 12 组风速数据点进行多步风速预测。程序是在 MATLAB 中开发的，使用的计算机是 Intel(R) Core(TM) i7-4790K CPU @ 4.00 GHz。各模型的 CPU 时间从 M01 的近 0 s 到 M11 的 94.21 s 不等。在组合模型 HM2 中，预处理耗时小于 0.37 s，优化问题求解仅耗时 0.78 s，所提出的组合模型 HM2 可以在准确性和计算效率方面提供可靠的结果。

这里，只讨论了测风塔 2716# 2016 年 10 月的预测结果。图 6-12 显示了 2016 年 10 月测风塔 2716#的 1 步、2 步和 3 步风速预测的 RMSE 误差。为了更好地对比分析每个模型的性能，本图中删除了几个结果相对较差的模型，包括 M04、M10、M11、M12 和 M13。随着预测时间的增加，每个模型的 RMSE 误差收敛到一个稳定值。对于 24 小时的 1 步预测，模型 M5、M6、M9、HM1、HM2 和 HM3 的结果，RMSE 误差分别为 0.7256 m/s、0.7282 m/s、0.7614 m/s、0.7112 m/s、0.6744 m/s 和 0.7102 m/s，比其他模型好很多，而模型 M01、M02、M03、M07 和 M08 的结果则相对较差。从 2 步和 3 步预测中可以得出相似的结论。整体而言，组合模型 HM2 在多步骤风速预测中表现最好。

为了进行综合评价，对测风塔 2716#和 2723#的多步风速预测的绝对误差的箱形图进行了说明，并对箱形图的功能进行了阐述，如图 6-13 所示。1 步、2 步和 3 步风速预测的绝对误差分别为 0.3~1.1 m/s、0.4~1.5 m/s 和 0.5~1.6 m/s。从总体上看，许多模型，如 M01、M02、M03、M05、M06、M07、M08、M09、HM1、HM2 和 HM3 表现良好，组合模型提供了比其他模型更好的结果。

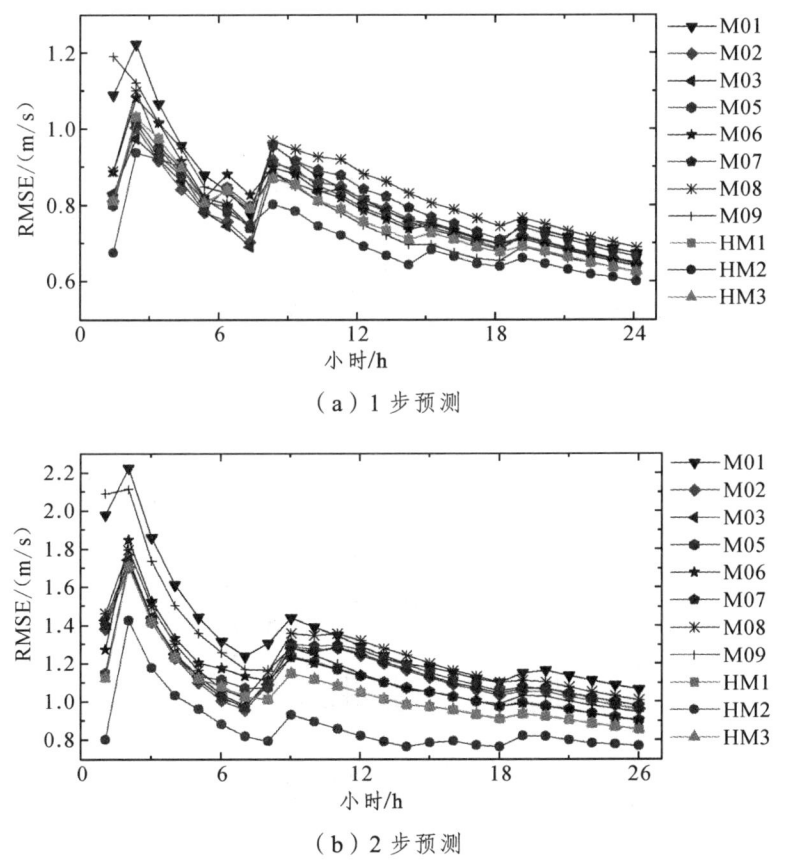

（a）1 步预测

（b）2 步预测

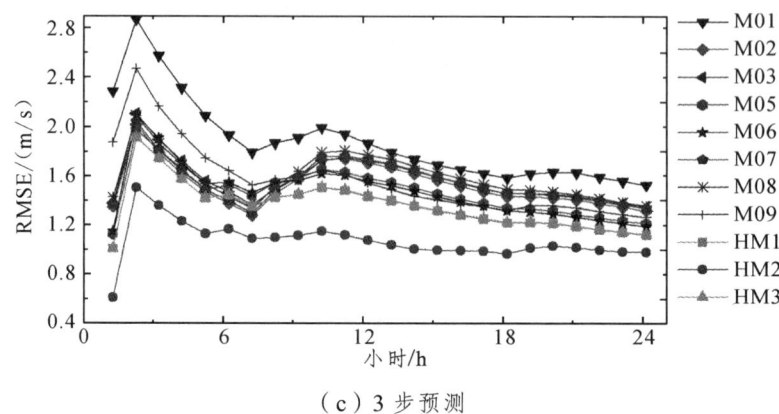

(c) 3 步预测

图 6-12 测风塔 2716# 的 2016 年 10 月风速序列多步预测的均方根误差

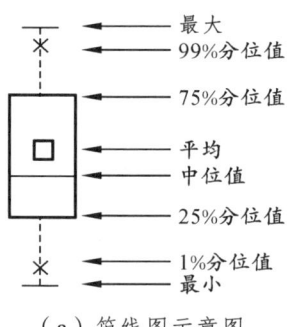

(a) 箱线图示意图

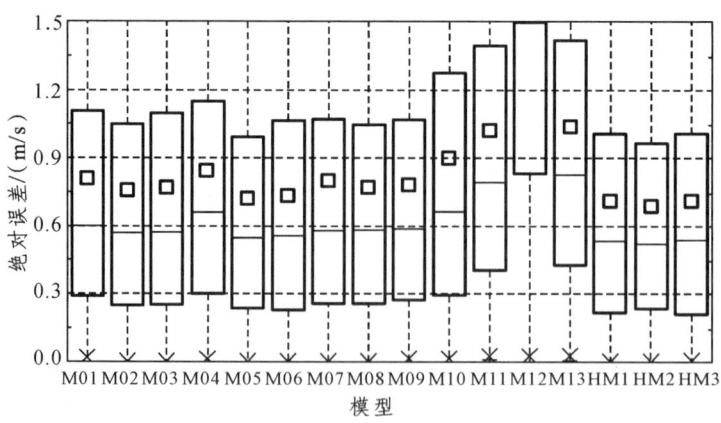

(b) 1 步预测箱线图

第 6 章 复杂地形风电场短期风速预测

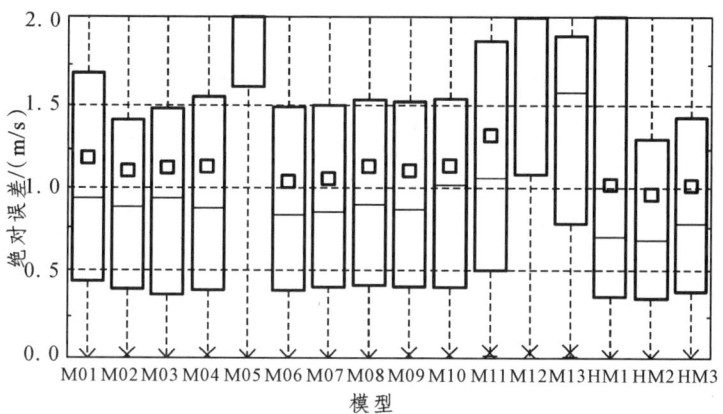

（c）2 步预测箱线图

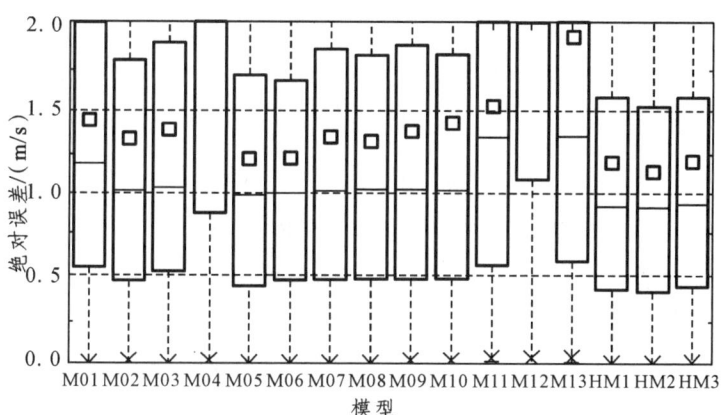

（d）3 步预测箱线图

图 6-13 两座测风塔风速序列多步预测误差箱线图

为了验证所提出的混合模型 HM2 的性能，表 6-5 和表 6-6 分别列出了测风塔 2716#和 2723#所有模型的平均误差。对于测风塔 2716#的多步风速预测，HM2 的误差最小，其 MAE 误差为 0.6892 m/s、0.9696 m/s 和 1.0879 m/s，RMSE 误差为 0.8940 m/s、1.2382 m/s 和 1.3841 m/s，1 步、2 步和 3 步预测的 MAPE 误差分别为 19.51%、29.28%和 34.28%。与其他组合模型相比，所提出的组合模型显示出更好的性能，对 1 步、2 步和 3 步预测的 RMSE 误差分别减少了约 3.9%、4.8%和 5.7%。这些结果表明，与其他模型相比，对于测风塔 2716#的 1 步、2 步和 3 步预测，所提出的组合模型 HM2 可以分别提高 3.8%~13.0%、4.6%~17.6%

和 5.6%~22.0%的精度。对于测风塔 2723#也可以找到类似的结果。同样地，HM2 的误差最小，在 1 步、2 步和 3 步预测中，MAE 误差分别为 0.6874 m/s、0.9745 m/s 和 1.1288 m/s，RMSE 误差分别为 0.8862 m/s、1.2234 m/s 和 1.3968 m/s，而 MAPE 误差分别为 19.25%、30.33%和 36.76%。这些结果表明，对于测风塔 2723#，所提出的混合模型 HM2 与其他模型相比，在 1 步、2 步和 3 步预测中，可以分别提高 3.1%~13.6%、4.3%~19.3%和 5.2%~22.9%的精度。

表 6-5　所有预测模型的多步预测误差指标——测风塔 2716#

模型	1 步预测			2 步预测			3 步预测		
	MAE /(m/s)	RMSE /(m/s)	MAPE /%	MAE /(m/s)	RMSE /(m/s)	MAPE /%	MAE /(m/s)	RMSE /(m/s)	MAPE /%
M01	0.8113	1.0276	22.82	1.1789	1.5036	35.78	1.3986	1.7740	44.12
M02	0.7634	0.9905	22.21	1.1052	1.4158	36.10	1.2663	1.6245	44.85
M03	0.7908	1.0090	23.53	1.1337	1.4447	37.07	1.3014	1.6431	45.12
M04	0.8715	1.1171	27.14	3.0101	3.3726	99.50	2.4111	2.6693	86.27
M05	0.7264	0.9496	20.92	1.0419	1.3437	32.85	1.2022	1.5402	40.24
M06	0.7475	0.9614	22.01	1.0641	1.3470	33.59	1.1986	1.5116	39.95
M07	0.7610	0.9910	22.23	1.1119	1.4197	36.35	1.2681	1.6171	44.99
M08	0.7661	1.0114	22.08	1.1162	1.4396	35.91	1.2795	1.6346	44.76
M09	0.7806	0.9967	21.35	1.1202	1.4314	33.41	1.3288	1.7113	41.15
M10	0.9167	1.1790	26.08	1.3008	1.6487	39.91	1.4720	1.8597	45.74
M11	1.0135	1.2794	30.58	2.3786	2.7432	84.43	2.3187	2.6157	82.59
M12	1.8849	2.2256	70.74	1.7557	2.0737	62.93	1.7561	2.0476	59.59
M13	1.0594	1.3298	31.32	1.7551	2.1034	61.39	1.8035	2.1699	59.62
HM1	0.7145	0.9306	20.61	1.0155	1.3007	31.58	1.1424	1.4684	37.53
HM2	**0.6892**	**0.8940**	**19.51**	**0.9696**	**1.2382**	**29.28**	**1.0879**	**1.3841**	**34.28**
HM3	0.7134	0.9299	20.55	1.0130	1.2983	31.45	1.1404	1.4659	37.39

表 6-6 所有预测模型的多步预测误差指标——测风塔 2723#

模型	1 步预测			2 步预测			3 步预测		
	MAE /(m/s)	RMSE /(m/s)	MAPE /%	MAE /(m/s)	RMSE /(m/s)	MAPE /%	MAE /(m/s)	RMSE /(m/s)	MAPE /%
M01	0.8065	1.0255	23.19	1.1941	1.5160	36.72	1.4721	1.8119	47.47
M02	0.7491	0.9704	22.88	1.1053	1.4004	37.25	1.3017	1.6329	46.84
M03	0.7508	0.9765	24.06	1.1086	1.3975	38.30	1.3216	1.6252	47.74
M04	0.8094	1.0228	24.89	2.9629	3.3334	102.54	2.2671	2.6022	83.84
M05	0.7118	0.9256	20.74	1.0331	1.2995	32.66	1.2198	1.5064	40.71
M06	0.7181	0.9304	20.76	1.0483	1.3091	32.68	1.2269	1.5122	39.87
M07	0.8401	1.2387	24.94	1.1728	1.5906	38.45	1.3429	1.7163	47.36
M08	0.7750	1.0018	24.04	1.1066	1.3978	37.07	1.2974	1.6276	46.45
M09	0.7828	0.9880	21.95	1.1354	1.4444	34.50	1.4143	1.7537	43.97
M10	0.8874	1.1474	25.13	1.2936	1.6376	40.52	1.5687	1.9251	50.51
M11	1.0302	1.2873	31.55	2.5835	3.2368	91.38	2.3050	2.7361	85.96
M12	2.2862	2.6248	90.10	2.2395	2.5933	84.40	2.1369	2.4779	77.29
M13	1.0086	1.2462	30.73	1.6170	1.9644	53.23	1.6048	1.9493	50.19
HM1	0.7046	0.9147	20.35	1.0179	1.2783	31.61	1.1940	1.4742	39.04
HM2	**0.6874**	**0.8862**	**19.25**	**0.9745**	**1.2234**	**30.33**	**1.1288**	**1.3968**	**36.76**
HM3	0.7048	0.9152	20.36	1.0174	1.2774	31.60	1.1927	1.4728	39.01

一般来说,由于实测风速数据的高波动性、非高斯及非平稳特性,使用单一模型可能难以准确预测短期风速。因此,采用预处理方法对小时平均风速数据进行转换和标准化处理,以去除非高斯和昼夜非平稳特性。在上述研究中,提出了一个基于误差优化理论的时均风速短期预测组合模型。通过对两个气象塔收集的共 12 个风速数据集的多步风速预测,验证了该组合模型。结果表明,在对时均风数据进行转换和标准化处理后,短期风速预测的性能可以得到明显改善,与其他单个模型和组合模型相比,所提出的组合模型在 1 步、2 步和 3 步的预测中可以分别提高 3.1%~13.6%、4.3%~19.3%和 5.2%~22.9%的精度。

6.3 复杂地形高分辨率风速序列超短期预测案例分析

6.2 节风速预测针对的是时均风速序列。然而，风机实测风速序列通常为高分辨率，且风电功率预测要求为提前 4 小时进行预测。因此，本节以实际风电场风力发电机组实测高分辨率风数据为例，开展超短期风速预测分析研究。

6.3.1 复杂地形高分辨率风速实测数据与分析

6.3.1.1 地理位置

收集了从 3 台风机上观察到的高分辨率风速序列，这 3 台风机位于河南省的一个风电场，覆盖面积为 9 km（南北）×10 km（西东）。风力发电机组的布局和地形高度如图 6-14 所示。从图中可以发现，该风机地形相对复杂，海拔高度差为 200 m。

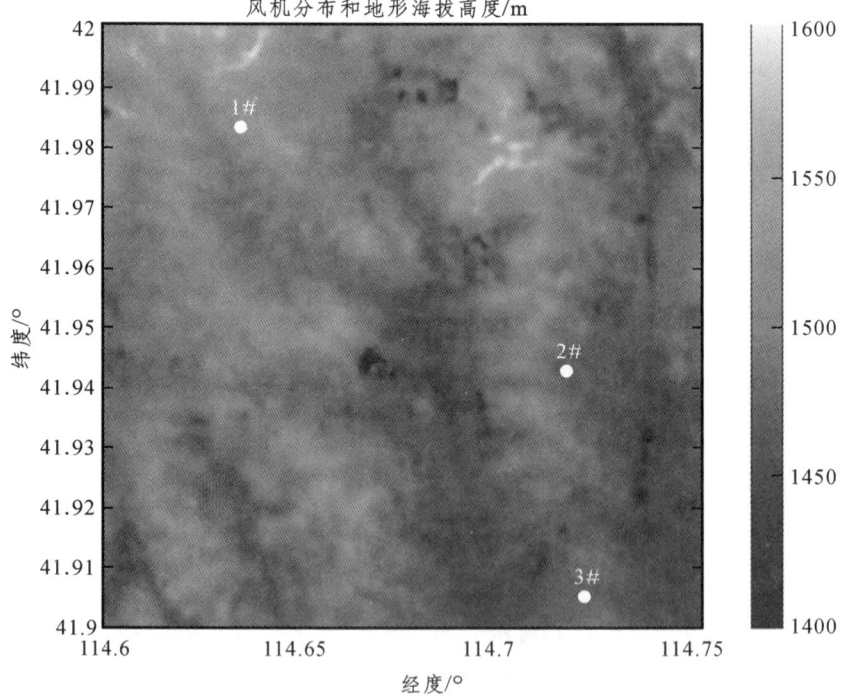

图 6-14 风机地理位置与地形海拔高度云图

表 6-7 显示了 3 台风机的详细信息，包括风机的位置、海拔高度和轮毂高度。3 台风机分别表示为 1 号、2 号和 3 号风机，高差为 85 m，它们之间的最大距离约为 11.3 km。由于风机的距离并不太远，所以风机所在地的风速特征受到中尺度气流影响基本相似。然而，每台风机所在地的局部地形变化很大，因此其风速可能会有较大差异。

表 6-7　3 台风力发电机的位置信息

风机	地理位置	海拔高度/m	风机轮毂高度/m
风机 1#	（41.9842°N, 114.6344°E）	1554.2	70
风机 2#	（41.9428°N, 114.7144°E）	1476.8	70
风机 3#	（41.9042°N, 114.7197°E）	1469.5	70

6.3.1.2　实测数据

从风机轮毂高度观测到的风速序列的分辨率为 5 s，对其进行平均，得到 10 分钟分辨率的数据，用于超短期风速预测。风速数据覆盖 24 天，从 2020 年 12 月 8 日到 2020 年 12 月 31 日，对应的样本长度为 576。图 6-15 显示了 3 台风力发电机组测得的风速序列的曲线。在该图中的 3 个序列中，很容易发现受中尺度气流影响的类似模式。然而，由于局部地形的影响，它们之间存在较大差异。

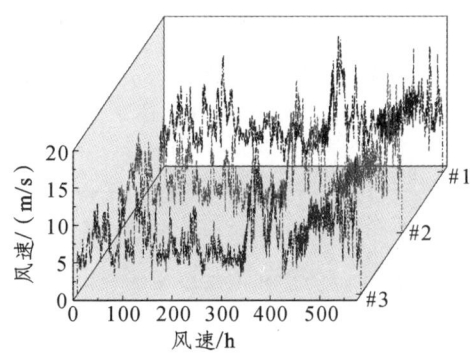

图 6-15　风机的实测风速序列

6.3.2 复杂地形高分辨率风速超短期预测

6.3.2.1 风速序列预处理

本研究提出 SSP 方法在训练和预测前对原始风速序列进行预处理，并与文献[254]中提出的 Brown 法进行性能比较。对比两种方法计算的昼夜平均值和昼夜标准差，并选取风机 2#的结果进行说明，如图 6-16 所示。结果表明，Brown 法得到的参数波动性很大，而真实的风参数应该是相对平稳和平缓的。与 Brown 法相比，所提出的 SSP 方法在平稳性方面有明显的改善。

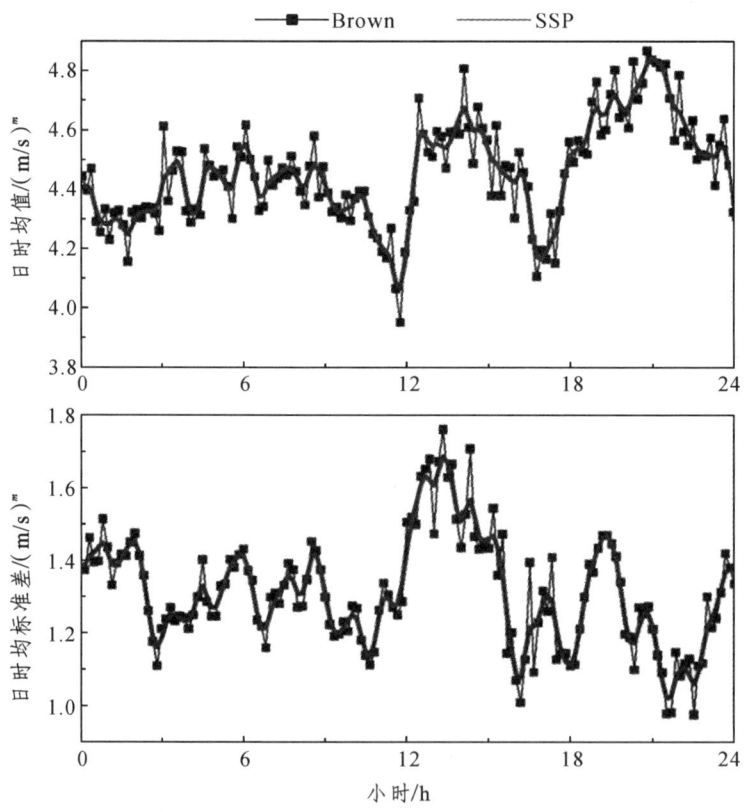

图 6-16 风机 2#的预处理后风速序列日时均和标准差分布

此外，在 SSP 方法的情况下，一天内开始和结束时的风参数的一致性得到了保证。对 SSP 方法的详细改进进行了深入分析，如表 6-8 和表 6-9 所示。在一致性和平稳性方面，比较了第一个和最后一个数据之间的差异以及和的最大绝对梯度。所提出的 SSP 方法提高了 μ_t 和 σ_t 的一致性，对 3 台风机来说，平均提高了 73.15%和 36.40%。此外，它还将 μ_t 和 σ_t 的最大绝对梯度平均降低了约 48.31%和 56.10%。因此，所提出的 SSP 方法对风数据的平稳性和一致性有明显的改善，为超短期风速的高精度预测提供了可能。

表 6-8　风速序列预处理前后的首尾数据最大偏差

风机	日时均数据首尾差别					
	μ_t			σ_t		
	Brown	SSP	降低	Brown	SSP	降低
风机 1#	0.1072	0.0546	49.10%	0.0344	0.0147	57.35%
风机 2#	0.1198	0.0105	91.26%	0.0375	0.0158	57.93%
风机 3#	0.1068	0.0246	76.98%	0.0700	0.0598	14.58%
平均	0.1113	0.0299	73.15%	0.0473	0.0301	36.40%

表 6-9　风速序列预处理前后的最大绝对梯度

风机	日时均数据最大梯度					
	μ_t			σ_t		
	Brown	SSP	降低	Brown	SSP	降低
风机 1#	0.3108	0.2065	33.57%	0.3165	0.1527	51.75%
风机 2#	0.3531	0.1480	58.09%	0.3297	0.1175	64.36%
风机 3#	0.3371	0.1629	51.66%	0.3040	0.1453	52.19%
平均	0.3337	0.1725	48.31%	0.3167	0.1385	56.10%

6.3.2.2　预测模型与参数设置

提出了 SSP 方法处理高分辨率风速序列，并根据训练数据和验证数据计算参数。然后，应用 BO-LSTM 模型来挖掘预处理后序列的内在模式。LSTM 模型的 5 个超参数，即 nDelay、nLayer、nHidden、Dropout 和 LearningRate，由 BO 算法优化，其他参数根据经验确定，如最大迭代步长为 200，最小批处理量为 512。

为了进一步验证所提出的超短期风速预测的组合模型，引入了多种预测模型进行比较，包括 PM[255]、ARIMA[256]、ANN[257]、ARIMA-ANN[253]、SEA-ANN[258] 和 BO-LSTM[259]模型，如表 6-10 所示。这 7 个模型用于预测上述 3 台风机提前 4 小时的风速，并根据前面所述的多个评价指标进行综合分析。

表 6-10　预测模型定义

模型	描述
PM	持续法模型
ARIMA	自回归积分滑动平均模型
ANN	人工神经网络模型
ARIMA-ANN	残差分析组合模型
SEA-ANN	预处理组合模型
BO-LSTM	参数优化深度学习组合模型
SSP-BO-LSTM	预处理+参数优化+深度学习

6.3.3　结果分析

6.3.3.1　风机 1#

图 6-17 显示了风机 1#提前 4 小时的预测风速。在这种情况下，测试数据显示了一个整体的下降趋势，具有很强的波动性，这在 PM 模型和 SEA-ANN 模型

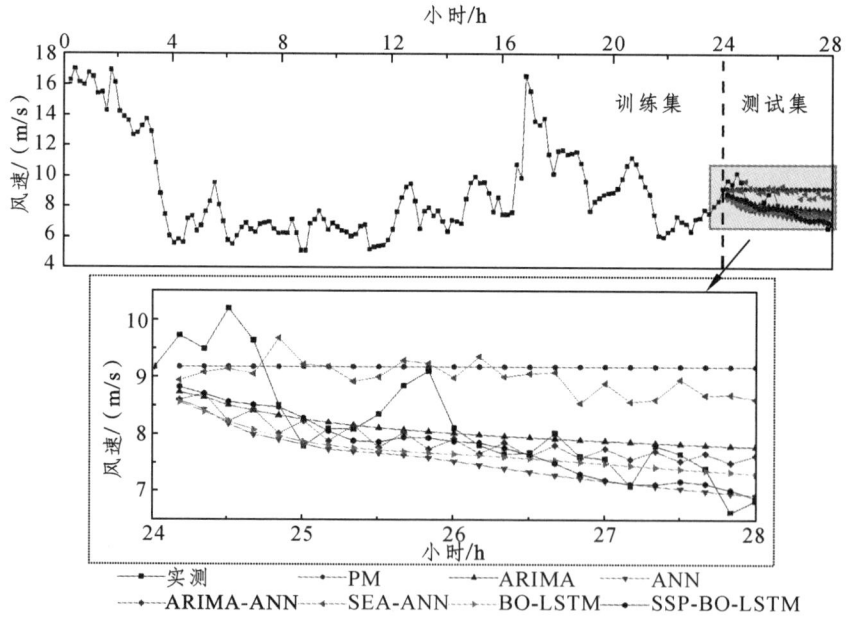

图 6-17　风机 1#提前 4 小时的预测风速比较

中都无法识别。然而，其他 5 个模型都能很好地发现这一趋势，而提出的 SSP-BO-LSTM 模型在整体上表现最好。可以注意到，没有一个模型可以保证对所有步的最佳预测。

如图 6-18 所示，引入前面所述的 3 个误差指标来定量评估提出的组合模型的预测精度。由于风速数据显示出明显的下降趋势，其他 6 个模型的预测误差都比 PM 模型小。对于风机 1#，ARIMA、ARIMA-ANN、BO-LSTM 和 SSP-BO-LSTM 模型表现良好，MAE 误差分别为 0.53 m/s、0.529 m/s、0.579 m/s 和 0.469 m/s，RMSE 误差分别为 0.695 m/s、0.721 m/s、0.782 m/s 和 0.63 m/s，MAPE 误差分别为 6.4%、6.2%、6.7%和 5.4%。结果表明，提出的组合模型 SSP-BO-LSTM 表现最好。

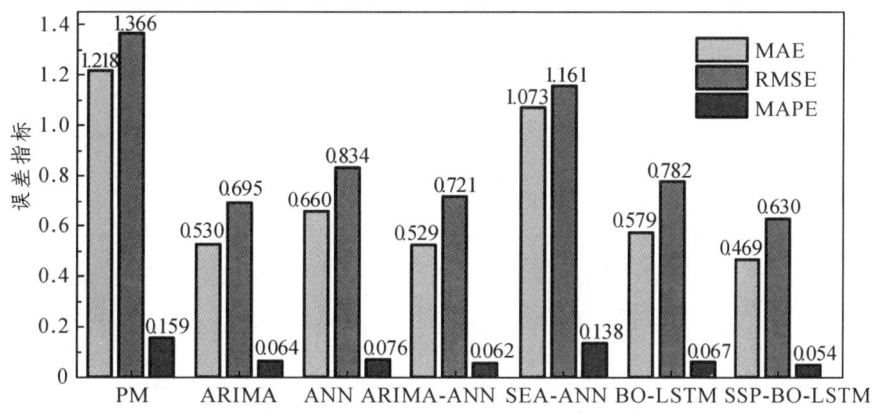

图 6-18　风机 1#性能评价指标的比较

6.3.3.2　风机 2#

如图 6-19 所示，风机 2#与风机 1#相比显示，模式较为相似。在 7 个模型中，只有 SEA-ANN 和 SSP-BO-LSTM 模型能够较好地捕捉这一特征，其 MAE 误差分别为 0.477 m/s 和 0.489 m/s，RMSE 误差分别为 0.632 m/s 和 0.63 m/s，MAPE 误差分别为 5.4%和 5.9%，如图 6-20 所示。在这种情况下，ARIMA、ANN 和 ARIMA-ANN 模型的表现比 PM 模型差，这与风机 1#的结果有很大不同。

SEA-ANN 模型对风机 2#的效果比风机 1#好得多。

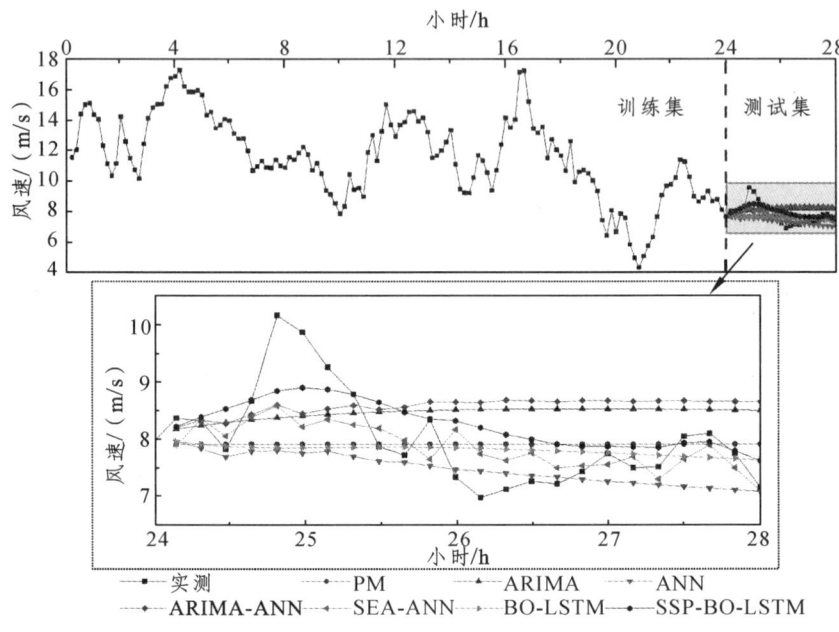

图 6-19　风机 2#提前 4 小时的预测风速比较

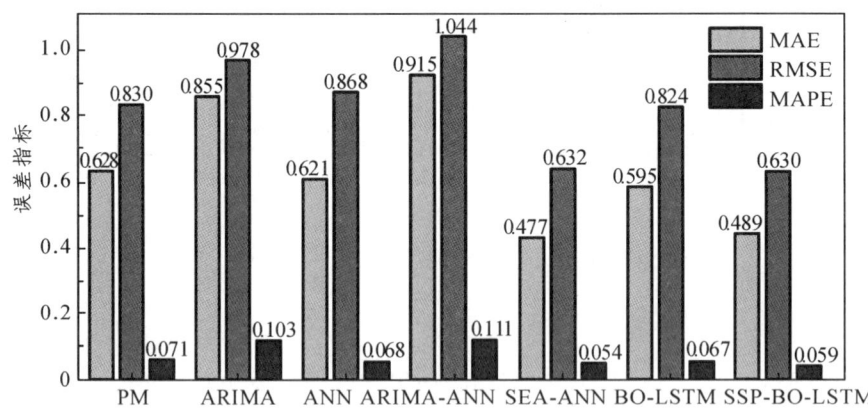

图 6-20　风机 2#性能评价指标的比较

6.3.3.3　风机 3#

如图 6-21 所示，风机 3#的测试数据模式与风机 1#和风机 2#非常不同，可能是由于中尺度气象和微尺度地形的影响。仅提出的 SSP-BO-LSTM 模型就很好地捕捉到风速序列的这种特殊趋势，其 MAE、RMSE 和 MAPE 误差分别为 0.998 m/s、1.212 m/s 和 15.4%。虽然 ARIMA 和 ARIMA-ANN 模型没有捕捉到这种趋势，但其结果也较好，MAE 误差为 0.942 m/s 和 0.951 m/s，RMSE 误差分别为 1.306 m/s 和 1.287 m/s，MAPE 误差分别为 15.5%和 15.4%。

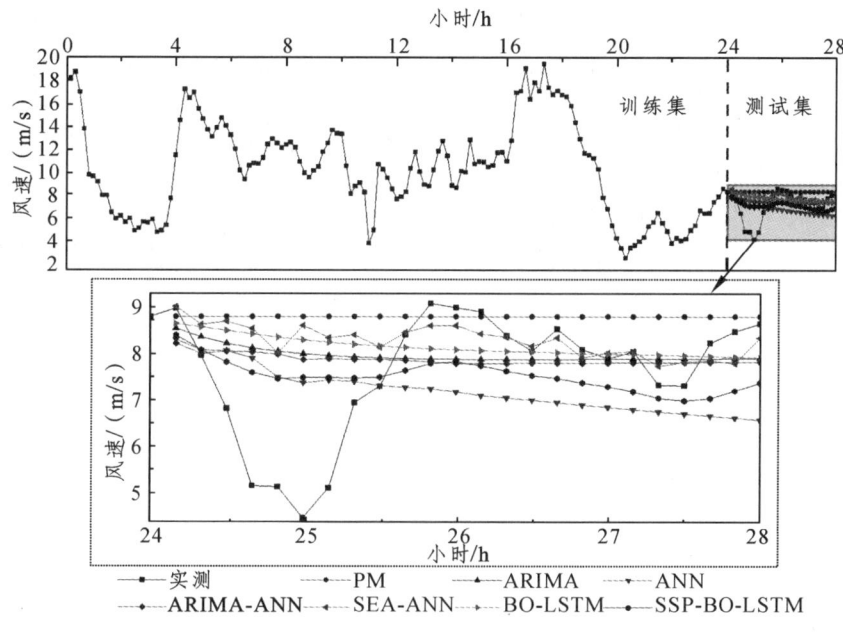

图 6-21　风机 3#提前 4 小时的预测风速比较

根据上述 3 台风机的结果，可以得出这样的结论：没有一个模型可以总是得到最小的预测误差，而且从每个性能指标得出的评价也会有很大不同。总的来说，提出的组合模型 SSP-BO-LSTM 的整体预测误差最小，准确性与稳定性最佳。

6.3.3.4　综合分析

图 6-22 和图 6-23 显示了 7 个模型的预测误差的综合比较，其中收集了 3 台风机的误差并作为一个整体进行分析，每个模型对应的数据共有 72 个。结果表明，7 个模型的平均绝对误差分别为 1.0057 m/s、0.7755 m/s、0.8594 m/s、0.7985 m/s、0.8101 m/s、0.7142 m/s 和 0.6521 m/s。BO-LSTM 和 SSP-BO-LSTM

模型的表现优于其他模型，与 PM 模型相比，分别提高了 29.0%和 35.2%。

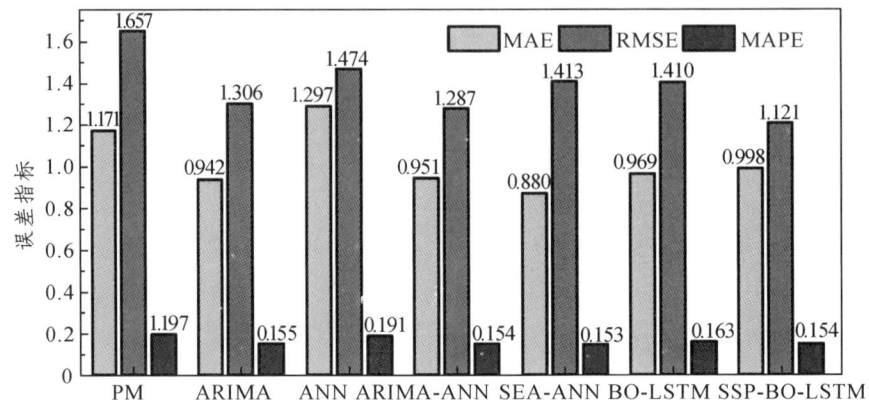

图 6-22 风机 3#性能评价指标的比较

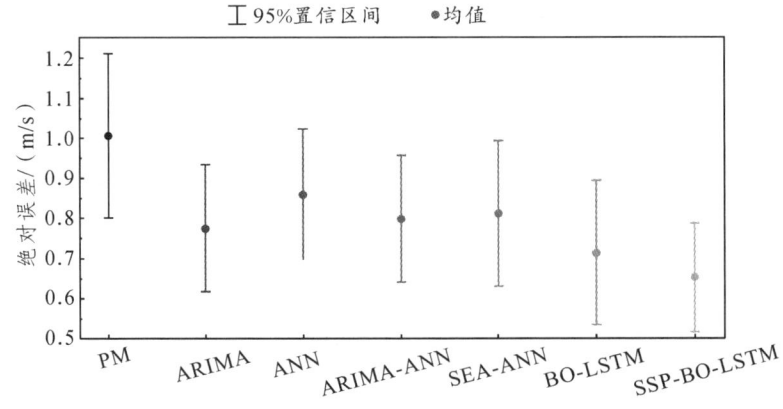

图 6-23 所有模型的超短期风速预测误差的综合比较

为了进一步分析这些模型与 PM 模型相比的改进，计算了误差指标 PMAE、PRMSE 和 PMAPE，如表 6-11 所示。对于不同的序列，同一模型的预测精度可能有很大的不同。对于风机 1#，最佳模型是 SSP-BO-LSTM 模型，而对于风机 2#和风机 3#，最佳模型是 SEA-ANN 和 SSP-BO-LSTM 模型。为了全面评估，对 3 台涡轮机的结果进行了平均。所有 6 个模型都比 PM 模型有明显的改进，PMAE 为 9.9%至 32.8%，PRMSE 为 14.6%至 34.9%，PMAPE 为 8.8%至 34.9%。

结果表明,提出的SSP-BO-LSTM模型大大优于其他模型,PMAE为7.8%~22.9%,PRMSE为15.4%~20.3%,PMAPE为8.0%~26.1%。

表6-11 与PM模型相比各模型的改进情况

风机		风机1#/%	风机2#/%	风机3#/%	均值/%
ARIMA	P_{MAE}	56.5	−36.1	19.6	13.3
	P_{RMSE}	49.1	−17.8	21.2	17.5
	P_{MAPE}	59.7	−45.1	21.3	12.0
ANN	P_{MAE}	45.8	1.1	−10.8	12.1
	P_{RMSE}	38.9	−4.6	11.0	15.1
	P_{MAPE}	52.2	4.2	3.0	19.8
ARIMA-ANN	P_{MAE}	56.6	−45.7	18.8	9.9
	P_{RMSE}	47.2	−25.8	22.3	14.6
	P_{MAPE}	61.0	−56.3	21.8	8.8
SEA-ANN	P_{MAE}	11.9	24.0	24.9	20.3
	P_{RMSE}	15.0	23.9	14.7	17.9
	P_{MAPE}	13.2	23.9	22.3	19.8
BO-LSTM	P_{MAE}	52.5	5.3	17.3	25.0
	P_{RMSE}	42.8	0.7	14.9	19.5
	P_{MAPE}	57.9	5.6	17.3	26.9
SSP-BO-LSTM	P_{MAE}	61.5	22.1	14.8	32.8
	P_{RMSE}	53.9	24.1	26.9	34.9
	P_{MAPE}	66.0	16.9	21.8	34.9

基于预处理算法和参数优化的深度学习方法,提出了一种用于超短期风速预测的组合模型,即SSP-BO-LSTM。将所提出的模型应用于3个风力发电机组观测到的风速序列的提前4小时预测,并将结果与其他6个模型即PM、ARIMA、ANN、ARIMA-ANN、SEA-ANN和BO-LSTM模型进行比较。结果表明,所提

出的 SSP 预处理方法能够消除风速序列的高波动性，很好地保证了处理后数据的一致性和平稳性，为风速预测提供了高精度的可能性。虽然提出的 SSP-BO-LSTM 模型不能保证在所有情况下都有最好的预测精度，但根据统计分析，与其他 6 个模型相比，它平均提高了 8%~35%的预测效果。

6.4 本章小结

本章围绕复杂地形风电场的短期风速预测展开了详细阐述，具体包括以下方面的内容：

（1）介绍了复杂地形风电场短期风速预测模型和方法，包括持续法模型、自回归类模型、神经网络模型、深度学习模型、横向组合类模型、预处理类组合模型、参数优化类组合模型，并介绍了模型误差评估的指标。

（2）针对实际复杂地形开展了时均风速短期预测案例分析，提出了基于日时均风速预处理和误差最优化理论的短期风速预测组合模型，并与多种预测模型和组合模型进行了对比分析。

（3）针对实际复杂地形风电场风机实测高分辨率风速序列，开展了超短期风速预测研究，提出了一种结合预处理技术、参数优化以及深度学习的 SSP-BO-LSTM 预测模型，并与多种预测模型进行了对比验证。

本章为实际复杂地形风电场的短期风电功率预测研究提供了参考。

第 7 章
PART SEVEN

结论与展望

本章将针对已有的研究进行工作总结，并对未来的工作进行分析和展望。

7.1 结 论

本书围绕复杂地形的风资源评估和风能利用开展研究工作。工作内容主要包括复杂地形风场湍流特性、复杂地形潜在风资源评估、复杂地形风电场微观选址以及复杂地形风电场短期风速预测。

第二章，详细介绍了风资源和风场模拟的理论基础知识，包括风资源、风场模拟流体控制方程以及风场模拟湍流模型。

第三章，提出了基于时程互相关性修正的大涡模拟湍流入口生成方法，针对不同地面粗糙度湍流大气边界层入口进行了模拟，与其他湍流入口生成方法进行了对比。结合风洞试验和大涡模拟方法，研究了三维山丘和实际复杂地形的风场湍流特性。

第四章，介绍了复杂地形潜在风资源的评估方法流程，提出了结合实测风数据和数值模拟技术的复杂地形潜在风资源半解析评估理论，以湖南省某实际复杂地形为例，研究了该地区的风资源分布，为风电场选址提供了参考。

第五章，考虑风电场全寿命周期度电成本，提出了基于改进遗传算法的复杂地形风电场微观选址方法流程，以湖南省某实际复杂地形为例，开展了风电场微观选址研究，考虑了不同尾流模型和目标函数，分析了所提出的风电场微观选址方法的有效性，为实际复杂地形风电场的微观选址提供了依据。

第六章，详细介绍了短期风速预测模型，包括持续法模型、自回归类模型、神经网络模型、深度学习模型、横向组合类模型、预处理类组合模型、参数优化类组合模型。针对实际复杂地形开展了时均风速短期预测案例分析，提出了基于日时均风速预处理和误差最优化理论的短期风速预测组合模型，并与多种预测模型和组合模型进行了对比分析。同时，针对实际复杂地形风电场风机实测高分辨率风速序列，开展了超短期风速预测研究，提出了一种结合预处理技术、参数优化以及深度学习的 SSP-BO-LSTM 预测模型，并与多种预测模型进行了对比验证。提出的复杂地形风电场短期和超短期风速预测方法可为风电功率短期预测提供服务。

7.2 展望

7.2.1 大涡模拟湍流入口生成技术

提出的基于时程互相关性修正的湍流大气边界层入口生成技术，可较好地预测实际山地地形的风速分布和湍流特性，但该方法实际未经过无散度修正，不满足连续性方程，在顺风向存在一定程度的湍流耗散现象，使得数值预测得到的湍流比实际情况稍偏低。在大气边界层湍流入口生成技术中，满足无散度至关重要。因此，后续工作可以在这个方面进行进一步改进和完善。

7.2.2 复杂地形机群尾流仿真模拟

本书在研究风机群尾流效应中，采用的尾流模型是自适应 Jensen 模型和高斯模型，尚未考虑风场的湍流特性。然而，湍流强度对于机群的尾流分布具有一定的影响。而且，风机尾流理论模型在尾流折减效应评估方面精度并非最佳。随着深度学习技术的发展，大量学者结合数值模拟和深度学习理论，建立了风机尾流评估深度学习库，能够较准确评估风机尾流折减效应。后续工作可以在复杂地形机群尾流仿真模拟方面进行进一步研究和完善。

7.2.3 复杂地形短期风速预测

提出的复杂地形风电场时均风速短期预测模型和高分辨率风速序列超短期预测模型，均只采用了风速时程序列。然而，风速大小应当还与风向、温度、湿度、压强等因素相关。在后续研究中，应当考虑更多的物理因素，建立更为全面的复杂地形短期风速预测模型。

7.2.4 复杂地形风机偏航自动控制

上游风机的偏航角不仅对于该风机的发电量有直接影响,而且对于下游风力发电机组的尾流影响极大。在后续研究中,可将复杂地形短期风速预测和复杂地形机群尾流仿真模拟的成果进行有机结合,建立高效、准确的复杂地形风机偏航自动控制系统,可考虑机群尾流效应,通过针对每台风机进行偏航控制,实现整个风电场的发电效率的最大化。其涉及内容包括风速的提前预测、风机尾流的准确评估以及风机发电量的准确预测,对于已建设运营的风电场充分利用风资源具有重大意义。

参考文献

[1] BP. Statistical Review of World Energy 2021[R]. 2021.

[2] 梁刚, 裴国平, 王宇. 2013 年全球油气储量、石油产量增长平缓[J]. 国际石油经济, 2014, 22(1): 186-189.

[3] Cao S Y, Wang T, Ge Y J, et al. Numerical study on turbulent boundary layers over two-dimensional hills — Effects of surface roughness and slope[J]. Journal of Wind Engineering & Industrial Aerodynamics, 2012(104-106): 342-349.

[4] 胡伟成, 杨庆山, 张建. 多国规范山地风速地形修正系数对比研究[J]. 工程力学, 2018, 35(10): 203-211.

[5] 房金彦, 潘冬, 姚诸香, 等. 江西电网风电功率预测准确率研究[J]. 江西电力, 2018, 42(8): 9-11, 22.

[6] 国家能源局. 风电功率预测系统功能规范（NB/T 31046—2013）[S]. 2013.

[7] Hu W, Yang Q, Chen H-P, et al. New hybrid approach for short-term wind speed predictions based on preprocessing algorithm and optimization theory[J]. Renewable Energy, 2021(179): 2174-2186.

[8] 靳晶新, 叶林, 吴丹曼, 等. 风能资源评估方法综述[J]. 电力建设, 2017, 38(4): 1-8.

[9] 张德. 风能资源数值模拟及其在中国风能资源评估中的应用研究[D]. 兰州: 兰州大学, 2009.

[10] Archer C L, Jacobson M Z. Evaluation of global wind power[J]. Journal of Geophysical Research Atmospheres, 2005, 110(D12): 1-20.

[11] Schwartz M N, Heimiller D, Haymes S, et al. Assessment of Offshore Wind

Energy Resources for the United States[J]. Leading Edge, 2010, 21(4): 338-348.

[12] 薛桁, 朱瑞兆, 杨振斌, 等. 中国风能资源贮量估算[J]. 太阳能学报, 2001, 22(2): 167-170.

[13] 廖顺宝, 刘凯, 李泽辉. 中国风能资源空间分布的估算[J]. 地球信息科学学报, 2008, 10(5): 551-556.

[14] 中国气象局风能太阳能资源评估中心. 中国风能资源的详查和评估[J]. 风能, 2011, 2011(8): 26-30.

[15] 李军, 胡非. 复杂地形下激光雷达测风误差的修正[J]. 可再生能源, 2017, 35(5): 727-733.

[16] Hsuan C Y, Tasi Y S, Ke J H, et al. Validation and Measurements of Floating LiDAR for Nearshore Wind Resource Assessment Application[J]. Energy Procedia, 2014, 61: 1699-1702.

[17] Kim D, Kim T, Oh G, et al. A comparison of ground-based LiDAR and met mast wind measurements for wind resource assessment over various terrain conditions[J]. Journal of Wind Engineering & Industrial Aerodynamics, 2016, 158: 109-121.

[18] 张焕胜, 马振富, 冯策, 等. WFMS-200型风电场声雷达与测风塔测风结果比对[J]. 中国电子科学研究院学报, 2016, 11(5): 562-568.

[19] Kim H G, Kim D H, Jeon W H, et al. Comparative Validation of Wind Cube LIDAR and Scintec SODAR for Wind Resource Assessment-Remote Sensing Campaign at Jamsil[J]. New & Renewable Energy, 2011, 7(2): 43-50.

[20] Khan K S, Tariq M. Wind resource assessment using SODAR and meteorological mast—A case study of Pakistan[J]. Renewable and Sustainable Energy Reviews, 2017, 81: 2443-2449.

[21] DeBray B G. Atmospheric shear flows over ramps and escarpments[J]. Journal of Wind Engineering and Industrial Aerodynamics, 1973(9): 1-4.

[22] Carpenter P, Locke N. Investigation of wind speeds over multiple

two-dimensional hills[J]. Journal of Wind Engineering & Industrial Aerodynamics, 1999, 83(1-3): 109-120.

[23] Ishihara T, Fujino Y, Hibi K. A wind tunnel study of separated flow over a two-dimensional ridge and a circular hill[J]. Journal of Wind Engineering & Industrial Aerodynamics, 2001(89): 573-576.

[24] Ishihara T, Hibi K, Oikawa S. A wind tunnel study of turbulent flow over a three-dimensional steep hill[J]. Journal of Wind Engineering & Industrial Aerodynamics, 1999, 83(1-3): 95-107.

[25] Cao S Y, Tamura T. Effects of roughness blocks on atmospheric boundary layer flow over a two-dimensional low hill with/without sudden roughness change[J]. Journal of Wind Engineering & Industrial Aerodynamics, 2007, 95(8): 679-695.

[26] Cao S Y, Tamura T. Experimental study on roughness effects on turbulent boundary layer flow over a two-dimensional steep hill[J]. Journal of Wind Engineering & Industrial Aerodynamics, 2006, 94(1): 1-19.

[27] Lotufo J, Siddiqui K, Hangan H. Experimental Investigation of the Influence of Inflow Conditions on the Flow Over an Extended Edge Escarpment[C]//ASME 2017 Fluids Engineering Division Summer Meeting. Waikaloa, Hawaii, USA,2017(1B): 1-6.

[28] Boris C. Wind resource accessment in complex terrain by wind tunnel modelling[D]. Universite d' Orléans, 2012.

[29] Desmond C. The consideration of forestry effects in wind energy resource assessment[D]. East Midlands: Lough borough University, 2014.

[30] 张玥, 唐金旺, 周敉, 等. 峡谷复杂地形风场空间分布特性试验研究[J]. 振动与冲击, 2016, 35(12): 35-40.

[31] 许福友, 周晶. 山区桥址风场特性研究综述[J]. 防灾减灾工程学报, 2017, 37(3): 502-510.

[32] Hunt J C R, Leibovich S, Richards K J. Turbulent shear flows over low

hills[J]. Quarterly Journal of the Royal Meteorological Society, 1988, 114(484): 1435-1470.

[33] Jackson P S, Hunt J C R. Turbulent wind flow over a low hill[J]. Quarterly Journal of the Royal Meteorological Society, 1975, 101(430): 929-955.

[34] Finnigan J J. Air Flow Over Complex Terrain[M]. Flowand Transport in the Natural Environment: Advances and Applications: Springer, Heidelberg. 1988.

[35] Taylor P A, Lee R J. Simple guidelines for estimating wind speed variations due to small scale topographic features[J]. Climatol Bull, 1984, 18(2): 3-32.

[36] Walmsley J L, Taylor P A, Salmon J R. Simple guidelines for estimating wind speed variations due to small-scale topographic features—An update[J]. Climatol Bull, 1989, 21(1): 3-14.

[37] Weng W S, Taylor P A, Walmsley J L. Guidelines for airflow over complex terrain: model developments[J]. Journal of Wind Engineering & Industrial Aerodynamics, 2000, 86(2): 169-186.

[38] Bjerknes V. Das Problem der Wettervorhers-age, betrachtet vom Standpunkte der Mechanik und der Physik[J]. Meteor Z, 1904(21): 101-109.

[39] Orlanski L. A rational subdivision of scale for atmospheric processes[J]. Bull.amer.meteor.soc, 1975(56): 527-530.

[40] Lange M, Focken U. Physical Approach to Short-Term Wind Power Prediction[M]. 1988.

[41] Wood N. Wind flow over complex terrain: a historical perspective and the prospect for large-eddy modelling[J]. Boundary-Layer Meteorology, 2000, 96(1-2): 11-32.

[42] Ayotte K W. Computational modelling for wind energy assessment[J]. Journal of Wind Engineering & Industrial Aerodynamics, 2008, 96(10-11): 1571-1590.

[43] Walmsley J L, Taylor P A, Keith T. A simple model of neutrally stratified

boundary-layer flow over complex terrain with surface roughness modulations (MS3DJH/3R)[J]. Boundary-Layer Meteorology, 1986, 36(1-2): 157-186.

[44] Yu W, Benoit R, Girard C, et al. Wind Energy Simulation Toolkit (WEST): A Canadian wind mapping and forecasting system for wind energy industry[J]. Wind Engineering, 2006, 30(1): 15-33.

[45] Corbett J F, Ott S, Landberg L. A Mixed Spectral-Integration Model for Neutral Mean Wind Flow Over Hills[J]. Boundary-Layer Meteorology, 2008, 128(2): 229-254.

[46] Palma J M L M, Castro F A, Ribeiro L F, et al. Linear and nonlinear models in wind resource assessment and wind turbine micro-siting in complex terrain[J]. Journal of Wind Engineering & Industrial Aerodynamics, 2008, 96(12): 2308-2326.

[47] Castro F A, Palma J M L M, Lopes A S. Simulation of the Askervein Flow. Part 1: Reynolds Averaged Navier-Stokes Equations (k ∈ Turbulence Model)[J]. Boundary-Layer Meteorology, 2003, 107(3): 501-530.

[48] Porté-Agel F, Lu H, Wu Y T. A large-eddy simulation framework for wind energy applications[J]. The Fifth International Symposium on Computational Wind Engineering, North Carolina: 2010.

[49] Frank H P, Landberg L. Modelling the Wind Climate of Ireland[J]. Boundary-Layer Meteorology, 1997, 85(3): 359-377.

[50] Craine S, Massie R, Schoor K Vander, et al. Wind Resource Atlas for Southern Australia[J]. Wind Engineering, 2004, 28(4): 355-366.

[51] Green M P. Using Mesoscale Meteorological Models to Assess Wind Energy Potential[D]. Christchurch: University of Canterbury, 2005.

[52] Berge E, Bredesen R E, Mollestad K. Combining WAsP with the WRF meso-scale model: Evaluation of wind resource asessment for three Norwegian wind farm areas[C]. Proceedings of the 2006 European Wind

Energy Conference and exhibition, Athens, Greece, 2007.

[53] Tammelin B, Vihma T, Atlaskin E, et al. Production of the Finnish Wind Atlas[J]. Wind Energy, 2013, 16(1): 19-35.

[54] Gasset N, Landry M, Gagnon Y. A Comparison of Wind Flow Models for Wind Resource Assessment in Wind Energy Applications[J]. Energies, 2012, 5(11): 4288-4322.

[55] Manobianco J, Taylor G E, Zack J W. Workstation-Based Real-Time Mesoscale Modeling Designed for Weather Support to Operations at the Kennedy Space Center and Cape Canaveral Air Station[J]. Bulletin of the American Meteorological Society, 1996, 77(4): 653-672.

[56] Delaunay D. A new wind atlas for the region "Provence-Alpes-Côte d'Azur"[C]. European Wind Energy Conference, Marseille, 2009.

[57] Yue J S, Wu S P, Xu F S. Modelling of a CFD Microscale Model and Its Application in Wind Energy Resource Assessment[J]. MATEC Web of Conferences, 2016(70): 12004.

[58] Yan B W, Li Q S. Coupled on-site measurement/CFD based approach for high-resolution wind resource assessment over complex terrains[J]. Energy Conversion & Management, 2016(117): 351-366.

[59] ANSYS I, Inc A. Fluent 14.5 user's guide[R]. Lebanon: ANSYS Inc.

[60] 张来平, 贺立新, 刘伟, 等. 基于非结构/混合网格的高阶精度格式研究进展[J]. 力学进展, 2013, 43(2): 202-236.

[61] Ekaterinaris J A. High-order accurate, low numerical diffusion methods for aerodynamics[J]. Progress in Aerospace Sciences, 2005, 41(3): 192-300.

[62] Wang Z J, Fidkowski K, Abgrall R, et al. High-order CFD methods: current status and perspective[J]. International Journal for Numerical Methods in Fluids, 2013, 72(8): 811-845.

[63] Rai M M, Moin P. Direct simulations of turbulent flow using finite-difference schemes[J]. Journal of Computational Physics, 1991, 96(1): 15-53.

[64] Lele S K. Compact finite difference schemes with spectral-like resolution[J]. Journal of Computational Physics, 1992, 103(1): 16-42.

[65] Cheng J, Shu C W. High order schemes for CFD: A review[J]. Chinese Journal of Computational Physics, 2009, 26(5).

[66] Patera A T. A spectral element method for fluid dynamics: Laminar flow in a channel expansion[J]. Journal of Computational Physics, 1984, 54(3): 468-488.

[67] Giraldo F X, Warburton T. A nodal triangle-based spectral element method for the shallow water equations on the sphere[J]. Journal of Computational Physics, 2005, 207(1): 129-150.

[68] Lee U. Spectral element method in structural dynamics[M]. John Wiley & Sons Asia, 2016.

[69] Hu W, Yang Q, Chen H-P, et al. Wind field characteristics over hilly and complex terrain in turbulent boundary layers[J]. Energy, 2021(224): 120070.

[70] Ferreira A D, Lopes A M G, Viegas D X, et al. Experimental and numerical simulation of flow around two-dimensional hills[J]. Journal of wind engineering and industrial aerodynamics, 1995(54): 173-181.

[71] Kim H G, Lee C M, Lim H C, et al. An experimental and numerical study on the flow over two-dimensional hills[J]. Journal of Wind Engineering and Industrial Aerodynamics, 1997, 66(1): 17-33.

[72] Ishihara T, Hibi K. Numerical study of turbulent wake flow behind a three-dimensional steep hill[J]. Wind and Structures, 2002, 5(2/3/4): 317-328.

[73] Loureiro J B R, Alho A T P, Freire A P S. The numerical computation of near-wall turbulent flow over a steep hill[J]. Journal of Wind Engineering and Industrial Aerodynamics, 2008, 96(5): 540-561.

[74] Griffiths A D, Middleton J H. Simulations of separated flow over two-dimensional hills[J]. Journal of wind engineering and industrial

aerodynamics, 2010, 98(3): 155-160.

[75] Yan B W, Li Q S, He Y C, et al. RANS simulation of neutral atmospheric boundary layer flows over complex terrain by proper imposition of boundary conditions and modification on the k-ε model[J]. Environmental Fluid Mechanics, 2016, 16(1): 1-23.

[76] Hu P, Li Y, Han Y, et al. Numerical simulations of the mean wind speeds and turbulence intensities over simplified gorges using the SST k-ω turbulence model[J]. Engineering Applications of Computational Fluid Mechanics, 2016, 10(1): 359-372.

[77] Chang C-Y, Schmidt J, Dörenkämper M, et al. A consistent steady state CFD simulation method for stratified atmospheric boundary layer flows[J]. Journal of Wind Engineering and Industrial Aerodynamics, 2018(172): 55-67.

[78] Iizuka S, Kondo H. Performance of various sub-grid scale models in large-eddy simulations of turbulent flow over complex terrain[J]. Atmospheric Environment, 2004, 38(40): 7083-7091.

[79] Liu Z, Hu Y, Wang W. Large eddy simulations of the flow fields over simplified hills with different roughness conditions, slopes, and hill shapes: a systematical study[J]. Energies, 2019, 12(18): 3413.

[80] Liu Z, Ishihara T, Tanaka T, et al. LES study of turbulent flow fields over a smooth 3-D hill and a smooth 2-D ridge[J]. Journal of Wind Engineering and Industrial Aerodynamics, 2016(153): 1-12.

[81] Liu Z, Wang W, Wang Y, et al. Large eddy simulations of slope effects on flow fields over isolated hills and ridges[J]. Journal of Wind Engineering and Industrial Aerodynamics, 2020(201): 104178.

[82] Iizuka S, Kondo H. Large-eddy simulations of turbulent flow over complex terrain using modified static eddy viscosity models[J]. Atmospheric Environment, 2006, 40(5): 925-935.

[83] Tamura T, Cao S, Okuno A. LES study of turbulent boundary layer over a

smooth and a rough 2D hill model[J]. Flow, turbulence and combustion, 2007, 79(4): 405-432.

[84] Tamura T, Okuno A, Sugio Y. LES analysis of turbulent boundary layer over 3D steep hill covered with vegetation[J]. Journal of Wind Engineering and Industrial Aerodynamics, 2007, 95(9-11): 1463-1475.

[85] Dupont S, Brunet Y, Finnigan J J. Large‐eddy simulation of turbulent flow over a forested hill: Validation and coherent structure identification[J]. Quarterly Journal of the Royal Meteorological Society, 2008, 134(636): 1911-1929.

[86] Ayotte K W, Sullivan P P, Patton E G. LES and wind tunnel modelling over hills varying steepness and roughness[C]//Fifth International Symposium on Computational Wind Engineering (CWE2010), 2010: 2327.

[87] Wan F, Porté-Agel F. Large-eddy simulation of stably-stratified flow over a steep hill[J]. Boundary-layer meteorology, 2011, 138(3): 367-384.

[88] Liu Z Q, Diao Z, Ishihara T. Study of the flow fields over simplified topographies with different roughness conditions using large eddy simulations[J]. Renewable Energy, 2019(136): 968-992.

[89] Liu Z, Cao J, Yan B, et al. Study of wind-direction effects on flow fields over two-dimensional hills using large eddy simulations[J]. Journal of Wind Engineering and Industrial Aerodynamics, 2020(204): 104285.

[90] Thordal M S, Bennetsen J C, Koss H H H. Review for practical application of CFD for the determination of wind load on high-rise buildings[J]. Journal of Wind Engineering & Industrial Aerodynamics, 2019(186): 155-168.

[91] Nozawa K, Tamura T. Large eddy simulation of the flow around a low-rise building immersed in a rough-wall turbulent boundary layer[J]. Journal of Wind Engineering & Industrial Aerodynamics, 2002, 90(10): 1151-1162.

[92] Lund T, Wu X, Squires K. Generation of Turbulent Inflow Data for Spatially-Developing Boundary Layer Simulations[J]. Journal of

Computational Physics, 1998, 140(2): 233-258.

[93] Capra S, Cammelli S, Roeder D, et al. Numerically simulated wind loading on a high-rise structure and its correlation with experimental wind tunnel testing[C]//The 7th International Symposium on Computational Wind Engineering, 2018: 18-22.

[94] Phuc P, Nozu T, Kikuchi H, et al. A numerical study on wind pressure on a building with a setback using large eddy simulation[C]//6th International Symposium on Computational Wind Engineering, Hamburg, 2014.

[95] Yoshikawa M, Tamura T. LES for wind load estimation by unstructured grid system[C]//The Seventh International Colloquium on Bluff Body Aerodynamics and Applications (BBAA7), 2018: 1960-1965.

[96] Spalart P, Memorandum N T. Direct Simulation of a Turbulent Boundary Layer up to $R\theta= 1410$[R].1988.

[97] Kataoka H. Numerical simulations of a wind-induced vibrating square cylinder within turbulent boundary layer[J]. Journal of Wind Engineering and Industrial Aerodynamics, 2008, 96(10-11): 1985-1997.

[98] Li C, Wang J, Xiao Y. A new recycling-rescaling method for large eddy simulation of turbulent atmospheric boundary layer[C]//The 2016 World Congress on Advances in Civil, Jeju Island, 2016.

[99] Aider J L, Danet A. Large-eddy simulation study of upstream boundary conditions influence upon a backward-facing step flow[J]. Comptes Rendus Mécanique, 2006, 334(7): 447-453.

[100] Aider J L, Danet A, Lesieur M. Large-eddy simulation applied to study the influence of upstream conditions on the time-dependant and averaged characteristics of a backward-facing step flow[J]. Journal of Turbulence, 2007, 8(51): 1-30.

[101] Mathey F, Cokljat D, Bertoglio J P, et al. Assessment of the vortex method for Large Eddy Simulation inlet conditions[J]. Progress in Computational

Fluid Dynamics An International Journal, 2006, 6(1-3): 58-67(10).

[102] Smirnov A, Celik I, Shi S. Random Flow Generation Technique for Large Eddy Simulations and Particle-Dynamics Modeling[J]. Journal of Fluids Engineering, 2001, 123(2): 359-371.

[103] Huang S H, Li Q S, Wu J R. A general inflow turbulence generator for large eddy simulation[J]. Journal of Wind Engineering and Industrial Aerodynamics, 2010, 98(10-11): 600-617.

[104] Castro H G, Paz R R. A time and space correlated turbulence synthesis method for large eddy simulations[J]. Journal of Computational Physics, 2013, 235: 742-763.

[105] Aboshosha H, Elshaer A, Bitsuamlak G T, et al. Consistent inflow turbulence generator for LES evaluation of wind-induced responses for tall buildings[J]. Journal of Wind Engineering and Industrial Aerodynamics, 2015, 142: 198-216.

[106] Yu Y, Yang Y, Xie Z. A new inflow turbulence generator for large eddy simulation evaluation of wind effects on a standard high-rise building[J]. Building and Environment, 2018, 138: 300-313.

[107] Druault P, Lardeau S, Bonnet J P, et al. Generation of Three-Dimensional Turbulent Inlet Conditions for Large-Eddy Simulation[J]. Aiaa Journal, 2004, 42(3): 447-456.

[108] Perret, Laurent, Delville, et al. Generation of Turbulent Inflow Conditions for Large Eddy Simulation from Steroscopic PIV Measurements[J]. International Journal of Heat & Fluid Flow, 2006, 27(4): 576-584.

[109] Perret L, Delville J, Manceau R, et al. Turbulent inflow conditions for large-eddy simulation based on low-order empirical model[J]. Physics of Fluids, 2008, 20(7): 1178-1521.

[110] Maruyama Y, Tamura T, Okuda Y, et al. LES of turbulent boundary layer for inflow generation using stereo PIV measurement data[J]. Journal of wind

engineering and industrial aerodynamics, 2012, 104: 379-388.

[111] Maruyama Y, Tamura T, Okuda Y, et al. LES of fluctuating wind pressure on a 3D square cylinder for PIV-based inflow turbulence[J]. Journal of Wind Engineering and Industrial Aerodynamics, 2013, 122: 130-137.

[112] Xie Z T, Castro I P. Efficient Generation of Inflow Conditions for Large Eddy Simulation of Street-Scale Flows[J]. Flow Turbulence & Combustion, 2008, 81(3): 449-470.

[113] Kim Y, Castro I P, Xie Z-T. Divergence-free turbulence inflow conditions for large-eddy simulations with incompressible flow solvers[J]. Computers & Fluids, 2013, 84: 56-68.

[114] Jarrin N, Benhamadouche S, Laurence D, et al. A synthetic-eddy-method for generating inflow conditions for large-eddy simulations[J]. International Journal of Heat and Fluid Flow, 2006, 27(4): 585-593.

[115] Poletto R, Craft T, Revell A. A new divergence free synthetic eddy method for the reproduction of inlet flow conditions for LES[J]. Flow, turbulence and combustion, 2013, 91(3): 519-539.

[116] Luo Y, Liu H, Huang Q, et al. A multi-scale synthetic eddy method for generating inflow data for LES[J]. Computers & Fluids, 2017(156): 103-112.

[117] Kondo K, Murakami S, Mochida A. Generation of velocity fluctuations for inflow boundary condition of LES[J]. J.wind Eng.ind.aerodyn, 1997, 67(97): 51-64.

[118] 李朝. 近地湍流风场的 CFD 模拟研究[D]. 哈尔滨: 哈尔滨工业大学, 2010.

[119] 陈波, 武岳, 沈世钊. 大跨度屋盖结构等效静力风荷载中共振分量的确定方法研究[J]. 工程力学, 2007, 24(1): 51-55.

[120] Johansson P S, Andersson H I. Generation of inflow data for inhomogeneous turbulence[J]. Theoretical & Computational Fluid Dynamics, 2004, 18(5): 371-389.

[121] Klein M, Sadiki A, Janicka J. A digital filter based generation of inflow data for spatially developing direct numerical or large eddy simulations[J]. Journal of Computational Physics, 2003, 186(2): 652-665.

[122] Kempf A M, Wysocki S, Pettit M. An efficient, parallel low-storage implementation of Klein's turbulence generator for LES and DNS[J]. Computers & fluids, 2012(60): 58-60.

[123] Daniels S J, Castro I P, Xie Z-T. Peak loading and surface pressure fluctuations of a tall model building[J]. Journal of wind engineering and industrial aerodynamics, 2013(120): 19-28.

[124] Lamberti G, García-Sánchez C, Sousa J, et al. Optimizing turbulent inflow conditions for large-eddy simulations of the atmospheric boundary layer[J]. Journal of Wind Engineering and Industrial Aerodynamics, 2018(177): 32-44.

[125] Jarrin N, Prosser R, Uribe J-C, et al. Reconstruction of turbulent fluctuations for hybrid RANS/LES simulations using a synthetic-eddy method[J]. International Journal of Heat and Fluid Flow, 2009, 30(3): 435-442.

[126] 胡伟成, 杨庆山, 张建. 湍流边界层中三维山丘地形风场大涡模拟[J]. 工程力学, 2019, 36(4): 72-79.

[127] Mosetti G, Poloni C, Diviacco B. Optimization of wind turbine positioning in large windfarms by means of a genetic algorithm[J]. Journal of Wind Engineering & Industrial Aerodynamics, 1994, 51(1): 105-116.

[128] Mittal A. Optimization of the layout of large wind farms using a genetic algorithm[D]. Ohio: Case Western Reserve University, 2010.

[129] Gao X X, Yang H X, Lin L, et al. Wind turbine layout optimization using multi-population genetic algorithm and a case study in Hong Kong offshore[J]. Journal of Wind Engineering & Industrial Aerodynamics, 2015(139): 89-99.

[130] Vasel-Be-Hagh A, Archer C L. Wind farm hub height optimization[J].

Applied Energy, 2017(195): 905-921.

[131] Chen K, Song M X, Zhang X, et al. Wind turbine layout optimization with multiple hub height wind turbines using greedy algorithm[J]. Renewable Energy, 2016(96): 676-686.

[132] Tao S, Xu Q, Feijoo A E, et al. Wind farm layout optimization with a three-dimensional Gaussian wake model[J]. Renewable Energy, 2020(159): 553-569.

[133] Pookpunt S, Ongsakul W. Design of optimal wind farm configuration using a binary particle swarm optimization at Huasai district, Southern Thailand[J]. Energy conversion and management, 2016(108): 160-180.

[134] Wagner M, Veeramachaneni K, Neumann F, et al. Optimizing the layout of 1000 wind turbines[R]. 2011.

[135] Song Z, Zhang Z J, Chen X Y. The decision model of 3-dimensional wind farm layout design[J]. Renewable Energy, 2016(85): 248-258.

[136] Wagner M, Day J, Neumann F. A fast and effective local search algorithm for optimizing the placement of wind turbines[J]. Renewable Energy, 2013(51): 64-70.

[137] Feng J, Shen W Z. Solving the wind farm layout optimization problem using random search algorithm[J]. Renewable Energy, 2015(78): 182-192.

[138] Kuo J Y J, Romero D A, Amon C H. A mechanistic semi-empirical wake interaction model for wind farm layout optimization[J]. Energy, 2015(93): 2157-2165.

[139] Guirguis D, Romero D A, Amon C H. Toward efficient optimization of wind farm layouts: Utilizing exact gradient information[J]. Applied Energy, 2016(179): 110-123.

[140] Kuo J Y J, Romero D A, Beck J C, et al. Wind farm layout optimization on complex terrains-Integrating a CFD wake model with mixed-integer programming[J]. Applied Energy, 2016(178): 404-414.

[141] Jensen N O. A note on wind generator interaction[R].1983.

[142] Grady S A, Hussaini M Y, Abdullah M M. Placement of wind turbines using genetic algorithms[J]. Renewable Energy, 2005, 30(2): 259-270.

[143] Emami A, Noghreh P. New approach on optimization in placement of wind turbines within wind farm by genetic algorithms[J]. Renewable Energy, 2010, 35(7): 1559-1564.

[144] Chen Y, Li H, Jin K, et al. Wind farm layout optimization using genetic algorithm with different hub height wind turbines[J]. Energy Conversion Management, 2013(70): 56-65.

[145] Song M, Chen K, Wang J. A two-level approach for three-dimensional micro-siting optimization of large-scale wind farms[J]. Energy, 2020(190): 116340.

[146] Feng J, Shen W Z. Wind farm layout optimization in complex terrain: A preliminary study on a Gaussian hill[C]//Journal of Physics: Conference Series. IOP Publishing, 2014, 524(1): 12146.

[147] Feng J, Shen W, LI YE. An Optimization Framework for Wind Farm Design in Complex Terrain[J]. Applied Sciences, 2018, 8(11): 2053.

[148] Brogna R, Feng J, Sørensen J N, et al. A new wake model and comparison of eight algorithms for layout optimization of wind farms in complex terrain[J]. Applied Energy, 2020(259): 114189.

[149] Reddy S R. An efficient method for modeling terrain and complex terrain boundaries in constrained wind farm layout optimization[J]. Renewable Energy, 2021(165): 162-173.

[150] King R N, Dykes K, Graf P, et al. Optimization of wind plant layouts using an adjoint approach[J]. Wind Energy Science, 2017, 2(1): 115-131.

[151] Antonini E G A, Romero D A, Amon C H. Optimal design of wind farms in complex terrains using computational fluid dynamics and adjoint methods[J]. Applied Energy, 2020(261): 114426.

[152] Antonini E G A, Romero D A, Amon C H. Continuous adjoint formulation for wind farm layout optimization: A 2D implementation[J]. Applied Energy, 2018(228): 2333-2345.

[153] Allen J, King R, Barter G. Wind Farm Simulation and Layout Optimization in Complex Terrain[C]//Journal of Physics: Conference Series. IOP Publishing, 2020, 1452(1): 12066.

[154] 冉靖, 张智刚, 梁志峰, 等. 风电场风速和发电功率预测方法综述[J]. 数理统计与管理, 2020, 39(6): 1045-1059.

[155] Richardson D. Medium-and extended-range ensemble weather forecasting[M]//Weather & Climate Services for the Energy Industry. Palgrave Macmillan, Cham, 2018: 109-121.

[156] Cassola F, Burlando M. Wind speed and wind energy forecast through Kalman filtering of Numerical Weather Prediction model output[J]. Applied Energy, 2012(99): 154-166.

[157] Chen S H, Yang S C, Chen C Y, et al. Application of bias corrections to improve hub-height ensemble wind forecasts over the Tehachapi Wind Resource Area[J]. Renewable Energy, 2019(140): 281-291.

[158] Di Z H, Ao J, Duan Q Y, et al. Improving WRF model turbine-height wind-speed forecasting using a surrogate- based automatic optimization method[J]. Atmospheric Research, 2019(226): 1-16.

[159] Feroz R M A, Javed A, Syed A H, et al. Wind speed and power forecasting of a utility-scale wind farm with inter-farm wake interference and seasonal variation[J]. Sustainable Energy Technologies and Assessments, 2020(42): 100882.

[160] Bilal M, Solbakken K, Birkelund Y. Wind speed and direction predictions by WRF and WindSim coupling over Nygårdsfjell[J]. Journal of Physics: Conference Series, 2016, 753(8): 82018.

[161] 吴琼, 贺志明. 鄱阳湖区风电场风电功率预报研究[J]. 气象与环境科学,

2020, 43(1): 93-98.

[162] Prieto-Herráez D, Frías-Paredes L, Cascón J M, et al. Local wind speed forecasting based on WRF-HDWind coupling[J]. Atmospheric Research, 2021(248): 105219.

[163] 李莉, 刘永前, 杨勇平, 等. 基于 CFD 流场预计算的短期风速预测方法[J]. 中国电机工程学报, 2013, 33(7): 27-32.

[164] Hu P, Han Y, Xu G J, et al. Numerical simulation of wind fields at the bridge site in mountain-gorge terrain considering an updated curved boundary transition section[J]. Journal of Aerospace Engineering, 2018, 31(3): 4018008.

[165] Ahmadi M, Khashei M. Current status of hybrid structures in wind forecasting[J]. Engineering Applications of Artificial Intelligence, 2021(99): 104133.

[166] 阎洁, 李宁, 刘永前, 等. 短期风电功率动态云模型不确定性预测方法[J]. 电力系统自动化, 2019, 43(3): 17-23.

[167] Qian W, Wang J. An improved seasonal GM(1,1) model based on the HP filter for forecasting wind power generation in China[J]. Energy, 2020(209): 118499.

[168] 叶林, 李镓辰, 路朋, 等. 基于近邻传播聚类与 MCMC 算法的风电时序数据聚合方法[J]. 中国电机工程学报, 2020, 40(12): 3744-3754.

[169] Zhang F, Li P C, Gao L, et al. Application of autoregressive dynamic adaptive (ARDA) model in real-time wind power forecasting[J]. Renewable Energy, 2021(169): 129-143.

[170] Dong Y, Wang J, Xiao L, et al. Short-term wind speed time series forecasting based on a hybrid method with multiple objective optimization for non-convex target[J]. Energy, 2021(215): 119180.

[171] González-Sopeña J M, Pakrashi V, Ghosh B. An overview of performance evaluation metrics for short-term statistical wind power forecasting[J].

Renewable and Sustainable Energy Reviews, 2021(138): 110515.

[172] Gu B, Zhang T R, Meng H, et al. Short-term forecasting and uncertainty analysis of wind power based on long short-term memory, cloud model and non-parametric kernel density estimation[J]. Renewable Energy, 2021(164): 687-708.

[173] 王永翔, 陈国初. 基于改进鱼群优化支持向量机的短期风电功率预测[J]. 电测与仪表, 2016, 53(3): 80-84.

[174] Lu P, Ye L, Zhong W, et al. A novel spatio-temporal wind power forecasting framework based on multi-output support vector machine and optimization strategy[J]. Journal of Cleaner Production, 2020(254): 119993.

[175] Ding M, Zhou H, Xie H, et al. A time series model based on hybrid-kernel least-squares support vector machine for short-term wind power forecasting[J]. ISA Transactions, 2021(108): 58-68.

[176] 韩朋, 张晓琳, 张飞, 等. 基于AM-LSTM模型的超短期风电功率预测[J]. 科学技术与工程, 2020, 20(21): 8594-8600.

[177] Zhou M, Wang B, Guo S D, et al. Multi-objective prediction intervals for wind power forecast based on deep neural networks[J]. Information Sciences, 2021(550): 207-220.

[178] Kisvari A, Lin Z, Liu X L. Wind power forecasting-A data-driven method along with gated recurrent neural network[J]. Renewable Energy, 2021(163): 1895-1909.

[179] Yang B, Zhong L E, Wang J B, et al. State-of-the-art one-stop handbook on wind forecasting technologies: An overview of classifications, methodologies, and analysis[J]. Journal of Cleaner Production, 2021(283): 124628.

[180] Liu H, Yang R, Duan Z. Wind speed forecasting using a new multi-factor fusion and multi-resolution ensemble model with real-time decomposition and adaptive error correction[J]. Energy conversion and management,

2020(217): 112995.

[181] 姚万业, 黄璞, 姚吉行, 等. 一种基于深度学习的 FRS-CLSTM 风速预测模型[J]. 太阳能学报, 2020, 41(9): 324-330.

[182] 游坤奇, 熊殷, 贾永青, 等. 基于 PCC-RBF 网络的风电功率短期预测方法[J]. 电机与控制应用, 2021, 48(1): 41-45, 104.

[183] 杨锡运, 张艳峰, 叶天泽, 等. 基于朴素贝叶斯的风电功率组合概率区间预测[J]. 高电压技术, 2020, 46(3): 1099-1108.

[184] 王伟胜, 王铮, 董存, 等. 中国短期风电功率预测技术现状与误差分析[J]. 电力系统自动化, 2021, 45(1): 17-27.

[185] Memarzadeh G, Keynia F. A new short-term wind speed forecasting method based on fine-tuned LSTM neural network and optimal input sets[J]. Energy Conversion and Management, 2020(213): 112824.

[186] 刘达, 雷自强, 孙堃. 基于小波包分解和长短期记忆网络的短期电价预测[J]. 智慧电力, 2020, 48(4): 77-83.

[187] 李春祥, 张浩怡. 基于混合多变量经验模态分解和极限学习机的非平稳过程预测[J]. 上海交通大学学报, 2020, 54(4): 376-386.

[188] Rodrigues Moreno S, Gomes da Silva R, Cocco Mariani V, et al. Multi-step wind speed forecasting based on hybrid multi-stage decomposition model and long short-term memory neural network[J]. Energy Conversion and Management, 2020(213): 112869.

[189] Sun zexian, Zhao M, Dong Y, et al. Hybrid model with secondary decomposition, randomforest algorithm, clustering analysis and long short memory network principal computing for short-term wind power forecasting on multiple scales[J]. Energy, 2021(221): 119848.

[190] Wang Y, Wu L. On practical challenges of decomposition-based hybrid forecasting algorithms for wind speed and solar irradiation[J]. Energy, 2016(112): 208-220.

[191] Deng Y, Wang B, Lu Z. A hybrid model based on data preprocessing strategy

and error correction system for wind speed forecasting[J]. Energy Conversion and Management, 2020(212): 112779.

[192] Hu W, Yang Q, Zhang P, et al. A novel two-stage data-driven model for ultra-short-term wind speed prediction[J]. Energy Reports, 2022(8): 9467-9480.

[193] Çevik H H, Çunkaş M, Polat K. A new multistage short-term wind power forecast model using decomposition and artificial intelligence methods[J]. Physica A: Statistical Mechanics and its Applications, 2019(534): 122177.

[194] 陈祖成, 王硕禾, 赵绍策, 等. 基于GA-BP和小波-SVM算法的风电场短期功率预测[J]. 石家庄铁道大学学报（自然科学版）, 2020, 33(1): 104-109.

[195] Zhang J, Meng H, Gu B, et al. Research on short-term wind power combined forecasting and its Gaussian cloud uncertainty to support the integration of renewables and EVs[J]. Renewable Energy, 2020(153): 884-899.

[196] Liu H, Yu C, Wu H, et al. A new hybrid ensemble deep reinforcement learning model for wind speed short term forecasting[J]. Energy, 2020(202): 117794.

[197] 杨磊, 黄元生, 张向荣, 等. 基于集合经验模态分解和套索算法的短期风速组合变权预测模型研究[J]. 电力系统保护与控制, 2020, 48(10): 81-90.

[198] Zhou Q, Wang C, Zhang G. A combined forecasting system based on modified multi-objective optimization and sub-model selection strategy for short-term wind speed[J]. Applied Soft Computing, 2020(94): 106463.

[199] Cheng Z, Wang J. A new combined model based on multi-objective salp swarm optimization for wind speed forecasting[J]. Applied Soft Computing, 2020(92): 106294.

[200] Wang J, Li Q, Zeng B. Multi-layer cooperative combined forecasting system for short-term wind speed forecasting[J]. Sustainable Energy Technologies

and Assessments, 2021(43): 100946.

[201] Jiang P, Liu Z, Niu X, et al. A combined forecasting system based on statistical method, artificial neural networks, and deep learning methods for short-term wind speed forecasting[J]. Energy, 2021(217): 119361.

[202] 中国工程建设标准化协会. 建筑结构荷载规范（GB 50009—2012）[S]. 北京：中国建筑工业出版社, 2012.

[203] Uchida T, Li G. Comparison of RANS and LES in the prediction of airflow field over steep complex terrain[J]. Open Journal of Fluid Dynamics, 2018, 8(3): 286.

[204] Karniadakisa G E. High-order splitting methods for the incompressible Navier-Stokes equations[J]. Journal of Computational Physics, 1991, 97(2): 414-443.

[205] Karamanos G S, Sherwin S J. A high order splitting scheme for the Navier-Stokes equations with variable viscosity[J]. Applied Numerical Mathematics, 2000, 33(1-4): 455-462.

[206] Karniadakis G E, Sherwin S J. Spectral/hp Element Methods for CFD[M]. 2版. Oxford: Oxford University Press, 2005.

[207] Smagorinsky J S. General circulation experiments with the primitive equations[J]. Monthly Weather Review, 1963, 91(3): 99-164.

[208] Germano M, Piomelli U, Moin P, et al. A dynamic subgrid-scale eddy viscosity model[J]. Physics of Fluids, 1991, 3(3): 1760-1765.

[209] Lilly D K. A proposed modification of the Germano subgrid-scale closure method[J]. Physics of Fluids A Fluid Dynamics, 1992, 4(4): 633-635.

[210] Levin J G, Iskandarani M, Haidvogel D B. A spectral filtering procedure for Eddy-resolving simulations with a spectral element ocean model[J]. Journal of Computational Physics, 1997, 137(1): 130-154.

[211] Kanchi H, Sengupta K, Mashayek F. Effect of turbulent inflow boundary condition in LES of flow over a backward-facing step using spectral element

method[J]. International Journal of Heat & Mass Transfer, 2013, 62(1): 782-793.

[212] Rice S O. Mathematical analysis of random noise. Selected Papers on Noise and Stochastic Processes Nelson Wax ed. Dover Publications[M].

[213] Borgman L E. Ocean wave simulation for engineering design[J]. J.waterways& Harbor Div.asce, 1969(95).

[214] Yang J N. Simulation of random envelope processes[J]. Journal of Sound & Vibration, 1972, 21(1): 73-85.

[215] Deodatis G. Simulation of ergodic multivariate stochastic processes[J]. Journal of Engineering Mechanics, 1996, 122(8): 778-787.

[216] 丁泉顺, 陈艾荣, 项海帆. 大跨度桥梁空间脉动风场的计算机模拟[J]. 力学季刊, 2006, 27(2): 184-189.

[217] Tao T, Wang H, Zhao K. Efficient simulation of fully non-stationary random wind field based on reduced 2D hermite interpolation[J]. Mechanical Systems and Signal Processing, 2021(150): 107265.

[218] Yu J, Li M, Stathopoulos T. Strategies for modeling homogeneous isotropic turbulence and investigation of spatially correlated aerodynamic forces on a stationary model[J]. Journal of Fluids and Structures, 2019(90): 43-56.

[219] 庞加斌, 葛耀君, 陆烨. 大气边界层湍流积分尺度的分析方法[J]. 同济大学学报(自然科学版), 2002, 30(5): 622-626.

[220] 胡朋, 李永乐, 廖海黎. 山区峡谷桥址区地形模型边界过渡段形式研究[J]. 空气动力学学报, 2013, 31(2): 231-238.

[221] Li Y, Hu P, Xu X, et al. Wind characteristics at bridge site in a deep-cutting gorge by wind tunnel test[J]. Journal of Wind Engineering and Industrial Aerodynamics, 2017(160): 30-46.

[222] Huang G Q, Cheng X, Peng L L, et al. Aerodynamic shape of transition curve for truncated mountainous terrain model in wind field simulation[J]. Journal of Wind Engineering & Industrial Aerodynamics, 2018(178): 80-90.

[223] Neal D. The influence of model scale on a wind-tunnel simulation of complex terrain[J]. Journal of Wind Engineering & Industrial Aerodynamics, 1983, 12(2): 125-143.

[224] Powell M D, Houston S H, Reinhold T A. Hurricane Andrew's Landfall in South Florida. Part I: Standardizing Measurements for Documentation of Surface Wind Fields[J]. Weather & Forecasting, 1996, 11(3): 304-328.

[225] Wmo G E. Guide to meteorological instruments and methods of observation[M]. 1996.

[226] He Y C, Chan P W, Li Q S. Standardization of raw wind speed data under complex terrain conditions: A data-driven scheme[J]. Journal of Wind Engineering & Industrial Aerodynamics, 2014(131): 12-30.

[227] Masters F J, Vickery P J, Bacon P, et al. Toward Objective, Standardized Intensity Estimates from Surface Wind Speed Observations[J]. Bulletin of the American Meteorological Society, 2010, 91(12): 1665-1681.

[228] Hu W, Yang Q, Chen H-P, et al. A novel approach for wind farm micro-siting in complex terrain based on an improved genetic algorithm[J]. Energy, 2022(251): 123970.

[229] Navarro Diaz G P, Saulo A C, Otero A D. Full wind rose wind farm simulation including wake and terrain effects for energy yield assessment[J]. Energy, 2021(237): 121642.

[230] Rocha P A C, Sousa R C De, Andrade C F De, et al. Comparison of seven numerical methods for determining Weibull parameters for wind energy generation in the northeast region of Brazil[J]. Applied Energy, 2012, 89(1): 395-400.

[231] Andrade C F De, Neto H F M, Rocha P A C, et al. An efficiency comparison of numerical methods for determining Weibull parameters for wind energy applications: A new approach applied to the northeast region of Brazil[J]. Energy Conversion & Management, 2014, 86(10): 801-808.

[232] Roulston M S, Kaplan D T, Hardenberg J, et al. Using medium-range weather forcasts to improve the value of wind energy production[J]. Renewable Energy, 2003, 28(4): 585-602.

[233] Yazid A W M, Nor A C S, Salim S M, et al. Numerical prediction of air flow within street canyons based on different two-equation k-ε models[C]//IOP Conference Series Materials Science and Engineering. Kuantan, Malaysia: IOP Materials Science & Engineering, 2013, 50(1): 12012.

[234] Richards P J, Norris S E. Appropriate boundary conditions for computational wind engineering models revisited[J]. Journal of Wind Engineering Industrial Aerodynamics, 2011, 99(4): 257-266.

[235] Ramponi R, Blocken B. CFD simulation of cross-ventilation for a generic isolated building: Impact of computational parameters[J]. Building and Environment, 2012, 53(1): 34-48.

[236] González J S, Rodriguez A G G, Mora J C, et al. Optimization of wind farm turbines layout using an evolutive algorithm[J]. Renewable Energy, 2010, 35(8): 1671-1681.

[237] Physick W L, Garratt J R. Incorporation of a high-roughness lower boundary into a mesoscale model for studies of dry deposition over complex terrain[J]. Boundary-Layer Meteorology, 1995, 74(1-2): 55-71.

[238] Bastankhah M, Porté-Agel F. A new analytical model for wind-turbine wakes[J]. Renewable Energy, 2014, 70: 116-123.

[239] Chen J, Wang F, Stelson K A. A mathematical approach to minimizing the cost of energy for large utility wind turbines[J]. Applied Energy, 2018(228): 1413-1422.

[240] Yang Q, Hu J, Law S. Optimization of wind farm layout with modified genetic algorithm based on boolean code[J]. Journal of Wind Engineering and Industrial Aerodynamics, 2018(181): 61-68.

[241] Methodology of wind energy resource assessment for wind farm: GB/T

18710—2002[S]. 2002.

[242] Box G E P, Jenkins G M. Time series analysis: forecasting and control[J]. Journal of Time, 1976, 134(3): 343-344.

[243] Xiao Y S, Wang W Q, Huo X P. Study on the time-series wind speed forecasting of the wind farm based on neural networks[J]. Energy Conservation Technology, 2007, 25(2): 106-108.

[244] Hu J M, Wang J Z. Short-term wind speed prediction using empirical wavelet transform and Gaussian process regression[J]. Energy, 2015(93): 1456-1466.

[245] Cao L, Li R. Short-term wind speed forecasting model for wind farm based on wavelet decomposition[J]. 2008 Third International Conference on Electric Utility Deregulation and Restructuring and Power Technologies, Nanjing: 2008: 2525-2529.

[246] Tascikaraoglu A, Uzunoglu M. A review of combined approaches for prediction of short-term wind speed and power[J]. Renewable and Sustainable Energy Reviews, 2014(34): 243-254.

[247] Ferreira M, Santos A, Lucio P. Short-term forecast of wind speed through mathematical models[J]. Energy Reports, 2019(5): 1172-1184.

[248] Li G, Shi J, Zhou J. Bayesian adaptive combination of short-term wind speed forecasts from neural network models[J]. Renewable Energy, 2011, 36(1): 352-359.

[249] Mahoney W P, Parks K, Wiener G, et al. A wind power forecasting system to optimize grid integration[J]. IEEE Transactions on Sustainable Energy, 2012, 3(4): 670-682.

[250] He X, Zou S. Advances in wind tunnel experimental investigations of train-bridge systems[J]. Tunnelling and Underground Space Technology, 2021(118): 104157.

[251] Rasmussen C E, Williams C. Gaussian Processes for Machine Learning[M].

Gaussian Processes for Machine Learning, 2005.

[252] Shahriari B, Swersky K, Wang Z, et al. Taking the human out of the loop: A review of Bayesian optimization[J]. Proceedings of the IEEE, 2015, 104(1): 148-175.

[253] Zhang Y, Chen B, Pan G, et al. A novel hybrid model based on VMD-WT and PCA-BP-RBF neural network for short-term wind speed forecasting[J]. Energy Conversion and Management, 2019(195): 180-197.

[254] Brown B G, Katz R W, Murphy A H. Time series models to simulate and forecast wind speed and wind power[J]. Journal of Applied Meteorology and Climatology, 1984, 23(8): 1184-1195.

[255] Hu W, He Y, Liu Z, et al. A Hybrid Wind Speed Prediction Approach Based on Ensemble Empirical Mode Decomposition and BO-LSTM Neural Networks for Digital Twin[C]//ASME Power Conference. American Society of Mechanical Engineers, 2020(83747): V001T08A009.

[256] Kavasseri R G, Seetharaman K. Day-ahead wind speed forecasting using f-ARIMA models[J]. Renewable Energy, 2009, 34(5): 1388-1393.

[257] Liu C, Fan G, Wang W, et al. A combination forecasting model for wind farm output power[J]. Power System Technology, 2009, 33(13): 74-79.

[258] Guo Z H, Wu J, Lu H Y, et al. A case study on a hybrid wind speed forecasting method using BP neural network[J]. Knowledge-Based Systems, 2011, 24(7): 1048-1056.

[259] He Y, Tsang K F. Universities power energy management: A novel hybrid model based on ICEEMDAN and Bayesian optimized LSTM[J]. Energy Reports, 2021(7): 6473-6488.